专家书评

作者西蒙（Simon）是我学习函数式编程时最喜欢的导师。《深入 C# 函数式编程》充分展现了他深厚的专业知识，为读者在这一领域的深入学习提供了专业的指导。

——皮特·加拉格尔，微软技术研讨会组织者，Avanade 英国开发部门经理

《深入 C# 函数式编程》并没有空谈理论，而是教会你如何结合 C# 语言已有的函数式特性和一些额外技巧来构建实用的函数式编程解决方案。

——凯瑟琳·多拉德，微软 .NET 首席项目经理

对于想要深入了解函数式编程并运用 C# 语言的读者来说，本书将是一个清晰且实用的指南。西蒙没有滥用专业术语或过度侧重于抽象概念，而是以浅显易懂的方式将复杂的主题拆解开来，使读者能够轻松理解。生动的案例是《深入 C# 函数式编程》的一大亮点。西蒙精心挑选了一系列来自现实世界的案例，展现了函数式编程在 C# 语言中的实际优势。书中探讨的内容绝非凭空想象，而是可以立即应用到项目中的实用工具和技术。

——克里斯·艾尔斯，微软高级客户工程师

《深入 C# 函数式编程》是一本绝佳的编程指南，可以指导读者以函数式思维进行思考并充分发挥 C# 语言的函数式特性，使其能够写出更简洁、更健壮的代码。

——伊恩·拉塞尔，*Essential F#* 的作者

对那些想提升编程技能的读者而言，《深入 C# 函数式编程》是他们绝佳的选择。西蒙以一种既通俗易懂又充满趣味的风格，深入浅出地阐述了函数式编程的原理与应用。通过参考书中各种实用的示例，我自己写的代码在简洁性和可读性已经有了极大的提升。无论是函数式编程的初学者，还是希望深入挖掘 C# 潜能的资深开发者，都值得认真读一读这本书。

——亚历克斯·怀尔德，高级软件工程师

《深入 C# 函数式编程》将精巧的实例、深刻的理念和冷笑话完美地融为了一体。

——马修·弗莱彻，Bravissimo 高级软件工程师

这本卓越的指南将函数式编程的精髓与 C# 语言强大的能力巧妙地结合在一起，对想要提高代码清晰度和生产力的开发者来说，这本书非常值得一读。

——杰拉尔德·弗斯卢伊斯，微软高级软件工程师

西蒙在我的 .NET 用户组活动和播客节目中多次分享了他对函数式编程的深刻见解。鉴于西蒙在阐释问题和提供解决方案方面的卓越才能，我相信《深入 C# 函数式编程》将为读者带来许多启发，正如他在播客节目中所讲的一样。

——丹·克拉克，独立软件顾问和播客 Unhandled Exception 主持人

《深入 C# 函数式编程》已经成为我探索 C# 函数式编程的首选资源，让我克服了对函数式编程的恐惧。

——马特·伊兰德，微软 MVP 和 Leading EDJE 高级解决方案开发者

嗯哼，函数式编程（functional programming）？这是否意味着其他编程方式都有点儿功能失调（dysfunctional）呢？

——理查德·坎贝尔，播客 .NET Rocks! 主持人

《深入 C# 函数式编程》将引领你轻松踏入函数式编程的广阔天地。西蒙以其独树一帜的风格清晰地解释了函数式编程的核心概念。对于想要了解函数式编程的读者，我强烈推荐这本书。

——普尔尼玛·奈尔，.NET 自由职业开发者和微软 MVP

在《深入 C# 函数式编程》中，西蒙·潘特使得函数式编程易于被各阶层的 C# 开发者所接受和运用，无论是初学者、资深开发者，还是像我这样固执己见的开发者。

——吉米·博加德，独立顾问

西蒙以简明扼要的方式讲解了函数式编程的益处。他通过代码示例说明了函数式编程的基础知识及更复杂的功能，并阐释了如何将这些知识应用于 C# 编程实践中。

——艾萨克·亚伯拉罕，*F# in Action* 的作者

作为一名初入开发领域的新手（尽管拥有超过 25 年的基础设施经验），刚开始阅读《深入 C# 函数式编程》时，我感到有些吃力。然而，当西蒙使用“烘焙蛋糕”的比喻来解释概念时，我便觉得一切都豁然开朗。《深入 C# 函数式编程》以开发一个背景设定于 2147 年的《火星之旅》游戏作为结尾，不仅为我的学习之旅画上了完美的句号，更体现了本书的广度。

——彼得·德·坦德，微软技术培训师

深入 C# 函数式编程

[英] 西蒙·J. 潘特（Simon J. Painter）/ 著

周子衿 / 译

Beijing · Boston · Farnham · Sebastopol · Tokyo　

O' Reilly Media, Inc. 授权清华大学出版社出版

清華大学出版社

北　京

内 容 简 介

本书阐述了函数式编程的历史背景、基本概念和实践,展示了如何借助于 C# 语言和函数式编程来增强代码的可读性和可维护性以及提高代码的质量。书中还探讨了 C# 语言中非传统结构的使用方法以及如何通过函数式编程重构现有的代码。此外,本书还通过丰富的案例分析了在实际业务场景中应用 C# 函数式编程能带来哪些实际的好处。

通过本书的阅读,广大 C# 程序员——无论是初学者还是有经验的开发者,都可以从中学到如何巧用函数式编程来显著提高工作效率和代码质量。

北京市版权局著作权合同登记号 图字:01-2024-2600

图书在版编目 (CIP) 数据

深入 C# 函数式编程 / (英) 西蒙•J. 潘特 (Simon J. Painter) 著;周子衿译 . -- 北京:清华大学出版社 , 2025. 2. -- ISBN 978-7-302-68015-4

Ⅰ . TP312.8

中国国家版本馆 CIP 数据核字第 2025PK6999 号

责任编辑: 文开琪
封面设计: Karen Montgomery,张 健
责任校对: 方 婷
责任印制: 沈 露

出版发行: 清华大学出版社
   网 址: https://www.tup.com.cn, https://www.wqxuetang.com
   地 址: 北京清华大学学研大厦 A 座   邮 编: 100084
   社 总 机: 010-83470000   邮 购: 010-62786544
   投稿与读者服务: 010-62776969, c-service@tup.tsinghua.edu.cn
   质量反馈: 010-62772015, zhiliang@tup.tsinghua.edu.cn

印 装 者: 涿州汇美亿浓印刷有限公司
经 销: 全国新华书店
开 本: 178mm×230mm 印 张: 19.75 字 数: 417 千字
版 次: 2025 年 3 月第 1 版 印 次: 2025 年 3 月第 1 次印刷
定 价: 119.00 元

产品编号: 101970-01

O' Reilly Media, Inc. 介绍

O' Reilly Media 通过图书、杂志、在线服务、调查研究和会议等方式传播创新知识。自 1978 年以来，O' Reilly 一直都是前沿发展的见证者和推动者。超级极客们正在开创着未来，而我们关注真正重要的技术趋势——通过放大那些"细微的信号"来刺激社会对新科技的应用。作为技术社区中活跃的参与者，O' Reilly 的发展充满了对创新的倡导、创造和发扬光大。

O' Reilly 为软件开发人员带来革命性的"动物书"；创建第一个商业网站（GNN）；组织了影响深远的开放源代码峰会，以至于开源软件运动以此命名；创立了 *Make*（爱上制作）杂志，从而成为 DIY 革命的主要先锋；公司一如既往地通过多种形式缔结信息与人的纽带。O' Reilly 的会议和峰会集聚了众多超级极客和高瞻远瞩的商业领袖，共同描绘出开创新产业的革命性思想。作为技术人士获取信息的选择，O' Reilly 现在还是先锋专家的知识传递给普通的计算机用户。无论是通过书籍出版、在线服务还是面授课程，每一项 O' Reilly 的产品都反映了公司不可动摇的理念——信息是激发创新的力量。

业界评论

O' Reilly Radar 博客有口皆碑。

> ——*Wired*

O' Reilly 凭借一系列（真希望当初我也想到了）非凡想法建立了数百万美元的业务。

> ——*Business* 2.0

O' Reilly Conference 是聚集关键思想领袖的绝对典范。

> ——*CRN*

一本 O' Reilly 的书就代表一个有用、有前途、需要学习的主题。

> ——*Irish Times*

Tim 是位特立独行的商人，他不光放眼于最长远、最广阔的视野并且切实地按照 Yogi Berra 的建议去做了："如果你在路上遇到岔路口，走小路（岔路）。"回顾过去 Tim 似乎每一次都选择了小路，而且有几次都是一闪即逝的机会，尽管大路也不错。

> ——*Linux Journal*

译者序

"真正的知识不是灌输，而是像光一样，照亮黑暗的角落。"《指环王》的作者托尔金如是说。

说真的，刚开始翻开《深入 C# 函数式编程》，我以为它会像大多数技术书籍一样艰深晦涩。然而，西蒙·J.潘特（Simon J. Painter）风趣幽默的冷笑话竟然有一种神奇的情绪价值，让我渐入佳境。在翻译过程中，我就像在与一位经验丰富的老友促膝长谈，他以诙谐的语言将复杂难懂的函数式编程概念娓娓道来，使原本晦涩难懂的技术知识变得清晰明了，充满趣味。

西蒙不愧是一位资深的软件开发者，他不仅精通 C# 语言，更对函数式编程有着深刻的理解和丰富的实践经验。在书中，他巧妙地将理论与实际案例相结合，用生动的比喻和形象的示例，详细解读了 C# 语言的函数式编程特性。从基础的不变性、高阶函数，到模式匹配、递归等高级概念，他都讲解得深入浅出，让人能够快速掌握函数式编程的精髓，并将其联想和应用到实际的编程工作中。

更难能可贵的是，西蒙用幽默的语言和轻松的笔触，处处埋梗，力求淡化学习过程中的枯燥与压力。无论是面对复杂的代码，还是难以理解的理论，他总能以一种轻松的方式引导我们去思考和探索，让学习变成一种享受。

西蒙还是个段子手，他的幽默贯穿全书，让人忍俊不禁。例如，书中的 1.2.6 节"递归"一节只有简单的一句话："如果不清楚递归是什么，请查看'递归'一节。否则，请查看 1.2.7 节'真·递归'。"这句话不仅风趣，还说明了递归的本质——递归是一种函数自我调用的行为，这句话模拟的就是这个逻辑。另外，作为一个老派的英国人，西蒙特别喜欢电影《007》和《神秘博士》系列，所以书中大量用到了与其相关的"段子"。

但是，别以为这本书只有玩笑和调侃。西蒙的专业能力十分深厚，他把技术知识用幽默的方式呈现出来，讲解得清晰又不失严谨。书中逐一讲解了函数式编程的核心理念——不变性、高阶函数、引用透明性等，并通过一个个贴近实际的例子，把它们的魅力展现得淋漓尽致。

那么，函数式编程到底有哪些优势呢？简单来说，它是一种强调"简洁、可靠和可预测性"的编程范式。比如，函数式编程的"不变性"要求变量一旦赋值便不能改变，从而减少了因为状态变动导致的潜在问题；"引用透明性"则保证了函数在相同输入下始终返回相同的输出，这大大提高了代码的可预测性和可测试性。这些特性让函数式编程在处理多线程任务时表现得尤为出色。

《深入 C# 函数式编程》最大的亮点在于，它非常贴近 C# 开发者的实际需求。书中没有空泛的理论堆砌，而是通过实用的代码示例展示了如何将函数式编程的思想融入日常工作中。当然，作者也没有回避函数式编程的学习曲线的问题。对于习惯了面向对象思维的开发者来说，函数式编程的确需要一点时间适应。但是，为它付出一些时间是值得的。

近年来，函数式编程呈现出迅猛的发展态势，在软件开发领域占据了愈发重要的地位。随着多核处理器的普及以及大数据和云计算的兴起，传统编程范式在应对并发和分布式系统时面临诸多挑战，而函数式编程凭借其独特的特性，如不可变数据、纯函数和高阶函数等，为这些难题提供了优雅的解决方案。这使得函数式编程在处理复杂业务逻辑和大规模数据处理时，展现出更高的效率和更强的稳定性，吸引了许多开发者的目光。

总的来说，本书是一本"严谨而不失幽默"的技术指南。读者不仅可以在欢笑中理解函数式编程的核心思想，也可以学会如何在 C# 中灵活应用这些工具。希望读者在阅读这本书时，既收获技术的提升，也感受到学习编程的乐趣。

最后，谈到 C# 编程，我个人熟悉推荐三本书，这也是很多人所说的"C# 好书一键三连"。首先，《深入 CLR》（第 4 版）提供了一个高瞻远瞩的视角，深入解析了运行时和框架——C# 语言的根基。C# 的所有设计都基于这个核心的架构。其次是《C# 12.0 本质论》，作为全面且深入的 C# 百科全书，它涉及 C# 语言的方方面面，全面覆盖 C# 开发必知必会的核心知识点。最后是《Visual C# 从入门到精通》，最新版本是第 10 版。这本书虽然同样涵盖 C# 语言的基础知识，但更侧重于从 GUI 编程的角度帮助读者理解 C# 编程。注意，包括本书在内，所有这些书的代码均通过了 Visual Studio 2022 的测试。

谨以本书

献给我的妻子苏希玛·马哈迪克，

以及我的两个女儿苏菲和凯蒂，我的两个小可爱。

前言

我经常参加开发者大会。从这些会议中，我观察到函数式编程（functional programming，FP）的讨论热度似乎一年高过一年。许多会议都有一个专门讨论函数式编程的分论坛，并且其他演讲中多少也会提到这个主题。

函数式编程的重要性正在稳步上升，这背后有哪些原因呢？

原因在于，函数式编程是软件开发史上最伟大的创新之一。它不仅很酷，还充满了乐趣。

随着容器化和无服务器应用等概念的兴起，函数式编程不再只是开发者的业余爱好，也不是那种几年后就被人遗忘的短暂热潮，而是成为一个能为利益相关者带来实质性好处的重要概念。

此外，在 .NET 生态系统中，函数式编程的推广还得益于一些关键因素。例如 C# 语言的首席设计师马德斯·托格森，他是函数式编程的忠实拥趸，同时也是将函数式编程引入 .NET 的主要推动者之一。另外，作为 .NET 家族中的函数式编程语言，F# 语言的影响也不容忽视。F# 与 C# 共享同一个运行时环境，所以 F# 团队开发的许多函数式特性往往也会以某种形式集成到 C# 语言中。

然而，一个重要的问题仍然存在：函数式编程究竟是什么？我是不是需要学习一门全新的编程语言才能使用它？好消息是，如果你是一名 .NET 开发者，那就不需要为了紧跟潮流而花费大量业余时间来学习新技术，也不需要引入新的第三方库来增加应用程序的依赖：有了开箱即用（out-of-the-box）的 C# 代码，即可实现函数式编程，为此，我们只需要做一些小小的调整。

本书介绍函数式编程的基本概念、展现其优势并说明如何在 C# 语言中实现它们——学习这些知识不仅能满足你的个人编程爱好，而且能为你的工作带来立竿见影的好处。具体有以下几个好处：

- 代码更加清晰、整洁且易于理解；
- 代码库更容易维护；
- 减少应用程序中未处理的异常，避免它们所带来的不可预测的后果；
- 能更轻松地为代码库编写自动化单元测试。

除此之外，还有其他很多的好处，此处不再赘述。

谁应该阅读本书

无论是专业开发人员、学生还是编程爱好者，只要已经掌握 C# 语言的基础知识，就适合阅读这本书。虽然不要求你达到专家水平，但最好熟悉 C# 语言的基础知识，并且至少能够独立编写简单的 C# 应用程序。

因为书中涵盖了一些更高级的 .NET 知识，所以在谈到这些知识时，我会对它们进行详细说明。

本书尤其针对以下几类读者提供了相应的内容：

- 如果你已经掌握 C# 语言的基础知识，但为了编写出更好、更健壮的代码而想通过学习更高级的技术来进一步实现自我提升，就可以从本书中找到实用的，有价值的内容；

- 如果你是 .NET 开发者，听说过函数式编程甚至对它有一定的了解，并且想知道如何在 C# 语言中采用这样的编码风格，就可以通过本书开启新的征程；

- 如果你是 F# 开发者，希望继续使用熟悉的函数式编程工具，就可以通过本书了解相关细节；

- 如果你是从其他支持函数式编程的语言（如 Java 语言）转向 .NET 平台的开发者，就可以发现这本书是一个宝贵的资源；

- 如果你是真心热爱编程的人，在办公室里写了一天代码回到家后还会出于兴趣写一写自己的应用，就可以发现本书相当适合你。

本书写作动机

我从小就对编程有浓厚的兴趣。小的时候，我家里有一台 ZX Spectrum，这是一款 Sinclair Research 在 20 世纪 80 年代初开发的家用电脑。熟悉 Commodore 64 的人，或许觉得 ZX Spectrum 似曾相识，但相比之下，它更古老。ZX Spectrum 只支持 15 种颜色和 256×192 的屏幕分辨率。[①] 我用的是有 48 kB 内存的高级型号，而我父亲用的是更老的 ZX81 型号，内存仅有 1 kB，键盘则是橡胶材质。它甚至无法显示彩色的游戏角色，只有屏幕上的色块，因此游戏中的人物角色会根据背景的颜色而改变颜色。总而言之，在当时，它们真的很酷！

---

① 它有 8 种基本颜色，每种颜色都有一个亮色版本。不过，其中一个颜色是黑色，而它并不存在亮色版本。所以，总共是 15 种颜色。

最让人兴奋的是，它的操作系统实际上是一个文本编程界面。我需要输入代码来加载游戏（使用 LOAD "" 命令从磁盘加载）。当时市面上有一些专门针对孩子的包含游戏代码的杂志和书籍，正是这些资料培育了我对计算机代码的热爱。在此，我要特别向 Usborne Publishing 表示感谢！

在我大约 14 岁的时候，学校电脑上的一个就业指导程序建议我考虑软件开发作为职业。那时我才第一次意识到，这个不太正经的爱好原来可以转为谋生的手段！

大学毕业后，我决定找一份正式的工作，当时是我第一次接触 C# 语言。就这样，我顺理成章地设定了下一个目标：找到恰当的编写代码的方式。这听起来很简单，对吧？但老实说，在差不多 20 年之后，我在努力，还没有实现这个目标。

我个人编程生涯的关键转折来自在挪威召开的一次开发者大会。那次大会后，我终于理解了我所熟悉的函数式编程究竟是什么。函数式编程的代码非常优雅和简洁，而且容易理解，这是其他编程风格难以企及的。虽然和其他类型的编程风格一样，采用函数式编程仍然可能编写出结构欠佳的代码，但函数式编程给我带来了一种前所未有的体验，让我觉得自己终于找到了一种"恰当"的编程方式。希望你在阅读这本书后，不仅认同我这个观点，而且还会被这个充满无限可能的编程世界深深吸引。

本书导航

本书的结构如下。

- 第 1 章是绪论，介绍如何立即开始使用 C# 语言进行函数式编程，不需要我们导入任何新的 NuGet 包、使用第三方库或者对 C# 语言进行特殊处理。这一章的所有示例几乎都适用于 C# 3.0 及以后的版本。完成第 1 章的学习，你将迈出第一步，开始你的函数式编程之旅，这一章的所有代码都相对简单，是本书后续内容的基础。

- 第 I 部分"我们已经在做的事"（第 2 章到第 4 章），探讨如何将函数式编程的一些理念自然融入 C# 编程中，不需要进行任何根本性的改变。在这一部分中，许多代码示例都直接使用标准 C# 语言来实现。如果你之前从未听说过函数式编程而想要循序渐进地入门，那么这部分将是很好的起点。打个比方，这就像是游泳前轻轻地将脚浸入水中，看自己是否对下水游泳感兴趣。

- 第 II 部分"深入函数式编程"（第 5 章到第 10 章），标志着进入"深水区"，要介绍一些"真正"的函数式编程概念。不过别担心，我会一一拆解这些概念，由浅入深地进行讲解。
- 第 III 部分"走出迷雾"（第 11 章到第 14 章），总结并巩固前面所学的知识，并介绍其他一些值得钻研的领域。

随意挑选自己最感兴趣的部分开始阅读。这本书不是小说，[2] 请按照自己觉得最合适的顺序阅读。

排版约定

本书使用的排版约定如下。

粗体

表示新术语、URL、电子邮件地址、文件名和文件扩展名。

`Constant width`(等宽字体)

表示程序代码和段落内的程序元素，如变量名、函数名、数据库、数据类型、环境变量、语句和关键字等。

这个图标代表一般性的补充说明。

这个图标代表警告或需要注意的事项。

---

② 但是，假如把这本书比作小说，那么我保证它会是一部谋杀悬疑小说，而且凶手肯定是管家！

使用代码示例

本书的补充材料（包括代码示例、练习等）可以参见 https://oreil.ly/functional-programming-with-csharp-code。

如果在使用代码示例时遇到技术问题或有其他疑问，请通过以下电子邮件地址联系我们：bookquestions@oreilly.com。

这本书旨在帮助你学习。一般来说，除非计划大量复制或使用书中的代码，否则可以随意在自己的程序和文档中应用本书提供的示例代码，无需事先征得我们的同意。举例来说，编写一个包含书中多个代码片段的程序不需要特别许可。但是，若要出售或分发 O'Reilly 书籍中的示例代码，则必须获得我们的正式许可。引用本书和书中的示例代码来回答问题不需要特别许可，但是，如果在你的产品文档中大量引用了本书的示例代码，就需要获得正式许可。

虽然不是强制性要求，但我们总是欢迎并感激任何对书籍归属的标注。书籍归属应包含书名、作者、出版社和 ISBN 号。例如："*Functional Programming with* C# by Simon J. Painter (O'Reilly). Copyright 2023 Simon J. Painter, 978-1-492-09707-5."。

如果认为自己使用代码示例的方式可能超出了合理使用范围或上述许可范围，请随时通过以下邮箱联系我们：permissions@oreilly.com。

O'Reilly 在线学习平台 (O'Reilly Online Learning)

O'REILLY® 近 40 年来，O'Reilly Media 致力于提供技术和商业培训、知识和卓越见解，来帮助众多公司取得成功。

我们拥有独一无二的专家和革新者组成的庞大网络，他们通过图书、文章、会议和我们的在线学习平台分享他们的知识和经验。O'Reilly 的在线学习平台允许你按需访问现场培训课程、深入的学习路径、交互式编程环境，以及 O'Reilly 和 200 多家其他出版商提供的大量文本和视频资源。有关的更多信息，请访问 *http://oreilly.com*。

联系我们

请把对本书的评价和问题发给出版社。

美国：

O'Reilly Media, Inc.

1005 Gravenstein Highway North

Sebastopol, CA 95472

致谢

首先要感谢凯瑟琳·多拉德。几年前，她在奥斯陆举办的一次挪威开发者大会（NDC）上发表了一场演讲，题为"C# 语言的函数式编程技巧"，那是我第一次真正接触函数式编程，它为我打开了一扇通往美丽新世界的大门（https://oreil.ly/nBpWu）。

在这段探索之旅中，对我而言，恩里科·布奥南诺也是一名重要的导师。通过阅读他的著作《C# 函数式编程：写出更优质的 C# 代码》，我理解了一些复杂的函数式概念的运作方式。如果你对我的这本书感兴趣，那么我强烈推荐你同时再读一读他的那本。

感谢阅读本书早期草稿并提供宝贵反馈的人，包括伊恩·拉塞尔、马修·弗莱彻、利亚姆·莱利、马克斯·迪特泽、史蒂夫·柯林斯、赫拉尔多·李斯、马特·伊兰、拉胡尔·纳特、西瓦·古迪瓦达、克里斯蒂安·霍斯达尔、马丁·福斯、戴夫·麦克洛、塞巴斯蒂安·罗宾斯、大卫·谢弗、彼得·德·坦德、马克·西曼、杰拉尔德·弗斯鲁斯、亚历克斯·怀尔德、瓦拉迪斯·诺瓦科维茨、莱克纳·莱因哈德、埃里克·卢卡斯、克里斯托弗·斯特拉滕、凯瑟琳·多拉德以及斯科特·瓦斯欣。在此向大家一并致谢！

还要特别感谢我的编辑吉尔·伦纳德。在过去一年，她对我的包容始终犹如海纳百川，感谢她的耐心。

简明目录

详细目录

第 I 部分　我们已经在做的事

第 2 章　我们目前能做些什么···29

绪论

如果你学过编程，无论是 C#、Visual Basic、Python 还是其他任何一种编程语言，那么你学到的知识可能都基于目前最主流的编程范式——面向对象编程（Object-Oriented Programming，OOP）。面向对象编程已经存在了相当长的一段时间，虽然确切时间仍有争议，但它很可能诞生于 20 世纪 50 年代末或 60 年代初。

面向对象编程围绕着这样一个核心理念展开：将数据（也就是属性）和功能封装到称为"类"的逻辑代码块中。这些类被用作实例化对象的模板。面向对象编程还涉及其他许多概念，比如继承、多态、虚拟方法和抽象方法等。

但本书的重点并不是面向对象编程。实际上，如果你对面向对象编程有深入的了解，那么最好暂时将这些知识抛到脑后，只有这样"清零"，才能从这本书中收获更多。

本书将介绍一种编程风格，它是面向对象编程的一种替代方案：**函数式编程**（Functional Programming，FP）。虽然函数式编程在近几年才逐渐进入主流的视野，但它的历史可能比面向对象编程更为久远。函数式编程基于 19 世纪末到 20 世纪 50 年代之间发展的数学理论，并且从 60 年代起，就已经成为一些编程语言的特性。我将展示如何在不学习一种全新的编程语言的前提下在 C# 中应用函数式编程。

在动手写代码之前，我先谈谈函数式编程本身。它究竟是什么？为何值得我们关注？它最适合在哪些场景下使用？这几个问题都非常重要。

1.1 函数式编程是什么

函数式编程围绕着一些基本概念展开，虽然这些概念的名称可能有些晦涩，但其本身并不复杂。我尽量以最简洁明了的方式阐述它们。

函数式编程是编程语言、API 或者两者都不是

函数式编程既不是一门编程语言，也不是 NuGet 中的某个第三方库，它是一种编程范式。这意味着什么？虽然"范式"（paradigm）一词有一个更为正式的定义，但我认为它可以被看作是一种编程"风格"（style）。就像吉他可以用来演奏各种风格的音乐一样，某些编程语言也支持多种不同的编程风格。

函数式编程的历史可能比面向对象编程还要久远。我将在 1.4 节"函数式编程的起源"中进一步讨论它的起源，但现在只需要让你明白，函数式编程并不是什么新的概念，其理论的诞生不仅早于面向对象编程，甚至可能先于计算机行业的形成。

值得一提的是，不同的编程范式可以混合使用，就像结合两种音乐风格的摇滚爵士乐一样。我们不仅可以结合使用不同的编程范式，还可以博采众长，利用每种范式的优点来创造更好的结果。

尽管编程范式有很多种"口味"[①]，但为了简单起见，我接下来将重点介绍现代编程中两种最常见的范式。

1. 命令式（Imperative）

在很长一段时间内，这都是唯一的一种编程范式。过程式编程和面向对象编程都属于这个类别。这种编程风格倾向于明确指导执行环境，详细说明需要执行的每一步，包括涉及的变量、中间步骤以及整个流程的执行顺序等。这种编程范式在学校教学和职场培训中极其常见。

2. 声明式或宣告式（Declarative）

在这种编程范式中，不太关心如何具体实现目标。这种范式下的代码更像是对期望结果的高层次概述，如何达到这些结果的具体步骤和顺序则交由执行环境来决定。函数式编程就属于这个类别，结构化查询语言（Structured Query Language，SQL）也属于这个类别，所以从某些方面来看，函数式编程更类似于 SQL 而不是面向对象编程。在编写 SQL 语句时，不需要关心操作的顺序（并不是真的先执行 SELECT，然后是 WHERE，接着是 ORDER BY[②]），也不需要关心数据转换的具体实现细节。相反，只需要编写一个脚本和有效地描述预期的输出。这也是函数式编程在 C# 语言中所追求的编程理念。因此，如果用过 Microsoft SQL Server 或其他关系型数

---

① 比如"香草口味"，还有我的最爱"香蕉口味"。
② 译注：虽然 SQL 语句通常按照 Select，From，Where，Group By，Having，Order BY 的顺序书写，但这并不代表数据库引擎会严格按照这个顺序执行操作。实际上，数据库引擎会根据优化器（optimizer）的分析，选择一个最优的执行计划，这个计划可能与语句的书写顺序不同。

据库更容易理解我接下来要介绍的一些概念。

尽管还有其他许多编程范式，但它们并不在本书的讨论范围内。实话实说，这些范式都相当晦涩难懂，所以我们很多人不太可能在日常工作中遇到它们。

1.2　函数式编程的特性

接下来，我要分别探讨函数式编程的几个核心属性及其对开发者的实际意义。

1.2.1　不变性

如果某个事物可以改变，那么我们就说它具有**变化**（mutate）的能力，就像忍者神龟[③]一样。换句话说，如果某物能发生变化，那它就是**可变的**（mutable）。相反，如果某物完全无法改变，那就说明它是**不可变的**（immutable）。

在编程语境中，这意味着一旦变量被赋值，就再也不能被修改。如果需要一个新的值，那么就必须新建一个变量，而不是更改现有变量的值。这是函数式编程中处理变量的标准做法。

这种方式与命令式编程稍有不同，但用它来编写程序的过程更接近于我们在数学中逐步求解的过程。这种方法促进了结构的合理性和代码的可预测性，使得代码更加**健壮**（robust）。

在 .NET 中，DateTime 和 String 都是不可变数据结构。你可能以为自己修改了它们，但实际上，每次所谓的"修改"都是在栈上创建了一个全新的对象。因此，很多新手程序员经常会听到一个建议："不要在 for 循环中直接拼接字符串"，这种做法确实是绝对应该避免的。

1.2.2　高阶函数

高阶函数（higher-order function）能以变量的形式传递，无论是作为局部变量、函数的参数还是作为函数的返回值。Func<T，TResult> 或 Action<T> 委托类型就是两个典型的例子。

下面简单介绍**委托**（delegate）的工作原理。委托本质上以变量形式来存储函数（方法）的引用。它们接受一组泛型类型（generic type）作为参数和返回类型（如果有的话）。Func 和 Action 之间的区别在于，**Action** 不返回任何值——

[③]　在我小的时候，大约是上世纪 90 年代，我们英国称之为"英雄神龟"（Hero Turtles），我猜当时的电视节目制作人可能想要规避"忍者"一词所隐含的暴力色彩。尽管如此，他们却完全不避讳英雄们使用锋利的武器来对抗坏蛋的场景。

也就是说，它是一个不包含 return 关键字的 void 函数。Func 中列出的最后一个泛型类型就是它的返回类型 [4]。

以下面这两个函数为例：

```
// 给定参数 10 和 20，将输出以下字符串:
// "10 + 20 = 30"
public string ComposeMessage(int a, int b)
{
    return a + " + " + b + " = " + (a + b);
}

public void LogMessage(string a)
{
    this.Logger.LogInfo("message received: " + a);
}
```

它们可以重写为委托，如下所示：

```
Func<int, int, string> ComposeMessage =
    (a, b) => a + " + " + b + " = " + (a + b);

Action<string> LogMessage = a =>
 this.Logger.LogInfo($"message received: {a}");
```

这些委托可以像标准函数一样调用，如下所示：

```
var message = ComposeMessage(10, 20);
LogMessage(message);
```

使用委托的一个主要优势是它们可以作为变量来存储，并在整个代码库中进行传递。这些委托不仅可以作为参数传递给其他函数，还可以作为返回类型从函数返回。如果使用得当，它们将是 C# 语言中非常强大的特性。

通过函数式编程的方法，我们可以将委托组合起来，从而将较小的函数构建块组合成更大、更复杂的函数——就像用乐高积木搭建千年隼号模型（或者你喜欢的任何模型）一样。这正是该范式被称为**函数式**（functional）编程的真正原因：因为我们用**函数**来构建应用程序。当然，这里不是说用其他范式编写的代码就不起作用（doesn't function）[5]。毕竟，要是那些范式真的不起作用，还有谁会用呢？

实际上，这里有一个经验法则：对于任何问题，函数式编程的答案总是"函数，函数，再加上更多的函数。"

---

④ 译注：例如，Func<string, int, bool> 表示接受一个 string 参数和一个 int 参数，并返回一个 bool 值的函数。

⑤ 译注：作者在这里用 function 的多义（函数、起作用、功能等）开了一个玩笑。

有两种类型的可调用代码单元：函数和方法。函数总是返回一个值，而方法则不一定。在 C# 语言中，函数会返回某种类型的数据，而方法的返回类型可能是 void。由于方法几乎总是会带来副作用，所以应该尽量避免在代码中使用它们，除非不得已。例如，日志记录就必须使用方法，在编写高质量生产代码时，方法是不可或缺的。

1.2.3　首选表达式而非语句

为了理解接下来要介绍的内容，我们首先需要明确几个定义。这里所说的"表达式"指的是用来计算值的独立代码单元。具体是什么意思呢？

下面是一些最简单的示例表达式：

```
const int exp1 = 6;
const int exp2 = 6 * 10;
```

也可以通过输入值来构建表达式，如下所示：

```
public int addTen(int x) => x + 10;
```

虽然下例执行了一个操作——判断条件是否为真——但它最终只是简单返回了一个布尔值，因此仍然被认为是表达式：

```
public bool IsTen(int x) => x == 10;
```

使用三元操作符（if-else 语句的简写形式）来确定返回值时，我们也可以将其视为一个表达式：

```
var randomNumber = this._rnd.Generate();
var message = randomNumber == 10
    ? " 等于 10 "
    : " 不等于 10 ";
```

另一个简单的经验法则是，如果一行代码包含一个等号，就说明这行代码很可能是表达式，因为它在进行赋值操作。但这个规则并非绝对，因为对其他函数的调用可能带来一些不可预见的结果。尽管如此，这个经验法则仍然值得我们牢记。

与之相对的是，语句指的是不会求值得出一个数据结果的代码片段，它们以分号结尾。它们通常用于执行某些操作，比如通过 if、where、for 和 foreach 等关键字来指示执行环境改变代码执行顺序，或者调用不返回任何值的函数，而这些调用本质上是在执行某种操作。下面是一个例子：

```
this._thingDoer.GoDoSomething();
```

最后一个经验法则是，如果代码中不含等号，那么说明它肯定是语句[6]。

1.2.4 基于表达式的编程

为了帮助大家加深理解，我们不妨回想一下小时候的数学课。在解题时，老师是不是要求我们逐步写出计算过程来证明我们是如何得到答案的？基于表达式的编程也是这个道理。

每一行都是一个完整的计算步骤，并且以前一行或前面多行为基础。通过编写基于表达式的代码，计算过程在函数运行时得以固定下来。这种方式的一个优势在于，它使代码更容易调试，因为可以回顾之前所有的值，并且确信这些值并没有因为循环的上一次迭代或其他类似情况而发生改变。

采用这种方法可能看似不切实际，仿佛是要求我们在双手被绑住的情况下编程。但实际上，这是完全可行的，甚至都不能说太难。在 C# 语言中，需要用到的大部分工具在过去 10 年中就已经有了，而且还有更多高效的结构可供选择。

下面用一个例子来说明我的观点：

```csharp
public decimal CalculateHypotenuse(decimal b, decimal c)
{
    var bSquared = b * b;
    var cSquared = c * c;
    var aSquared = bSquared + cSquared;
    var a = Math.Sqrt(aSquared);
    return a;
}
```

严格来说，所有这些代码都可以写在同一行中，但那样的话，代码就不那么容易阅读和理解了，对吧？还可以像下面这样编写代码，省去所有的中间变量：

```csharp
public decimal CalculateHypotenuse(decimal b, decimal c)
{
    var returnValue = b * b;
    returnValue += c * c;
    returnValue = Math.Sqrt(returnValue);
    return returnValue;
}
```

这里的问题在于，缺少变量名称会使代码难以阅读，而且所有中间计算结果都丢失了。这意味着，如果出现 bug，我们就必须逐步检查每个阶段的

---

⑥ 特别感谢函数式编程专家马克·西曼（Mark Seemann, https://blog.ploeh.dk），这些实用的经验法则是他总结得出的。

returnValue。在基于表达式的解决方案中，所有计算过程都会被清晰地保留。

习惯了这种方式之后，你可能很不适应以前的编程方式，甚至觉得它有些笨重和不方便。

1.2.5 引用透明性

引用透明性（referential transparency）这个词看似有些"高大上"，但它其实是一个很简单的概念。在函数式编程中，**纯函数**（pure function）具有以下特点：

- 不会改变函数外部的任何东西。这意味着它们没有"副作用"，不更新状态，不写入文件，不创建数据库连接等；
- 给定相同的参数值，总是返回相同的结果，无论系统的状态如何；
- 纯函数不会引发任何意外的副作用，包括抛出异常在内。

"引用透明性"这个概念基于这样一个理念：给定相同的输入，总是能得到相同的输出。因此，在进行计算时，理论上可以把对函数的调用替换成它对给定输入的输出结果。请看以下示例：

```
var addTen = (int x) => x + 10;
var twenty = addTen(10);
```

调用 addTen() 时，如果参数值为 10，那么它的结果就总是 20，没有任何例外。这个函数非常简单，因此也不可能引发任何副作用。因此，从原则上讲，可以将 addTen(10) 的调用替换为常量值 20，而不会引发任何副作用。这就是所谓的引用透明性。

下面列举纯函数的几个例子：

```
public int Add(int a, int b) => a + b;  // 计算两个整数 a 和 b 之和

public string SayHello(string name) =>  // 生成问候语。
    "Hello " + // 问候语的开头
    string.IsNullOrWhitespace(name) // 检查输入的 name 是否为空或仅包含空白字符
    // 如果 name 为空，那么返回一句友好的问候
    ? "I don't believe we've met. Would you like a Jelly Baby?"
    : name); // 如果 name 不为空，就在问候语中加入 name
```

这些函数不会引发任何副作用（我已经确保对字符串进行了空值检查），它们不会改变函数作用域之外的任何状态，只会生成并返回一个新的值。

以下是同一个函数的非纯（impure）版本：

```
public void Add(int a) => this.total += a; // 改变了状态
public string SayHello() => "Hello " + this.Name;
// 从状态而不是参数中获取值
```

这两个示例都包含了对当前类的属性的引用，超出了函数本身的作用域。
Add() 函数修改了状态属性，而 **SayHello()** 函数也没有执行空值检查。由此
可以看出，这些函数都不是纯函数，它们都会产生"副作用"。

那么，以下函数又如何呢？

```
public string SayHello() => "Hello " + this.GetName();

public string SayHello2(Customer c)
{
    c.SaidHelloTo = true;
    return "Hello " + (c?.Name ?? "Unknown Person");
}

public string SayHello3(string name) =>
    DateTime.Now + " - Hello " + (name ?? "Unknown Person");
```

这些函数很可能都不是纯函数。

SayHello() 依赖于一个外部函数。我不清楚 **GetName()**[7] 具体执行了什么操作，
如果它只返回一个常量，那么我们就可以将 **SayHello()** 视为纯函数。然而，
如果它执行的是数据库表的查询操作，那么任何数据缺失或网络数据包丢失都
可能导致抛出异常（这些都是意外产生副作用的例子）。如果必须用一个函数
来检索姓名，那么我会考虑使用 **Func<T, TResult>** 委托重写该函数，以便安
全地将这个功能注入 **SayHello()** 函数[8] 中。

SayHello2() 修改了传入的对象——这是该函数一个明显的副作用。在面向对
象编程中，以"传引用"的方式传递对象并进行修改是常见的做法，但在函数
式编程中这是绝对禁止的。要把它变成纯函数，我可能会考虑将更新对象属性
的操作和显示问候语的逻辑分离成两个不同的函数来实现。

SayHello3() 使用了 **DateTime.Now**，这会导致每次调用都返回不同的值，
完全违背了纯函数的原则。修正该问题的一个简单方法是为函数增加一个
DateTime 类型的参数，并在调用函数时传入具体的时间值。

引用透明性是提高函数式代码可测试性的重要特性之一。但这也意味着必须采取
其他方式来跟踪状态，稍后的"函数式编程的起源"小节将进一步探讨这个话题。

---

⑦ 它是我为这个例子即兴编写出来的。

⑧ 译注：例如，可以像下面这样重构 SayHello 函数：public string SayHello(Func<string>
getName) => "Hello" + getName();。这样一来，SayHello 现在只依赖于传入的 getName
函数，不再直接调用 this.GetName()。只要 getName 函数是纯函数，SayHello 就也是纯
函数。

此外，应用程序能实现的"纯度"（purity）有限，特别是在需要与外部世界、用户或不遵循函数式编程范式的第三方库交互时。在 C# 语言中，我们不得不在某些方面做出一些妥协。

对此，我喜欢用一个比喻来解释。如图 1.1 所示，阴影由两部分组成：本影（umbra）和半影（penumbra）。[9] 其中，本影是实心的、深色的部分（它占据了阴影的大部分）。半影是外围一圈模糊的灰色部分，它是阴影与非阴影相交并逐渐过渡的区域。在 C# 应用程序中，我将代码库中的纯净区域视为本影，将需要妥协的区域则视为半影。我的目标是尽可能扩大纯净区域，同时尽可能缩小非纯净区域。

图 1-1　本影和半影

如果想了解这种架构模式的正式定义，可以了解一下加里·伯恩哈特（Gary Bernhardt）的演讲，他称之为"函数式核心，命令式外壳"，详情可访问 https://oreil.ly/-ooC4。

1.2.6　递归

如果不清楚递归是什么，请查看 1.2.6 节"递归"，否则，就请查看 1.2.7 节"真·递归"。

1.2.7　真·递归

递归（recursion）的历史几乎和编程本身一样久远。它是一种函数自我调用机制，用来创建一个次数不定（但理想情况下并非无限）的循环。只要写过代码来遍历文件夹结构或执行高效排序算法，任何人都不会不知道递归。

递归函数通常由两部分组成。

---

⑨ 好了，大艺术家们，我知道阴影实际上大约由 12 个部分组成，但就这个比喻而言，两个部分就足够了。

- 条件：用来判断是需要再次调用函数还是已经达到结束状态（例如，已经计算出目标值或者没有更多的子文件夹需要遍历等）。

- 返回语句：根据是否已经达到结束状态，要么返回一个最终值，要么再次调用该函数本身。

下面是一个非常简单的 **Add()** 递归示例：

```
public int AddUntil(int startValue, int endValue)
{
    // 基本情况：如果起始值大于或等于结束值，直接返回起始值
    if (startValue >= endValue)
        return startValue;

    // 递归情况：否则，起始值递增 1，继续递归调用，直到满足基本情况
    else
        return AddUntil(startValue + 1, endValue);
}
```

 不要将这个例子用于生产代码。为了方便大家理解，我对它进行了简化。

尽管这个例子看起来有点"傻"，但要注意，在这个过程中，我并没有修改任何一个整型参数的值。在递归函数中，每次函数调用时使用的参数，都是由这次调用接收到的参数决定的。这是不可变性的又一个实例：我并没有修改变量中的值，而是根据接收到的值，通过一个表达式来进行函数调用[10]。

递归是函数式编程用来替代 while 和 foreach 这类语句的方法之一。但在 C# 语言中使用递归时，可能会遇到一些性能问题。以不定循环为主题的第 9 章将进一步探讨递归的使用。现在，你只需要谨慎使用递归，然后继续读下去，一切很快会变得清晰起来……

1.2.8　模式匹配

在 C# 语言中，**模式匹配**（pattern matching）基本上就是使用带有"疾速条纹"的 switch 语句[11]。不过，F# 语言进一步扩展了这一概念。C# 语言已经在几个

---

⑩ 译注：每次递归调用时，startValue 的值都增加 1，但这是通过创建一个新的 startValue + 1 表达式来实现的，而不是直接修改原始的 startValue。

⑪ 译注：疾速条纹指的是贴在赛车上的装饰性条纹。作者的意思是 C# 的模式匹配在功能上类似于 switch 语句，但其效率更高，写法更简洁。

版本前引入了模式匹配。C# 8.0 引入的 **switch** 表达式为 C# 语言开发者提供了这一概念的原生实现，微软的团队也在持续加以改进。

通过模式匹配，可以根据所检查的对象的类型及其属性来改变执行路径。这种方法可以用来简化复杂的嵌套 **if-else** 语句，如下所示：

```
public int NumberOfDays(int month, bool isLeapYear)
{
    if (month == 2)      // 如果是 2 月,
    {
        if (isLeapYear)  // 而且是闰年,
            return 29;   // 那么 2 月有 29 天,
        else
            return 28;   // 否则只有 28 天。
    }

    // 对于其他月份
    if (month == 1 || month == 3 || month == 5 || month == 7 ||
        month == 8 || month == 10 || month == 12)
        return 31; // 大月有 31 天
    else
        return 30; // 小月有 30 天
}
```

以上代码可以像下面这样简化（要求 C# 8.0 或更高版本）：

```
public int NumberOfDays(int month, bool isLeapYear) =>
    (month, isLeapYear) switch
    {
        { month: 2, isLeapYear: true } => 29,
        { month: 2 } => 28,
        { month: 1 or 3 or 5 or 7 or 8 or 10 or 12 } => 31,
        _ => 30
    };
```

模式匹配是一个极其强大的特性，也是我的最爱[12]之一。

第 2 章和第 3 章将展示更多这方面的示例，如果还想进一步了解模式匹配，可以直接前往这些章节。此外，即使仍在使用旧版本 C# 语言（8.0 以前），也有办法实现模式匹配，我将在第 4 章的 4.1.3 节 "C# 语言旧版本中的模式匹配"中分享一些技巧。

---

[12] 不知为何，朱莉·安德鲁斯（电影《音乐之声》中的女主角）没有回我的电话，和我一起讨论她那首著名歌曲的 .NET 版本更新事宜。（译注：这里提到的歌曲是原电影中的歌曲 *My Favorite Things*。作者说"也是我的最爱之一"，即 one of my favorite things，对应于歌名。）

1.2.9 无状态

面向对象编程过程中，通常有一系列状态对象，这些对象代表着某个实际或虚拟的进程。这些状态对象需要定期更新，以便与其代表的事物保持同步。例如，以下代码对我最喜爱的科幻剧《神秘博士》的相关数据进行了建模：

```
public class DoctorWho // 神秘博士类，表示《神秘博士》电视剧的基本信息
{
    public int NumberOfStories { get; set; }        // 故事总数
    public int CurrentDoctor { get; set; }          // 当前博士的编号
    public string CurrentDoctorActor { get; set; }  // 博士当前的演员
    public int SeasonNumber { get; set; }           // 当前季数
}

public class DoctorWhoRepository
// 神秘博士数据仓库类，负责管理神秘博士的信息
{
    private DoctorWho State;        // 当前的神秘博士状态

    public DoctorWhoRepository(DoctorWho initialState) // 构造函数
                                    // 初始化仓库的初始状态
    {
        this.State = initialState;
    }

    public void AddNewSeason(int storiesInSeason)
    // 添加新的一季，更新故事总数和季数
    {
        this.State.NumberOfStories += storiesInSeason; // 故事总数增加
        this.State.SeasonNumber++; // 季数增加
    }

    public void RegenerateDoctor(string newActorName) // 博士重生
                                    // 更新博士编号和演员
    {
        this.State.CurrentDoctor++;                      // 递增博士编号
        this.State.CurrentDoctorActor = newActorName; // 更改演员
    }
}
```

如果你打算转向函数式编程，就不要像前面示例代码那样做了。在函数式编程中，没有中心状态对象或修改其属性的概念。

听起来是不是有些极端？严格地说，状态在函数式编程中确实是有的，但它更多地被视为系统内部自然形成的一种属性。

任何用过 React-Redux 的开发者都体验过函数式编程处理状态的独特方式，这种方式实际上来自函数式编程语言 Elm 的启发。在 Redux 中，应用程序的状态

是一个不可变对象，不会被直接更新。需要改变状态时，开发者要定义一个函数，该函数接收当前状态、一个命令和必要的参数，然后基于当前状态返回一个新的状态对象。在 C# 9.0 中引入的记录类型（record type）使这个过程在 C# 语言中变得无比简单，详情可参见 3.5 节"记录类型"。现在，我们先来看一个简化版示例，它展示了如何重构某个仓库函数（repository function），使其按照函数式编程的方式工作：

```
public DoctorWho RegenerateDoctor(DoctorWho oldState, string newActorName)
{
    return new DoctorWho
    {
        NumberOfStories = oldState.NumberOfStories,
        CurrentDoctor = oldState.CurrentDoctor + 1,
        CurrentDoctorActor = newActorName,

SeasonNumber = oldState.SeasonNumber
    };
}
```

可预测性是这种方法的一个重要优势。在 C# 语言中，对象以"传引用"的方式传递。这意味着如果在函数*内部*修改了对象，那么在函数外部，该对象也会被修改。因此，即使我们并没有显式地给一个对象赋值，但一旦把它作为参数传递给函数，也不能保证它在函数执行后保持不变。

在函数式编程中，对象的任何修改都必须通过明确的赋值来完成，这样的要求消除了对象是否会被更改的不确定性。

函数式编程的特性，我就先说到这里，希望你已经对它的基本概念有了清晰的理解。接下来，我从更广阔的视角来审视函数式编程，并简单探讨一下函数式编程的起源。

1.3　制作蛋糕

下面我要从一个更抽象的视角来探讨一下命令式（imperative）和声明式（declarative）编程范式的区别，并看看如何使用这两种方式来制作纸杯蛋糕。[13]

1.3.1　命令式蛋糕

这不是真正的 C# 代码，而是一种 .NET 主题的伪代码，旨在展示这个问题的命令式解决方案。

---

[13] 我这个例子中包含一些自由发挥的成分。

```
// 将烤箱温度设置为 180 摄氏度
Oven.SetTemperatureInCentigrade(180);

// 打 3 个鸡蛋
for (int i = 0; i < 3; i++)
{
    bowl.AddEgg(); // 将鸡蛋加入碗中
    bool isEggBeaten = false; // 将鸡蛋是否打发状态初始化为否

    // 循环打发鸡蛋，直到打发完成
    while (!isEggBeaten)
    {
        Bowl.BeatContents(); // 打发碗中的内容
        isEggBeaten = Bowl.IsStirred(); // 检查是否打发完成
    }
}

// 将打好的鸡蛋液添加到 12 个纸杯蛋糕模具中
for (int i = 0; i < 12; i++)
{
    OvenTray.Add(paperCase[i]); // 将纸杯蛋糕模具放入烤盘
    OvenTray.AddToCase(bowl.TakeSpoonfullOfContents());
                        // 将一勺鸡蛋液添加到模具中
}

Oven.Add(OvenTray); // 将烤盘放入烤箱
Thread.Sleep(TimeSpan.FromMinutes(25)); // 等待 25 分钟
Oven.ExtractAll();  // 从烤箱中取出所有物品
```

在我看来，这展示了复杂命令式代码的典型特点：大量的、用于状态跟踪的临时变量。此外，这种代码非常注重操作的执行顺序，就像对一个零智能的机器人发号施令，一切都需要提前讲清楚。

1.3.2　声明式蛋糕

下面是一个完全虚构的声明式代码示例，展示了如何以声明式的方法解决同一个问题：

```
// 将烤箱温度设置为 180 摄氏度
Oven.SetTemperatureInCentigrade(180);

// 从蛋盒中取出 3 个鸡蛋，进行一系列操作后得到蛋糕糊
var cakeBatter = EggBox.Take(3)
    .Each(e => Bowl.Add(e)   // 将每个鸡蛋添加到碗中
        .Then(b =>           // 然后对碗进行操作
            b.While(x => !x.IsStirred, x.BeatContents())
            // 循环打发碗中的内容，直到完成
            )
            )
```

```
    .DivideInto(12);            // 将打发好的鸡蛋液分成 12 份蛋糕糊

// 将每份蛋糕糊添加到纸杯蛋糕模具中，并将模具放入烤盘
cakeBatter.Each(cb =>
    OvenTray.Add(PaperCaseBox.Take(1).Add(cb))
        // 从纸盒中取出一个纸杯蛋糕模具，
        // 加入蛋糕糊，再放入烤盘。
    );
```

如果你还不熟悉函数式编程，可能会觉得这种方式初看有些陌生，甚至有点不合常理。但不用担心，我会循序渐进地阐述它的工作原理和优势，并指导你在 C# 语言中亲自实践。

值得注意的是，函数式编程没有用于跟踪状态的变量，也没有 `if` 语句或 `while` 语句。我甚至无法确定具体的操作顺序，但这并不重要，因为系统会确保根据具体需要自动完成所有必要的步骤。

这更像是向一个稍微智能一点的机器人下达指令，它能进行一定程度的自主思考。你可能给出这样的指令："执行这一操作，直到达到某个特定状态。"然而在过程式编程中，通常需要结合使用 `while` 循环和状态跟踪代码来实现。

1.4　函数式编程的起源

首先，我想明确指出一点：尽管有些人可能并不这么认为，但函数式编程的历史其实相当悠久（至少按照计算机行业的标准来看）。它不像那些"新奇"的 JavaScript 框架——今年还在流行，明年可能就被淘汰。函数式编程的诞生早于所有现代编程语言，甚至（在某种程度上）早于计算机本身。它的年龄比我们都大，而且等到我们退休，它很可能还在。

因此，我主要想强调的是，投入时间与精力学习和理解函数式编程是非常值得的。哪怕将来不再使用 C# 语言，其他大多数语言也都或多或少地支持函数式编程的概念（JavaScript 在这方面的领先程度是其他语言望尘莫及的），所以这些技能在你未来的职业生涯中总会派上用场。

在继续之前，我要快速声明一下：我不是数学家。我热爱数学，它是我在整个学习生涯中最喜欢的科目之一，但一些纯理论的高等数学仍然会让我感到头昏脑胀。话虽如此，我还是会尽我所能地简单介绍一下函数式编程的起源，也就是理论数学的世界。

在函数式编程的历史中，大多数人首先想到的人物可能是哈斯凯尔·布鲁克斯·柯里（Haskell Brooks Curry，1900—1982），美国数学家和逻辑学家，至少有三种编程语言以及函数式编程中的"柯里化"（currying）概念都得名于他（第 8

章将进一步讨论）。[14] 他的主要研究领域是**组合逻辑**（combinatory logic），这种数学概念指的是使用 lambda（或箭头）表达式来编写函数，并通过组合它们来构建更加复杂的逻辑。这个概念也是函数式编程的核心基础。然而，柯里并不是第一个从事这项研究的，他的研究基于下面这些数学界先驱的论文和著作。

- 阿隆佐·丘奇（Alonzo Church，1903—1955，美国人），创造了"lambda 表达式"这个术语，这一概念至今仍然被 C# 语言等多种编程语言广泛应用。

- 摩西·舍恩芬克尔（Moses Schönfinkel，1888—1942，俄罗斯人），舍恩芬克尔撰写的关于组合逻辑的论文为柯里的研究奠定了基础。

- 弗里德里希·弗雷格（Friedrich Frege，1848—1925，德国人），弗雷格可能最早提出了我们现在所熟知的"柯里化"概念。尽管把发现归功于正确的人非常重要，但将这一概念称为"Freging（弗雷格化）"似乎不那么顺耳。[15]

最早的函数式编程语言如下所示：

- 信息处理语言（Information Processing Language，IPL），由艾伦·纽厄尔（Allen Newell，1927—1992，美国人）、克利夫·肖（Cliff Shaw，1922—1991，美国人）和赫伯特·西蒙（Herbert Simon，1916–2001，美国人）于 1956 年开发。

- 表处理语言（LISt Processor，LISP），由约翰·麦卡锡（John McCarthy，1927—2011，美国人）于 1958 年开发。我听说 LISP 至今仍然有一批忠实粉丝，并且一些企业仍然在生产环境中使用该语言。不过，我未曾亲眼见过这样的例子。

有趣的是，所有这些语言都不算是"纯"函数式语言。就像 C# 语言、Java 语言以及其他许多语言那样，它们都采用混合式方法，有别于 Haskell 和 Elm 等现代"纯"函数式语言。

这里不打算过多谈论函数式编程的历史（尽管这段历史确实很吸引人），但从前面的描述中，应该不难看出函数式编程拥有悠久而显赫的历史。

---

[14] 译注：简单地说，"柯里化"是一种函数式编程技术，它把一个接受多个参数的函数转换为一系列接受单个参数的函数。每个函数都返回一个新的函数，直到接收所有参数并返回最终的结果。

[15] 例如，说"这段 Freging（译注：与 freaking 的发音很相似）代码跑不起来！"（I can't get this Freging code to work!）的话，很容易产生歧义。

1.5 还有别的人在用函数式编程吗

正如我之前提到的那样，函数式编程已经有一段时间了，不只是 .NET 开发者对此感兴趣。实际上，其他许多编程语言在 .NET 之前早就已经支持函数式编程范式了。

这里的"支持"指的是编程语言提供以函数式范式实现代码的能力。这大致分为两种类型。

- 纯函数式编程语言

在这种语言中，开发者只能编写函数式代码。所有变量都是不可变的，并且内置对柯里化和高阶函数的支持。它们可能还在一定程度上支持面向对象的一些特性，但这通常不是开发团队主要的关注点。

- 混合或多范式编程语言

这两个术语完全可以换用。这种编程语言提供了一系列特性，使得开发者能够使用两种或更多编程范式编写代码，而且往往是同时支持多种范式。这些语言通常支持函数式和面向对象编程。它们可能不会为所有支持的范式都提供完美的实现。面向对象编程通常有最全面的支持，但函数式编程范式往往并非如此。

1.5.1 纯函数式语言

目前有十几种纯函数式语言。这里简单介绍当今最受欢迎的几种。

- Haskell

Haskell 在银行业中得到了广泛的应用，是学习函数式编程的首选语言。虽然 Haskell 确实可能是学习函数式编程的理想起点，但老实说，我并没有时间或精力去学习日常工作中用不到的一门编程语言。

如果想在成为函数式编程范式的专家后再来学习 C# 语言的函数式编程，那么研读 Haskell 的相关资料无疑是个好主意。比如米兰·利波瓦察（Miran Lipovača）所著的《HASKELL 趣学指南》（*Learn You a Haskell for Great Good!*），这本书有很多人推荐。虽然我没有读过，但我的一些朋友读过并给出了高度评价。

- Elm

Elm 最近似乎越来越受欢迎，一个重要的原因是它很容易被用作 React 组件嵌入 React 应用。

- Elixir

Elixir 是一种基于 Erlang 虚拟机的通用编程语言。它在工业界很受欢迎，并且每年都会专门召开大会[16]。

- PureScript

PureScript 是一种最终编译成 JavaScript 代码的编程语言，因此它既可以用来创建函数式前端代码，也可以用来在同构开发环境中编写服务器端代码和桌面应用程序。同构开发环境指的是那些允许在客户端和服务器端使用相同编程语言的环境，比如 Node.js。

1.5.2　首先学习纯函数式语言是否值得

目前，面向对象编程仍然在软件开发领域占据主导地位，函数式编程被视为一种锦上添花的编程范式。虽然这种状况在未来可能发生改变，但至少现状如此。

有些人认为，如果从面向对象编程转向函数式编程，最好先学习纯函数式编程，然后再将这些知识应用到 C# 语言这样的"混合"语言中。如果真的想这么做，也完全没有问题，祝你学得开心。我相信这也是一段有价值的旅程。

对我来说，这种观点让我想起英国那些坚持让学生学习拉丁语的老师，因为拉丁语是欧洲许多语言的根源，掌握了拉丁语，学习法语、意大利语、西班牙语等语言就更容易。

但我对这个观点持保留意见。[17] 纯函数式编程语言并没有拉丁语那么难学，尽管它们确实完全不同于面向对象编程语言。实际上，与面向对象编程相比，函数式编程中需要学习的概念更少，只不过习惯了面向对象编程的人可能比较难以适应函数式编程。

尽管如此，拉丁语和纯函数式编程语言在某种意义上是相似的，它们都代表一种更纯粹、更原始的语言。除了少数专业领域，它们的价值都比较有限。

除非对法律、古典文学、医学、历史等领域感兴趣，否则学习拉丁语几乎没有太大用处。相比之下，学习法语或意大利语这样的现代语言更有价值。这些语

---

[16] 译注：2024 年的 2024 Code BEAM Erlang & Elixir 大会在旧金山举行，主题涉及边缘计算、分布式系统、AI 大模型、机器学习等前沿技术趋势及其对社区产生的影响。

[17] 不过，我确实在学拉丁语，Insipiens sum. Huiusmodi res est ioci facio.（我是笨蛋——开玩笑的。）

言学习起来容易得多。还可以在旅行时使用这些语言，与友好的当地人交流。而且，比利时也有一些很不错的法语漫画。真的很有意思，去看看吧，我等你。

同样，很少有公司在生产环境中使用纯函数式语言。也就是说，花费大量时间彻底改变自己的工作方式，最后学到的可能是一种只限用于个人业余项目的语言。根据我多年的从业经验，没有一家公司在生产环境中使用比 C# 语言更前沿的语言。

C# 语言的一大优点是，它既支持面向对象编程也支持函数式编程。因此，开发者可以根据需求自由切换。可以随心所欲地使用这两种范式的任何特性，不会受到任何不良影响。这些范式可以在同一个代码库中和谐共存。所以，在这个环境中，可以完全按照自己的节奏，轻松地从纯面向对象过渡到函数式编程（反之亦然）。但在纯函数式编程语言中，像这样混合使用多种范式是不可能的。所以，即便 C# 语言没有提供对函数式特性的全面支持，它也有一定的优势。

1.5.3　F# 怎么样？是否有必要学

"那么 F# 怎么样？"这可能是我最常听到的问题。F# 不是一种纯函数式语言，但与 C# 语言相比，它更接近于纯函数式范式的实现。F# 内置许多函数式特性，编码简单，并且能在生产环境中提供高性能的应用程序——既然如此，为什么不选择它呢？

在回答这个问题之前，我总是先瞄一眼房间里的每个出口。F# 语言有一个非常热情的用户社群，他们可能比我聪明得多。[18] 但是……

并不是说 F# 语言不容易学。在我看来，它学起来比较容易。特别是对完全没有编程经验的新手来说，F# 可能比 C# 更好学。

并不是说 F# 语言不能带来商业利益，因为我真的认为它确实有很多好处。

也并不是说 F# 做不到其他语言能做的事情。它肯定能做到，我也听一些精彩的演讲分享过如何构建全栈 F# 应用。

是否学习 F# 是一个职业上的选择。在我去过的国家，都不难找到 C# 开发者。如果把大型开发者会议的所有参会人的名字写在纸条上，然后把所有纸条都放到帽子里并随机抽取一张，很可能抽到一名能在工作中使用 C# 语言的人。如果一个团队决定建立 C# 代码库，他们能轻松地找到足够多的工程师来维护代码并保持业务的平稳运行。

---

[18]　特别是 F# 大师伊恩·罗素（Ian Russell），他为本书中有关 F# 语言的内容提供了很多帮助。谢谢伊恩！

相比之下，了解 F# 语言的开发者相对较少。我认识的 F# 开发者并不多。如果在代码库中采用了 F#，那么可能会对 F# 开发者产生依赖，将来可能面临某些代码难以维护的风险，因为懂得如何维护 F# 代码的人并不多。

需要注意的是，这种风险并不像引入一种全新技术（比如 Node.js）的风险那样高。F# 仍然属于 .NET 语言，并且编译成与 C# 语言相同的中间语言（Intermediate Language，IL）。甚至可以在同一个解决方案中轻松地在 C# 项目中引用 F# 项目中的代码。然而，大多数 .NET 开发者仍然觉得 F# 的语法相当陌生。

我衷心希望这种情况会随着时间的推移而有所改变。我对 F# 有很好的印象，并且很想做更多相关的工作。如果公司决定采用 F#，我绝对会第一个表示欢迎！

但就目前而言，这种情况不太可能发生。至于未来如何，谁也说不准。或许在本书未来的某个版本中，我需要进行大量修改，以迎合读者学习 F# 的热潮，但目前我还看不到这种征兆。

我的建议是先试着阅读这本书。如果你对所学到的内容感到兴趣，那么 F# 可能是你在函数式编程之旅中的下一步。

1.5.4　多范式语言

可以说，除了纯函数式语言，其他语言在某种程度上都是混合式的。换言之，至少函数式编程的某些特性是可以实现的。尽管如此，我只简要介绍其中的几种语言。在这些语言中，函数式编程得到了完整或大部分的实现，并且很受开发团队的重视。

- JavaScript 语言

"野蛮生长"的 JavaScript 可以用来做任何事情。而且，它在函数式编程方面的表现非常出色，有人甚至认为它在这方面做得比在面向对象编程方面更好。如果想了解如何正确且有效地使用 JavaScript 进行函数式编程，推荐阅读道格拉斯·克罗克福特（Douglas Crockford）所著的《JavaScript 语言精粹》（*JavaScript: The Good Parts*，O'Reilly 出版发行）和他的一些线上讲座（例如，"JavaScript: The Good Parts"：https://oreil.ly/rIDSN）。

- Python 语言

Python 在过去几年中迅速成为开源社区最受人们喜爱的编程语言之一。令人惊讶的是，Python 发端于上世纪 80 年代末！Python 支持高阶函数，并提供了一些库，比如 `itertools` 和 `functools`，使开发者可以实现更多的函数式编程特性。

- Java 语言

Java 平台对函数式特性的支持与 .NET 相同。此外，Java 的一些衍生语言（例如，Scala、Clojure 和 Kotlin）提供了更多函数式编程特性。

- F# 语言

如前所述，F# 是 .NET 中更偏向纯函数式风格的语言。C# 和 F# 库之间有一定的互操作性，因而项目能够结合利用两者的最佳特性。

- C# 语言

微软几乎一开始就在逐步增加对函数式编程的支持。2005 年在 C# 语言 2.0 中引入的委托协变和匿名方法，这是支持函数式编程范式的第一项特性。不过，直到 2006 年的 C# 3.0，它对函数式编程的支持才真正得到加强。C# 3.0 引入了我认为是有史以来最具变革性的特性之一：LINQ。

LINQ（Language Integrated Query，语言集成查询）深植于函数式编程范式中，是开发者在 C# 语言中开始编写函数式风格代码的最佳工具之一（第 2 章将进一步讨论）。实际上，C# 团队致力于使每个新发布的 C# 版本都能比前一个版本更好地支持函数式编程。这个策略背后有许多推动因素，其中包括 F# 对 .NET 运行时开发团队提出的新函数式特性请求，更何况 C# 也能从中受益。

1.6　函数式编程的好处

我希望读者之所以选择这本书，是因为已经对函数式编程产生兴趣，希望立刻开始学习。如果你和团队正在考虑是否在工作中采用函数式编程，那么这一节或许能提供一些有价值的见解。

1.6.1　简洁

虽然这并不是函数式编程固有的特性，但在函数式编程的诸多好处中，最吸引我的就是它的简洁和优雅，这是面向对象或命令式编程无法企及的。

其他编程风格更加关注执行某项操作的底层细节，有时需要花大量时间研读代码，才能理解代码背后的真实意图。函数式编程更倾向于描述需要达成的目标。至于哪些变量需要更新、如何更新以及更新的时间点等具体实现细节，并不是我们关注的重点。

在与一些开发者讨论这个问题时，我发现他们对于无法深度参与数据处理的底层操作感到不满，但我个人其实乐于让执行环境来处理这些细节。少一件需要操心的事情，不香吗？！

这听起来可能是件小事，但相比命令式的替代方案，我真心喜欢函数式代码的简洁。开发工作充满挑战[19]，我们经常需要接手复杂的代码库并快速理解它们。开发者在搞清楚某个函数的实际作用上花费的时间越多，企业的损失就越大，因为企业实际上是在为这些理解工作而支付薪水，而不是为编写新的代码。函数式代码通常以接近自然语言的方式表达它要完成的任务，这不仅提高了代码的可读性，也简化了调试过程，为企业节省了宝贵的时间和资源。

1.6.2　可测试性

函数式编程的可测试性是很多人钟爱的特性之一。函数式编程的可测试性确实相当高。如果代码库的可测试性不接近 100%，很可能意味着你并没有正确实现这一编程范式。

测试驱动开发（Test-Driven Development，TDD）和行为驱动开发（Behavior-Driven Development，BDD）是软件开发中极为重要的专业实践。这些实践要求首先为生产代码编写自动单元测试，然后编写能通过测试的代码。通过这种方式创建的代码往往设计优良且更加健壮。函数式编程为这两个实践提供了很好的支持，而它们反过来又提高了代码的质量以及减少了生产环境中的 bug。

1.6.3　健壮性

除了可测试性，另一个让代码库更加健壮的原因是函数式编程的结构，这些结构有望从源头上防止错误的产生。

另外，这些结构还能防止后续出现任何意料之外的行为，使得准确报告问题变得更加容易。函数式编程中没有 null 的概念，因而不仅消除了大量可能的错误，还减少了需要编写的自动化测试的数量。

1.6.4　可预测性

函数式编程的代码从代码块的开头一直执行到末尾，始终严格按照顺序执行。这是过程式编程做不到的，因为它包含循环和条件分支。函数式编程只有易于跟踪的单一代码流。

---

[19] 至少，我们对领导是这么说的。

正确实现的函数式编程甚至不包含任何 try/catch 块，而这些结构往往是导致代码执行顺序无法预测的罪魁祸首。如果 try 块作用域广泛且与 catch 块的联系不够紧密，那么就像是我们蒙着眼睛把一块石头抛向空中，谁知道它会落在哪里，又会被什么人接住？一旦这样的执行流中断，谁又能预测可能发生怎样的意外行为呢？

在我的职业生涯中，我观察到的许多生产环境中的意外行为都是由设计不当的 try/catch 块引起的，而这种问题在函数式编程中根本不存在。虽然函数式代码中可能也会出现错误处理不当的情况，但函数式编程天然倾向于避免这种情况。

1.6.5　更好地支持并发

在过去几年中，软件开发领域有两项技术取得了重大的进展。

1.6.5.1　容器化

容器化（containerization）是由 Docker 和 Kubernetes 等产品提供支持的一种技术，它的中心思想是，应用程序不再运行在传统服务器（无论是虚拟服务器还是物理服务器）上，而是运行在类似于微型虚拟机的环境中。这种环境是在部署时通过脚本动态生成的。这种方式在技术实现上不同于传统虚拟机（因为不涉及硬件仿真），但对用户来说，它们的结果大致相同。它解决了开发者经常遇到的"在我的机器上明明可以"这样的问题。许多公司的软件基础设施都采用容器化技术来部署同一应用的多个实例。这些容器处理相同的输入源，比如队列、用户请求等。托管这些容器的环境可以根据需求调整容器的数量。

1.6.5.2　无服务器

对 .NET 开发者来说，无服务器（serverless）的概念可能并不陌生，他们可能已经通过 Azure Functions 或 Amazon Web Services（AWS）Lambda 接触过这种架构。在这种架构下，代码并没有部署在传统的 Web 服务器上，比如 Internet Information Services（IIS），而是作为独立存在的单个函数部署在云托管环境中。这种方法可以实现与容器相同的自动伸缩功能，也可以对细节进行优化，如此一来，就可以把更多资金花费在更为关键的功能上，对于那些生成输出结果比较耗时的功能，则可以减少资金投入。

这两项技术都广泛使用了并发处理（即同一功能的多个实例同时对同一个输入源进行处理）。这与 .NET 的异步（async）特性相似，但它们的应用范围更广。

异步操作在处理共享资源时常常遇到问题，无论是内存状态还是实际共享的物理资源或基于软件的外部资源。函数式编程不使用状态，因此在线程、容器或无服务器函数之间没有状态可以共享。

若正确实现，函数式编程范式将有助于实现这些广受欢迎的技术特性，不会在生产环境中引起任何意外的行为。

1.6.6 降低代码噪音

音频处理领域有一个概念名为"信噪比"（signal-to-noise ratio），指的是根据信号(你想要听到的声音)的音量与噪音(比如背景中的嘶嘶声、爆裂声或隆隆声)的比例来衡量录音的清晰度。

在编码中，信号代表代码块的业务逻辑，也就是代码真正想要完成的目标。换言之，信号是代码的"目的"。

噪音则是指为实现目标而需要编写的样板代码（Boilerplate Code），包括 for 循环的定义、if 语句等。

与过程式编程的代码相比，函数式编程非常简洁，样板代码要少得多，因此具有更好的信噪比。这不仅对开发者有好处，健壮、易于维护的代码库也意味着企业在维护和扩展上的成本更低。

1.7 函数式编程的最佳应用场景

函数式编程能够实现其他编程范式能实现的功能。在某些领域，它是最强大、最有益的，而在其他一些领域则可能需要做出妥协，比如融入一些面向对象的特性，或略微放宽函数式范式的规则。在 .NET 中，由于基础类库和扩展库大多遵循面向对象的范式，因此往往不得不做出一些妥协，但如果是在纯函数式语言中，则不需要做出任何妥协。

函数式编程特别适合需要高度可预测性的场景，例如数据处理模块或者将数据从一种形式转换为另一种形式的函数。另一个例子是业务逻辑类，这些类处理用户或数据库的数据，并将其传递到其他位置进行渲染。

函数式编程的无状态性质使它成为并发系统的强大助力，这包括需要处理大量异步任务的代码库，或是多个处理器需要同时对同一输入队列进行监听的场景。在没有共享状态的情况下，几乎不可能出现资源争夺的问题。出于以上原因，如果你的团队正在考虑使用 Azure Functions 等无服务器应用程序，那么函数式编程就非常有帮助。

相比面向对象编程范式，函数式编程有助于减少错误并增强代码的健壮性，因此，对于业务关键型的系统而言，采用函数式编程是一个明智的选择。如果必须确保系统在面对未处理的异常或不正确的输入时也能稳定运行，那么函数式编程可能是最理想的解决方案。

1.8　更适合使用其他范式的场景

当然，也不一定非要使用其他编程范式。函数式编程虽然无所不能，但在 C# 语言环境中，在某些情况下探索其他编程范式可能是值得的。此外，C# 语言是一种混合式语言，所以许多范式可以和谐共存，完全取决于开发者的需求。当然了，我也有个人的偏好！

一个需要考虑使用其他范式的情况是与外部实体的交互：例如，输入 / 输出（I/O）、用户输入、第三方应用程序和 Web API 等。这些操作无法以纯函数（即没有副作用的函数）的形式实现，因此需要进行一定的妥协。从 NuGet 包导入的第三方模块也是如此，甚至微软的一些比较旧的库也不支持函数式编程，在 .NET Core 中也不例外。想要了解具体例子的话，可以看看 .NET 中的 `SmtpClient` 或 `MailMessage` 类。

在 C# 语言的世界中，如果性能是项目中唯一的、凌驾于一切之上的关注点——甚至比可读性和模块性还要重要——那么遵循函数式编程范式可能不是最好的选择。函数式 C# 代码在性能上没有固有缺陷，但它并不一定是性能最优的解决方案。

不过我认为，函数式编程带来的好处远远大于它可能带来的轻微性能损失。今天，我们经常能轻松地为应用程序增加一些额外的硬件资源（虚拟或实体，视情况而定），这种做法的成本很可能远远低于开发、测试、调试以及维护一个用命令式风格编写的代码库所需要的成本。但如果要开发部署到移动设备上的代码，那么情况就不一样了。移动设备的内存资源有限且无法扩展，所以性能尤为关键。

1.9　函数式编程能应用到何种程度

令人遗憾的是，在 C# 语言中完全实现函数式编程范式是不可能的。原因有很多，比如语言向后兼容的需求以及作为强类型语言的固有限制。

本书的目的不是展示如何完全实现函数式编程，而是展示在 C# 语言中实现函数式编程的可能性和局限性之间的界限。我还要介绍一些切实可行的做法，特别是适用于那些负责维护生产环境代码库的开发者。本质上，这本书是一本实用、务实的函数式编程风格指南。

1.10 单子实际上，先不用担心这个

单子（Monad）通常被视为函数式编程的一大难题。如果查看它在维基百科上的定义，你会看到一堆奇怪的符号，包括 F、G、箭头……比图书馆书架下的符号还要多。

即使到现在，我仍然觉得这些官方定义也宛如天书。说到底，我是工程师，又不是数学家。

道格拉斯·克罗克福特（Douglas Crockford）说："所谓单子的诅咒，指的是，一旦理解了它，就失去了解释它的能力。"所以我不打算解释它。不过，在这本书中，单子可能会在一些意想不到的时刻出现。

别担心，一切都会好起来的。我们会一起解决所有的问题，相信我。

1.11 小结

在《深入 C# 函数式编程》的绪论中，我们的主人公——也就是你——勇敢地探索了函数式编程（FP）究竟是什么以及它为什么值得学习。你初步了解了函数式编程范式的重要特性：

- 不变性；
- 高阶函数；
- 首选表达式而非语句；
- 引用透明性；
- 递归；
- 模式匹配；
- 无状态。

此外，你还探索了函数式编程的应用场景、采用纯函数式编程的优势以及使用函数式范式编写应用程序的诸多好处。

在令人激动的第 2 章中，你将学到一些可以立刻应用到 C# 语言中的函数式编程技巧。不需要任何新的第三方库或 Microsoft Visual Studio 扩展——只需要原汁原味的 C# 语言，再加上你的一点点创造力。

欲知后事如何，且听下回分解。同一个 .NET 时间，同一个 .NET 频道，咱们不见不散。[20]

---

[20] 严格来说，是"同一本书"。

我们已经在做的事

信不信由你，如果你做过一段时间的 .NET 编程，那么很有可能已经或多或少进行函数式编程了。

本书第 I 部分旨在展示日常编程工作中已经在多大程度地采用了函数式编程以及是否可以轻松地转为函数式编程。本部分不涉及除了微软提供的库之外的任何库，也不涉及复杂的理论。

可以将这部分视为前往神秘、幽暗、迷雾重重的函数式编程之海的起点。此刻，你还站在陆地上，周围的一切都显得熟悉而陌生。

第 II 部分将更深入地探讨函数式编程的概念。如果你觉得第 I 部分太过简单，随时可以跳到第 II 部分。

第 2 章

我们目前能做些什么

对于一部分读者来说，本章讨论的代码和概念可能比较基础，但请耐心一些。我不想过早引入太多内容。经验丰富的开发者或许可以直接跳到第 3 章，了解 C# 在函数式编程方面的最新进展；也可以直接跳到第 4 章，了解如何利用自己早就熟悉的特性，以新颖的方法来进行函数式编程。

本章将介绍当今几乎每个 C# 生产代码库中都可以实现的函数式编程特性。这里假设至少使用 .NET Framework 3.5 版本，只需进行一些简单的调整，本章所有代码示例都可以在该环境下运行。如果你使用的是版本更新的 .NET，但还不太熟悉函数式编程，也建议阅读本章，它将为你采用函数式编程范式提供一个良好的起点。

如果已经对函数式代码有所了解，只是想看看 .NET 最新版本都提供了哪些功能，可以直接跳到下一章。

2.1 开始

函数式编程真的很简单！与许多人的观念相反，学习函数式编程比学习面向对象编程（OOP）更容易，因为它涉及的新概念更少。

如果对此表示怀疑的话，请试着向不懂技术的家人解释什么是多态性吧！习惯 OOP 的人可能已经忘记了最开始学习这些概念时是多么辛苦。

函数式编程其实不难理解，它只是与我们已经习惯的编程方式不同而已。我遇见过很多刚从高校毕业并对函数式编程充满热情的学生。如果他们能做到，我相信你也可以。

一个普遍存在的误解是认为需要先学习大量知识才能开始函数式编程。对此，我想说的是，如果有过一段时间的 C# 语言编程经验，那么说明你很可能已经写过函数式代码了。下一节将具体说明这一点。

2.2　编写第一段函数式代码

开始编写函数式代码之前，我们先来看看非函数式编程的代码示例。你可能在 C# 语言编程生涯的早期已经见过这种风格。

2.2.1　非函数式的电影查询示例

在这个简单的例子中，我们要从一个假想的数据源获取一个包含所有电影的列表，并在此基础上创建一个新的列表，但新的列表中只包含动作片（Action）：[①]

```
public IEnumerable<Film> GetFilmsByGenre(string genre)
{
    var allFilms = GetAllFilms();
    var chosenFilms = new List<Film>();
    foreach (var f in allFilms)
    {
        if (f.Genre == genre)
        {
            chosenFilms.Add((f));
        }
    }
    return chosenFilms;
}
var actionFilms = GetFilmsByGenre("Action");
```

这段代码有什么问题呢？最明显的问题是，它不够优雅。对于一个相对简单的任务来说，这里写的代码太多了。

另外，它还实例化了一个新的对象，这个对象将在函数执行期间一直保留在作用域中。如果这就是整个函数的全部内容，那还不算什么大问题。但如果这只是一个长函数中的小片段呢？那样的话，`allFilms` 变量和 `actionFilms` 变量会一直存在于作用域中并占用内存，即使它们没有被使用。

---

① 顺带一提，我更喜欢科幻片（SF 或 sci-fi）。

在复制数据时，是否需要在复制的对象中保留所有数据的副本，取决于这个对象是类、结构还是其他类型。但只要这两个对象都在作用域内，就会在内存中保留一组重复的引用，白白地占用额外的内存。

此外，这种方法还限定了操作顺序。我们指定了何时循环，何时添加——每一步应该在哪里以及何时执行。如果数据转换过程中需要执行任何中间步骤，那么还需要指定这些步骤，并将它们的结果存储在可能长时间驻留于内存中的变量中。

可以使用 `yield return` 语句来解决一些问题，如下所示：

```csharp
public IEnumerable<Film> GetFilmsByGenre(string genre)
{
    var allFilms = GetAllFilms();
    foreach (var f in allFilms)
    {
        if (f.Genre == genre)
        {
            yield return f;
        }
    }
}

var actionFilms = GetFilmsByGenre("Action");
```

但这只是减少了几行代码而已，并没有从根本上解决问题。

如果设定的操作顺序不是最好的，该怎么办？如果后续代码导致我们实际上不需要返回 `actionFilms` 的内容，那之前的工作岂不是白费了？

这就是过程式代码的根本问题：一切都必须详细指示。函数式编程的一个主要目标就是摆脱这些麻烦事。不要具体到细枝末节上，放松并拥抱声明式代码。

2.2.2　函数式的电影查询示例

那么，如果按照函数式风格重写之前的代码示例，会是怎样呢？我希望你已经猜到了重写的方式：

```csharp
public IEnumerable<Film> GetFilmsByGenre(
    IEnumerable<Film> source,
    string genre) =>
    source.Where(x => x.Genre == genre);

var allFilms = GetAllFilms();
var actionFilms = GetFilmsByGenre(allFilms, "Action");
```

这时你可能会说，"这不就是 LINQ 吗？"没错，这就是 LINQ。告诉你一个小秘密：LINQ 遵循的是函数式编程范式。

考虑到可能还有人不清楚 LINQ 的神奇之处，我在这里简单介绍一下，LINQ 是 C# 语言早期版本就有的库。它提供了一套丰富的函数来筛选、更改和扩展数据集合。Select()、Where() 和 All() 等函数都来自 LINQ，并且在全球范围内得到了广泛使用。

现在，回想一下函数式编程的特性，看看 LINQ 实现了其中的哪些。

- 高阶函数

传递给 LINQ 函数的 lambda 表达式就是作为参数变量传递的函数。

- 不变性

LINQ 不改变源数组，而是基于源数组返回一个新的枚举。

- 首选表达式而非语句

不使用 foreach 语句和 if 语句。

- 引用透明性

尽管没有强制要求，但前面 lambda 表达式确实符合引用透明性（即没有副作用）。虽然完全可以在 lambda 表达式中引用外部的字符串变量，但通过将源数据作为参数传入，我们不仅避免了这种情况，还简化了测试过程，因为我们不必创建和设置代表外部数据源连接的模拟对象。[2] 函数需要的都由它自己的参数提供。

据我所知，迭代完全可以改为用递归来实现，但我不知道 Where() 函数的源代码是怎样的。我有我的执念：它是通过递归实现的，除非有证据证明它不是。

从很多方面来说，这一行简短的代码是函数式编程的完美示例。我们通过传递函数来操作数据集合，基于原始集合创建一个新的集合。采用函数式编程范式，最终得到的代码更加简洁，更易于阅读，因此也更容易维护。

---

[2] 译注："代表外部数据源连接的模拟对象"指的是在软件开发过程中，特别是在单元测试时，不是直接连接到实际的外部数据源（如数据库、文件系统或网络服务），而是使用一种技术来创建一个行为类似但可以控制的虚拟数据源。这种做法常见于测试环境，目的是验证代码的功能性和健壮性，同时避免在测试过程中对真实数据源产生影响或依赖。在单元测试中，模拟（mocking）和存根（stubbing）是两种常用的技术，开发者能够用它们来模拟外部数据源的接口和行为。

2.3　以结果为导向的编程

函数式代码的一个关键特点是，它更重视最终结果，而不是获得这个结果的具体实现过程。如果完全采用过程式的方法来构建一个复杂对象，我们通常会在代码的开始处实例化一个空对象，然后逐步添加每个属性的值，如下所示：

```
var sourceData = GetSourceData();
var obj = new ComplexCustomObject();

obj.PropertyA = sourceData.Something + sourceData.SomethingElse;
obj.PropertyB = sourceData.Ping * sourceData.Pong;

if(sourceData.AlternateTuesday)
{
    obj.PropertyC = sourceData.CaptainKirk;
    obj.PropertyD = sourceData.MrSpock;
}
else
{
    obj.PropertyC = sourceData.CaptainPicard;
    obj.PropertyD = sourceData.NumberOne;
}

return obj;
```

这个方法的问题在于，它非常容易被滥用。虽然这个虚构的代码块短小且易于维护，但实际的生产代码往往非常长，涉及多个需要预处理、合并以及再处理的数据源。这就可能导致大量嵌套的 if 语句，使代码的结构变得像一些大家族的族谱一样错综复杂。

每增加一层嵌套的 if 语句，代码的复杂度就会翻倍，特别是代码库中到处都是 return 语句的时候。随着代码库变得越来越复杂，很容易在不经意间产生 null 值或遇到其他意外。函数式编程不鼓励这样的结构，从而避免了过度的复杂性和意外的副作用。

之前的代码示例中，PropertyC 和 PropertyD 被定义两次。虽然这段代码还算易于处理，但我遇到过同一个属性在多个类和子类中定义了五六次的情况。[③]不知道你是否有过处理这种代码的经历，反正我有过很多次。

随着时间的推移，这类庞大、难以管理的代码库会变得越来越难以维护。每次添加新的功能，开发人员的工作效率都会下降，业务主管可能也会感到沮丧，因为他们无法理解为何如此"简单"的更新需要花费那么长的时间。

---

③ 有一次，一些定义甚至还分布在代码库之外的数据库存储过程中。

理想情况下,函数式代码应该被编写成小而简洁的代码块,完全聚焦于最终结果。它所偏好的表达式模仿了数学问题的求解步骤,因此在写函数式代码时,实际上是在写一系列小的公式,每个公式都精确定义一个结果及其所有相关变量。应该能轻而易举地在代码库中定位一个值的来源。

这里有一个例子:

```
function ComplexCustomObject MakeObject(SourceData source) =>
new ComplexCustomObject
{
    PropertyA = source.Something + source.SomethingElse,
    PropertyB = source.Ping * source.Pong,
     PropertyC = source.AlternateTuesday ? source.CaptainKirk : source.
CaptainPicard,
    PropertyD = source.AlternateTuesday ? source.MrSpock : source.NumberOne
};
```

虽然这里重复使用了 **AlternateTuesday** 标志(flag),但现在所有影响返回值的变量都集中在一处定义。这简化了未来的代码维护工作。

如果一个属性非常复杂,以至于需要多行代码或一系列占据大量空间的 LINQ 操作,我会创建一个专门的函数来封装这些复杂的逻辑。不过,基于结果的返回操作仍然是一切的核心。

2.4 可枚举对象

有时,我觉得**可枚举对象**(enumerable)是 C# 语言中最容易被低估和误解的特性之一。可枚举对象是数据集合最抽象的表示形式,它本身不包含任何数据,只存储一个关于如何获取数据的描述。在遍历完所有元素之前,可枚举对象连有多少元素都不知道,它只知道当前元素的位置以及如何迭代到下一个元素。

这个过程被称为**惰性求值**(lazy evaluation)或**延迟执行**(deferred execution)。在开发工作中,懒惰是一种美德。不要让任何人否定这一点。[4]

---

④ 除了老板,毕竟你的工资是他们发的,如果他们人好,或许每年还会送你一张生日卡。

事实上，还可以为可枚举对象编写自定义行为。底层有一个称为**枚举器**（enumerator）的对象。通过与之交互，可以获取当前项或迭代到下一项。注意，不能使用可枚举对象或枚举器来确定列表的长度，且迭代只能朝着单一方向进行。

请看以下代码示例。首先，一组简单的日志记录函数将信息添加到字符串列表中：

```
private IList<string> c = new List<string>();

public int DoSomethingOne(int x)
{
    c.Add(DateTime.Now + " - DoSomethingOne (" + x + ")");
    return x;
}

public int DoSomethingTwo(int x)
{
    c.Add(DateTime.Now + " - DoSomethingTwo (" + x + ")");
    return x;
}

public int DoSomethingThree(int x)
{
    c.Add(DateTime.Now + " - DoSomethingThree (" + x + ")");
    return x;
}
```

然后，一段代码依次用不同的数据调用每个 DoSomething() 函数：

```
var input = new[]
{
    75,
    22,
    36
};
var output = input.Select(x => DoSomethingOne(x))
                  .Select(x => DoSomethingTwo(x))
                  .Select(x => DoSomethingThree(x))
                  .ToArray();
```

你认为操作顺序会是怎样的？你可能以为，在运行时，系统会先取原始输入数组对其中每个元素执行 **DoSomethingOne()** 函数来生成一个新的数组，再对这些元素执行 **DoSomethingTwo()** 函数，以此类推。

如果检查那个字符串列表的内容，可以看到下面这样的情况：

```
18/08/1982 11:24:00 - DoSomethingOne(75)
18/08/1982 11:24:01 - DoSomethingTwo(75)
18/08/1982 11:24:02 - DoSomethingThree(75)
18/08/1982 11:24:03 - DoSomethingOne(22)
18/08/1982 11:24:04 - DoSomethingTwo(22)
18/08/1982 11:24:05 - DoSomethingThree(22)
18/08/1982 11:24:06 - DoSomethingOne(36)
18/08/1982 11:24:07 - DoSomethingTwo(36)
18/08/1982 11:24:08 - DoSomethingThree(36)
```

这几乎和通过 for 循环或 foreach 循环得到的结果完全相同，但我们实际上已经把执行顺序的控制权交给了运行时环境。我们不必操心临时持有的变量的细节，也不用操心数据应当如何以及何时被处理。相反，我们只需要描述想执行的操作，并等着得到一个最终的结果。

最终生成的字符串列表可能不会和以上代码完全相同，这具体取决于与可枚举对象交互的代码（通过 LINQ 或 foreach）是怎么写的。但有一点始终不变：可枚举对象实际只在数据被请求的那一刻生成数据。它们是在哪里定义的并不重要，重要的是它们会在什么时候*使用*。

通过选择使用可枚举对象而不是固定大小的数组，我们设法实现了编写声明式代码所需要的一些行为。

令人惊讶的是，如果像下面这样重写代码，之前提到的日志文件仍然会保持不变：

```
var input = new[]
{
    1,
    2,
    3
};
var temp1 = input.Select(x => DoSomethingOne(x));
var temp2 = input.Select(x => DoSomethingTwo(x));
var finalAnswer = input.Select(x => DoSomethingThree(x));
```

temp1、temp2 和 finalAnswer 都是可枚举对象，它们在进行迭代之前都不包含任何数据。

请试着做个实验，参照以上示例编写一段代码，但不要原样照搬，也许可以尝试一些更简单的操作，比如通过一系列的 select 以某种方式修改一个整数值。

在 Visual Studio 中设置一个断点，继续执行程序直到最终结果计算完毕，然后将鼠标悬停在 finalAnswer 上。你可能会发现，尽管代码已经执行到了这里，但仍然无法展示任何数据。这是因为可枚举对象还没有执行任何操作。

如果像下面这样做，情况就会有所改变：

```
var input = new[]
{
    1,
    2,
    3
};
var temp1 = input.Select(x => DoSomethingOne(x)).ToArray();
var temp2 = input.Select(x => DoSomethingTwo(x)).ToArray();
var finalAnswer = input.Select(x => DoSomethingThree(x)).ToArray();
```

因为现在专门调用 ToArray() 来强制对每个中间步骤进行枚举，因此我们会对输入列表中的每一项执行 DoSomethingOne()，再进入下一个环节。

现在，日志文件看起来会是下面这样的：

```
18/08/1982 11:24:00 - DoSomethingOne(75)

18/08/1982 11:24:01 - DoSomethingOne(22)

18/08/1982 11:24:02 - DoSomethingOne(36)

18/08/1982 11:24:03 - DoSomethingTwo(75)

18/08/1982 11:24:04 - DoSomethingTwo(22)

18/08/1982 11:24:05 - DoSomethingTwo(36)

18/08/1982 11:24:06 - DoSomethingThree(75)

18/08/1982 11:24:07 - DoSomethingThree(22)

18/08/1982 11:24:08 - DoSomethingThree(36)
```

出于这个原因，我通常主张尽可能晚调用 ToArray() 或 ToList()[5]，以最大限度地推迟操作的执行。而且，如果后续逻辑阻止了枚举的发生，这些操作可能根本不会被执行。

在需要提高性能或避免多次迭代的情况下，会有一些例外。当可枚举对象还未被枚举时，它虽然不包含任何数据，但这些待执行的操作仍会占用内存。如果堆积太多可枚举对象——特别是进行递归操作时——可能会占用过多内存，而导致性能下降，甚至可能出现栈溢出（stack overflow）的情况。

---

[5] 作为函数式编程的实践者，同时也是高度抽象接口的提倡者，我从来不用 ToList()，即使它在速度上略占优势。我始终选择使用 ToArray()。

2.5　首选表达式而非语句

本章后续部分将提供更多示例，展示如何通过更有效地使用 LINQ 来避免使用 if、where 和 for 这样的语句，或者避免改变状态（即更改变量的值）。在某些情况下，可能无法用现成的 C# 函数完全替代这些语句，本书的其余部分会探讨如何应对这种情况。

2.5.1　低调的 Select

读到这里，你很可能已经对 Select() 及其用法有所了解了。但我注意到，许多人似乎都不太了解它的一些特性，而这些特性可以使代码更具有函数式风格。

第一个特性在 2.4 节中展示过，即可以链式调用它们。可以创建一系列 Select() 函数调用（一个接一个地排列，或者写成一行代码），也可以将每个 Select() 的结果存储在不同的局部变量中。从功能上讲，这两种方法异曲同工。即使在每个 Select() 之后调用 ToArray() 也没有关系。只要不修改生成的任何数组或者它们包含的对象，就不至于违背函数式编程范式。

需要避免的是命令式编程的典型做法——定义一个列表，用 foreach 遍历源对象，然后将每个新项加入列表中。这种做法不仅繁琐，可读性低，而且还相当枯燥。

何必给自己找麻烦呢？一个简洁明了的 Select() 语句不是更好吗？

2.5.2　迭代器的值是必需的

如果要将一个可枚举对象通过 Select 进行转换，并且转换过程中需要使用迭代器，该怎么办？假设遇到以下情况：

```
var films = GetAllFilmsForDirector("Jean-Pierre Jeunet")
    .OrderByDescending(x => x.BoxOfficeRevenue);

var i = 1;

Console.WriteLine("The films of visionary French director");
Console.WriteLine("Jean-Pierre Jeunet in descending order");
Console.WriteLine("of financial success are as follows:");
```

```
foreach (var f in films)
{
    Console.WriteLine($"{i} - {f.Title}");
    i++;
}

Console.WriteLine("But his best by far is Amelie");
```

为此，可以利用 **Select()** 语句的一个鲜为人知的特性：它们拥有一个允许在 **Select()** 语句中访问迭代器的重载版本。只需要提供一个带有两个参数的 lambda 表达式，其第二个参数是一个整数，代表当前元素的索引位置。

函数式版本的代码如下所示：

```
var films = GetAllFilmsForDirector("Jean-Pierre Jeunet")
    .OrderByDescending(x => x.BoxOfficeRevenue);

Console.WriteLine("The films of visionary French director");
Console.WriteLine("Jean-Pierre Jeunet in descending order");
Console.WriteLine("of financial success are as follows:");

var formattedFilms = films.Select((x, i) => $"{i} - {x.Title}");
Console.WriteLine(string.Join(Environment.NewLine, formattedFilms));


Console.WriteLine("But his best by far is Amelie");
```

掌握这些技巧后，几乎就没有必须使用 **foreach** 循环和列表的情况了。得益于 C# 语言对函数式编程范式的支持，问题几乎总能用声明式方法来解决。

这两种获取索引位置变量 **i** 的方法很好地展示了命令式代码与声明式代码的区别。命令式的、面向对象的方法要求开发人员手动创建一个变量来存储变量 **i** 的值，并且还需要明确指定在哪里对这个变量进行递增。相反，声明式代码不关注变量在哪里定义或每个索引值是如何确定的。

注意这里是如何使用 **string.Join** 来拼接字符串的。这不仅是 C# 语言中的另一枚沧海遗珠，还是聚合（aggregation）的一个典型示例——也就是将一系列数据项聚合成一个。这正是接下来几个小节要讨论的内容。

2.5.3　没有初始数组怎么办？

如果一开始就有一个数组或其他类型的集合，那么用前面的技巧获取每次迭代中的 i 值非常有效。但是，如果没有现成的数组怎么办？如果需要按照设定的次数进行迭代呢？

对于这些相对罕见的情况，我们需要的是 for 循环而不是 foreach 循环。那么，如何凭空创建一个数组？在这种情况下，就轮到 Enumerable.Range 和 Enumerable.Repeat 这两个静态方法登场了。

Range 从一个起始整数值开始创建数组，要求我们指定数组中元素的数量，然后据此创建一个整数数组。下面是一个示例：

```
var a = Enumerable.Range(8, 5);
var s = string.Join(", ", a);
// s = "8, 9, 10, 11, 12"
// 包含 5 个元素，每个元素比前一个元素大 1，
// 从 8 开始。
```

创建数组后，就可以应用 LINQ 操作来获取最终结果了。例如，假设我要为我的女儿准备一份九九乘法表（只包含乘以 9 的那一部分），如下所示：[⑥]

```
var nineTimesTable = Enumerable.Range(1,10)
    .Select(x => x + " times 9 is " + (x * 9));

var message = string.Join("\r\n", nineTimesTable);
```

下面是另一个例子：假设需要从一个网格（grid）中获取所有值，这些值是通过各个单元格的 x 坐标和 y 坐标来确定的，而我们可以访问一个网格存储库来获取这些值。

假设网格是 5×5 的，我们就可以这样获取每个值：

```
var coords = Enumerable.Range(1, 5)
    .SelectMany(x => Enumerable.Range(1, 5)
        .Select(y => (X: x, Y: y))
);

var values = coords.Select(x => this.gridRepo.GetVal(x.Item1,x.Item2));
```

第一行代码生成一个包含值 [1, 2, 3, 4, 5] 的整数数组。接着，使用 Select() 方法，为这个数组中的每一个整数调用 Enumerable.Range，将每个整数转换成另一个包含 5 个整数的数组。此时，我们得到了一个包含 5 个元素的数组，每个元素自身也是一个包含 5 个整数的数组。通过对这个嵌套数组使用 Select()，我们将这些子元素转换成一个元组，元组中包含父数组中

---

⑥ 不，苏菲，光数手指头是不行的。

的一个值（x）和子数组中的一个值（y）。接着，我们使用 SelectMany() 将所有内容展平（flatten）为一个简单的列表，这个列表包含所有可能的坐标组合，即 (1，1)，(1，2)，(1，3)，(1，4)，(1，5)，(2，1)，(2，2)……等等。

为了获取值，可以对坐标数组进行 Select 操作，将其转换成一系列对仓库的 GetVal() 函数的调用，传入之前创建的坐标元组中的 X 和 Y 的值。

在另一些情况下，我们可能每次都需要相同的起始值，但根据其在数组中的位置，我们需要以不同的方式对其进行转换。这正是 Enumerable.Repeat 的用武之地。Enumerable.Repeat 会创建一个指定大小的数组（在这里被视为可枚举对象），其中每个元素都是相同的、由用户提供的值。

Enumerable.Range 无法进行倒数计数。假设需要反向执行前面的例子，从 (5,5) 执行到 (1,1)，那么可以通过以下代码实现：

```
var gridCoords = Enumerable.Repeat(5, 5).Select((x, i) => x - i)
    .SelectMany(x => Enumerable.Repeat(5, 5)
        .Select((y, i) => (x, y - i))
);
```

```
var values = gridCoords.Select(x => this.gridRepo.GetVal(x.Item1,x.Item2);
```

这段代码看似复杂了很多，但其实并非如此。这里只是将 Enumerable.Range 调用换成了两步操作。

首先，通过调用 Enumerable.Repeat，整数 5 被重复了 5 次，得到一个这样的数组：[5，5，5，5，5]。

接着，使用包含 i 值的重载版本的 Select()，并从数组中的当前值中减去 i 值。因此，在第一次迭代中，返回值是数组中的当前值（5）减去 i 的值（在这种情况下，第一次迭代的 i 值为 0），得到的结果是 5。在下一次迭代中，i 的值为 1，5 减 1 等于 4，所以结果是 4。以此类推。

最后，我们得到了一个类似于这样的数组：(5，5)，(5，4)，(5，3)，(5，2)，(5，1)，(4，5)，(4，4)……等等。

尽管这个概念还可以进一步拓展，但本章探讨的是一些相对简单的情况，仅涉及 C# 语言现有的功能，不需要对它进行任何特殊处理。

2.5.2　合而为一：聚合的艺术

前面探讨了使用循环将一种事物转换成另一种事物的情况，即输入 X 个项 → 输出 X 个新项。现在，我想谈谈循环的另一个应用场景：将多个项合并为一个项。

这可以是统计总数，计算平均值、均值或其他统计数据；或者其他更复杂的聚合操作。在传统的编程中，我们会设置一个循环和一个用于跟踪状态的变量，并在循环内部根据数组中的每个元素不断更新状态。下面是一个简单的示例：

```
var total = 0;
foreach(var x in listOfIntegers)
{
    total += x;
}
```

LINQ 提供一个内置的方法来实现这一点：

```
var total = listOfIntegers.Sum();
```

其实不应该用如此烦琐的方式执行这类操作。即使要计算的是一个对象数组中的某个属性的总和，LINQ 也能提供相应的支持：

```
var films = GetAllFilmsForDirector("Alfred Hitchcock");
// 获取所有希区柯克电影数据
var totalRevenue = films.Sum(x => x.BoxOfficeRevenue); // 只统计总票房
```

另一个以同样的方式计算平均数的函数是 **Average()**。据我所知，目前还没有什么函数能够直接计算中位数。

不过，可以用一小段函数式风格的代码来计算中位数，如下所示：

```
var numbers = new []
{
    83,
    27,
    11,
    98
};

bool IsEvenNumber(int number) => number % 2 == 0;

var sortedList = numbers.OrderBy(x => x).ToArray();
var sortedListCount = sortedList.Count();

var median = IsEvenNumber(sortedList.Count())
    ? sortedList.Skip((sortedListCount/2)-1).Take(2).Average()
    : sortedList.Skip((sortedListCount) / 2).First();

// median = 55.
```

有时需要进行更复杂的聚合操作。例如，假设需要从一个包含复杂对象的可枚举对象中计算两个属性的总和，传统的过程式代码可能会像下面这样写：

```
var films = GetAllFilmsForDirector("Christopher Nolan");
// 诺兰的电影数据

var totalBudget = 0.0M;    // 总预算
var totalRevenue = 0.0M;   // 总票房
foreach (var f in films)
{
    totalBudget += f.Budget;
    totalRevenue += f.BoxOfficeRevenue;
}
```

虽然可以调用两次 Sum() 函数，但这意味着要对可枚举对象进行两次遍历，这绝不是最高效的获取信息的方式。更好的办法是利用 LINQ 鲜为人知的另一个特性：Aggregate() 函数。它由以下几部分组成。

- 种子

用于计算最终值的初始值。

- 聚合器函数

它有两个参数：正在聚合的可枚举对象的当前项，以及当前的累加总和。

其中，种子不一定是 C# 语言的某种基元类型（primitive type），比如 int；它也可以是一个复杂的对象。不过，若想以函数式编程风格重写之前的代码示例，只需要一个简单的元组，如下所示：

```
var films = GetAllFilmsForDirector("Christopher Nolan");

var (totalBudget, totalRevenue) = films.Aggregate(
    (Budget: 0.0M, Revenue: 0.0M),
    (runningTotals, x) => (
        runningTotals.Budget + x.Budget,
        runningTotals.Revenue + x.BoxOfficeRevenue
    )
);
```

在合适的场景下，Aggregate() 是 C# 语言中非常强大的特性，值得投入时间去深入探索和理解。它还体现了函数式编程中一个重要的概念：递归。

2.5.3 自定义迭代行为

递归是许多函数式迭代方法的基础。简单来说，递归是一种编程技术，其中函数会重复调用自己，直到满足某个条件为止。

递归是一个强大的技术，但在 C# 语言中使用时需要留意一些限制。

- 如果编写不当，递归代码可能导致不定循环 [7]，直至要求用户手动终止程序或者因为栈空间彻底耗尽而造成程序崩溃。就像英国地下城探险真人秀 *Knightmare* 中地牢大师 Treguard 所说的那样："哦，糟糕。"[8]
- 与其他形式的迭代相比，C# 语言中递归所占用的内存往往比较多。虽然有办法解决这个问题，但那是另一章的主题了。

对于递归，我稍后还有很多话要说。考虑到本章的目的，这里只给出最简单的示例。

假设需要遍历一个枚举对象，但不确定要遍历多长时间。我们有一个列表，其中列出了整数的差值（delta value，即每次增减的数值），并想计算从某个起始值（无论它是多少）开始，需要经过多少次操作才能使值变为 0。

虽然可以使用 `Aggregate()` 函数轻松得出最终数值，但我们并不关心这个最终数值。我们关心的是过程中的每一个中间值，并希望在迭代过程中的某一处提前终止。虽然这只是个简单的算术运算，但在处理复杂对象时，这种提前终止的能力可能会显著提升程序的性能。

传统的过程式代码可能是下面这样的：

```
var deltas = GetDeltas().ToArray();
var startingValue = 10;
var currentValue = startingValue;
var i = -1;

foreach(var d in deltas)
{
    if(currentValue == 0)
    {
        break;
    }
    i++;
    currentValue = startingValue + d;
}

return i;
```

---

[7] 译注：之前说过，不定（indefinite）循环不一定是无限（infinite）循环。

[8] 译注：Treguard 的形象是一个身穿长袍、戴着兜帽的神秘人物，他主持着游戏世界，引导参赛者穿越充满挑战和危险的地下城。他以其独特的嗓音、戏剧化的风格和幽默的语言而闻名，是节目的标志性人物之一。Treguard 的角色形象深受观众喜爱，他的口头禅 Oooh, nasty（哦，糟糕）和 Enter, stranger（进来吧，陌生人）是这档节目的经典台词。

在这个示例中，如果起始值就是要寻找的目标，就返回 **-1**，否则返回数组中使结果达到 **0** 的那个元素的索引。

以下代码展示了如何通过递归来实现：

```
var deltas = GetDeltas().ToArray();

int GetFirstPositionWithValueZero(int currentValue, int i = -1) =>
    currentValue == 0
      ? i
      : GetFirstPositionWithValueZero(currentValue + deltas[i + 1], i + 1);

return GetFirstPositionWithValueZero(10);
```

虽然这是函数式代码，但它并不理想。嵌套函数在某些情况下确实很有用，但就个人而言，我认为这段代码的可读性不够高。代码虽然展现了递归的魅力，但还有提升的空间。

另一个主要的问题是，如果差值列表很长，这个方法的效率就会大打折扣。让我用例子说话。

假设差值列表里只有三个值：2，-12 和 9。我们期望得到的答案是 1，因为数组的第二个元素（索引为 1）的操作使得结果变为 0（10 + 2 − 12）。此外，我们预期列表中的数字 9 将不会用于计算。这就是我们想通过代码来实现的效率提升。

不过，递归代码实际是如何工作的呢？

首先，程序调用 `GetFirstPositionWithValueZero()`，并传入了当前值（即起始值）**10**，而 **i** 被默认设置为 **-1**。

函数体是一个三元 **if** 语句。如果结果达到 **0**，函数就会返回 **i**；否则，就用更新后的 `currentValue` 和 **i** 值再次调用自己。后者发生在第一个差值上（即 **i = 0**，`currentValue = 2`），因此会再次调用 `GetFirstPositionWithValueZero()`，结果是 `currentValue` 更新为 **12**，**i** 为 **0**。

新的值不为 **0**，所以 `GetFirstPositionWithValueZero()` 的第二次调用将再次调用它自己，这次用的是更新后的当前值（加上了 `deltas[1]`）并且 **i** 的值增加到了 **1**。因为 `deltas[1]` 为 **-12**，所以第三次调用的结果为 **0**，这意味着可以直接返回 **i** 了。

不过，这里有个问题。尽管第三次调用得到了答案，但前两次调用仍然在内存中占用着调用栈。第三次调用返回的 **1** 被逐级向上传递给 `GetFirstPositionWithValueZero()` 的第二次调用，该调用现在也返回 **1**，以此类推，直到最后 `GetFirstPositionWithValueZero()` 的第一次调用也返回 **1**。

为了更直观地理解这个过程，可以像下面这样来想象它：

```
GetFirstPositionWithValueZero(10, -1)
    GetFirstPositionWithValueZero(12, 0)
        GetFirstPositionWithValueZero(0, 1)
        return 1;
    return 1;
return 1;
```

如果数组中只有三个元素，这样做不会有太大的问题，但如果有数百个呢？就像我之前说的那样，递归是一个强大的工具，但它在 C# 语言中有一定的限制。更纯粹的函数式编程语言（例如 F# 语言）提供了名为**尾调用优化递归**（tail call optimized recursion）的特性，使得递归可以在不占用过多内存的情况下使用。

尾递归是一个重要概念，将在第 9 章中深入探讨，因此本节不会过多地展开。就目前而言，尽管尾递归在 .NET 的公共语言运行库（common language runtime，CLR）中是可用的，但标准 C# 语言还不支持。我们可以利用一些技巧实现尾递归，但这对本章来说过于复杂了，所以我把这些技巧留到第 9 章讨论（不见不散喔）。现在，请按照这里所描述的那样理解递归，务必谨慎使用。

2.6　使代码不可变

在 C# 语言的函数式编程世界里，LINQ 只是冰山一角。我想探讨的另一个重要特性是不可变性（也就是说，一旦变量被声明，它的值就不能再被改变）。那么，C# 语言中能在多大程度上实现代码的不可变性呢？

首先，C# 8.0 及以上版本引入了一些关于不可变性的新特性。这方面的详细内容将在第 3 章讨论，而在本章中，我将重点讨论适用于几乎所有 .NET 版本的通用概念。

我们先来看看一个简单的 C# 代码片段：

```
public class ClassA
{
    public string PropA { get; set; }
    public int PropB { get; set; }
    public DateTime PropC { get; set; }
    public IEnumerable<double> PropD { get; set; }
    public IList<string> PropE { get; set; }
}
```

这段代码是不可变的吗？显然不是。这些属性都可以通过 setter 方法（称为“赋值方法”）进行重新赋值。**IList** 还提供了一系列函数，允许添加或删除其底层数组中的元素。

可以将所有 setter 设为私有，这样一来，就必须通过一个详细的构造函数来实例化这个类，如下所示：

```
public class ClassA
{
    public string PropA { get; private set; }
    public int PropB { get; private set; }
    public DateTime PropC { get; private set; }
    public IEnumerable<double> PropD { get; private set; }
    public IList<string> PropE { get; private set; }

    public ClassA(
        string propA,
        int propB, DateTime propC,
        IEnumerable<double> propD,
        IList<string> propE)
    {
        this.PropA = propA;
        this.PropB = propB;
        this.PropC = propC;
        this.PropD = propD;
        this.PropE = propE;
    }
}
```

现在，这个类是不可变的吗？答案仍然是否定的。我们不能在 ClassA 外部将任何属性替换成新对象，这一点很好。属性可以在类的内部被替换，但开发人员可以确保不添加这样的代码。我们应该通过某种代码审查机制来确保这一点。

PropA 和 PropC 没什么问题；字符串和 DateTime 在 C# 语言中都是不可变的。PropB 的整数值也没问题，因为整数类型是不可变的，除非为变量重新赋值。但是，还有其他一些问题。

PropE 是一个列表，虽然不能直接替换这个列表对象本身，但列表中的元素仍然可以被添加、删除和替换。如果不需要保留 PropE 的可变副本，就可以简单地将它替换为 IEnumerable 或 IReadOnlyList。

乍一看，PropD 属性的 IEnumerable<double> 类型似乎没问题，但如果它是作为 List<double> 传递给构造函数的，而且外部代码仍然在以 List<double> 这个类型引用它呢？那样的话，外部代码还是有可能改变它的内容。

还需要注意下面这种情况：

```
public class ClassA
{
    ...
    public SubClassB PropF { get; private set; }
    ...
```

```
    public ClassA(
        ...
        SubClassB propF)
    {
        ...
        this.PropF = propF
    }
}
```

PropF 的所有属性也可能是可变的，除非它们也将 setter 设为私有。

那么，来自代码库外部的类呢？比如微软提供的类或者第三方 NuGet 包中的类？我们无法强制这些外部类保持不可变性。

遗憾的是，C# 没有提供任何方式来强制实现全面的不可变性，即使在最新版本中也是如此。能够拥有一个 C# 原生方法来默认支持不可变性固然很好，但由于需要保持向后兼容性，所以这样的方法目前并不存在，甚至未来也不太可能出现。我个人的应对策略是，在编程时，我始终假设项目中的一切都是不可变的，并且从不更改任何对象。C# 没有任何机制可以强制实现不可变性，因此，你需要自己做出判断，或者和团队一起商讨是否要做出这种假设。

2.7 完整的函数式流程

之前讨论了很多可以立即用来使代码更加函数式的简单技术。本节要展示一个完整（虽然规模很小）的应用程序，以演示端到端的函数式过程。

接下来，我们打算编写一个简单的 CSV 解析器。本例的目标是读取一个 CSV 文件的全部内容，其中包含《神秘博士》[9] 前几季的相关数据。读取数据后，我们会将其解析为一个 POCO（Plain Old C# Object，即仅包含数据而不包含任何逻辑的类），接着将这些数据整合成一个报告，统计每季的剧集数和缺失剧集的数量。[10] 在本例中，我对 CSV 解析进行了简化；不用担心字符串字段两侧的引号、字段值中的逗号或者任何需要额外解析的值。对于这些情况，有许多第三方库可供使用，而这里只是想通过简单的例子来阐明一个观点。

这个完整的过程代表了一个非常典型的函数式流程：从一个单一项目开始，将其分解为列表，对列表进行操作，然后再将其聚合成单一的值。

表 2-1 展示了 CSV 文件的结构。

---

[9] 这是一部从 1963 年开始播出的英国科幻电视剧。在我心目中，《神秘博士》是有史以来最棒的电视剧。（不接受反驳。）

[10] 遗憾的是，BBC 在 20 世纪 70 年代销毁了许多《神秘博士》的剧集。如果你恰好保留有这些剧集的存档，请务必归档。

表 2-1 CSV 文件结构

索引	字段名称	描述
[0]	季数	整数值，介于 1 到 39 之间。虽然指明这一点可能会让这本书在未来显得有些过时，但到目前为止，《神秘博士》确实只有 39 季
[1]	剧集名称	一个我不太关心的字符串字段
[2]	编剧	同上
[3]	导演	同上
[4]	剧集数	直到 1989 年，每一季《神秘博士》都由 14 个剧集组成
[5]	缺失剧集数	目前缺失的剧集数。任何大于 0 的数字对我而言都太多了，但这就是生活

我们的目标是创建一个报告，其中只包括以下几个字段：

- 季数；
- 剧集总数；
- 缺失剧集数；
- 缺失剧集百分比。

现在开始编写代码：

```
var text = File.ReadAllText(filePath);
// 将文件的全部内容分割成一个数组，每一行（即每条记录）是数组中的一个元素
var splitLines = text.Split(Environment.NewLine);

// 将每一行再分割为字段数组，以逗号 (',') 为分隔符。为方便每次访问，将结果转换为数组形式
var splitLinesAndFields = splitLines.Select(x => x.Split(",").ToArray());

// 将字符串数组的每个字段转换为数据类
// 将非字符串字段解析成正确的类型
// 严格来说，考虑到之后的数据聚合操作，这一步并不是必需的，但我倾向于编写易于扩展的代码
var parsedData = splitLinesAndFields.Select(x => new Story
{
    SeasonNumber = int.Parse(x[0]),
    StoryName = x[1],
    Writer = x[2],
    Director = x[3],
    NumberOfEpisodes = int.Parse(x[4]),
    NumberOfMissingEpisodes = int.Parse(x[5])
});

// 按 SeasonNumber 进行分组，得到每一季的 Story 对象数组
var groupedBySeason = parsedData.GroupBy(x => x.SeasonNumber);

// 使用包含 3 个字段元组作为聚合状态：
```

```
// S (int) = 季数。虽然对聚合操作不是必需的，但我们需要一种方法将每组聚合后的总数与
特定的季数关联起来
// NumEps (int) = 该季中所有剧集的总数
// NumMisEps (int) = 该季中缺失剧集的总数
var aggregatedReportLines = groupedBySeason.Select(x =>
    x.Aggregate((S: x.Key, NumEps: 0, NumMisEps: 0),
        (acc, val) => (acc.S,
        acc.NumEps + val.NumberOfEpisodes,
        acc.NumMisEps + val.NumberOfMissingEpisodes)
    )
);

// 将基于元组的结果集转换为适当的对象，并添加计算字段 PercentageMissing
// 严格来说，这一步并不是必需的，但它提高了代码的可读性和可扩展性
var report = aggregatedReportLines.Select(x => new ReportLine
{
    SeasonNumber = x.S,
    NumberOfEpisodes = x.NumEps,
    NumberOfMissingEpisodes = x.NumMisEps,
    PercentageMissing = (double)x.NumMisEps / x.NumEps * 100
});

// 将报告行格式化为字符串列表
var reportTextLines = report.Select(x =>
    $"{x.SeasonNumber}\t{x.NumberOfEpisodes}\t" +
    $"{x.NumberOfMissingEpisodes}\t{x.PercentageMissing:F2}");

// 将行联接成一个大字符串，每行之间用换行符分隔
var reportBody = string.Join(Environment.NewLine, reportTextLines);
var reportHeader = "Season\tNo Episodes\tNo MissingEps\tPercentage Missing";

// 最终报告由标题、一个换行符，和 reportbody 组成
var finalReport = $"{reportHeader}{Environment.NewLine}{reportBody}";
```

最终得到的报告大概是下面这样的（\t 代表制表符，它使输出更易于阅读）：

Season	No Episodes	No Missing Eps	Percentage Missing
1	42	9	21.4
2	39	2	5.1
3	45	28	62.2
4	43	33	76.7
5	40	18	45.0
6	44	8	18.2
7	25	0	0.0
8	25	0	0.0
9	26	0	0.0

...

这段示例代码可以写得更加紧凑，通过一个连续而流畅的长表达式把几乎所有内容组合在一起，如下所示：

```
var reportTextLines = File.ReadAllText(filePath)
    .Split(Environment.NewLine)
    .Select(x => x.Split(",").ToArray())
    .GroupBy(x => x[0])
    .Select(x =>
        x.Aggregate((S: x.Key, NumEps: 0, NumMisEps: 0),
            (acc, val) => (acc.S,
                            acc.NumEps + int.Parse(val[4]),
                            acc.NumMisEps + int.Parse(val[5])
            )
        )
    )
    .Select(x => $"{x.S}, {x.NumEps}, {x.NumMisEps},
        {(x.NumMisEps/x.NumEps) * 100}");

var reportBody = string.Join(Environment.NewLine, reportTextLines);
var reportHeader = "Season, No Episodes, No MissingEps, Percentage Missing";

var finalReport = $"{reportHeader}{Environment.NewLine}{reportBody}";
```

采用这种方法并没有什么问题，但我喜欢把它拆分成单独的代码行，原因如下。

- 变量名有助于解释代码的意图。这其实算是半强制了一种代码注释形式。

- 可以检查中间变量，以了解它们在每一步中包含了什么信息。这降低了调试的难度，正如第 1 章所说的那样——这就好比回顾数学题的解题步骤，看看自己究竟错在哪一步。

这两种方法在功能上并没有实质性的差别，终端用户也不会察觉到任何不同，所以采用哪种风格完全取决于个人偏好。按照你认为最合适的方式来编写代码，但尽量保持代码易于阅读和理解。

2.8 更进一步：提升函数式编程技能

这里有一个挑战等着你。如果本章介绍的部分或全部技术对你来说很陌生，那就去动手实践，享受编程带来的乐趣吧。试着挑战自己，按照以下规则编写代码。

- 将所有变量视为不可变的：一旦变量被赋值，就不再更改它的值。换言之，一切都当作常量来对待。

- 不使用以下语句：if、for、foreach、while。只有在三元表达式中才使用 if 语句——即 someBoolean ? valueOne : valueTwo 这样的单行表达式。

- 尽可能将函数写成短小精悍的箭头函数（即 lambda 表达式）。

可以在自己的项目代码中尝试这些技巧，也可以找一个线编程挑战网站来练练手，Advent of Code（https://oreil.ly/_yysc）或 Project Euler（https://oreil.ly/k8tLX）都是不错的选择。

如果觉得在 Visual Studio 中为这些练习构建完整的解决方案过于繁琐，那么 LINQPad 也是一个不错的选择，它提供了一种简单快速地编写 C# 代码的方式。

对这些技术有了充分的理解后，就可以进入下一个学习阶段了。希望你在这段旅途中一直保持愉快的心情！

2.9 小结

本章介绍了一系列基于 LINQ 的简单技术，通过这些技术，可以在任何采用了 .NET Framework 3.5 及以上版本的 C# 代码库中立即编写函数式风格的代码。这些特性是常驻的，自 .NET Framework 3.5 以来，它们就存在于 .NET 的每一个新版本中，无需进行任何更新或替换。

此外，本章还讨论了 Select() 语句的高级特性、LINQ 的一些鲜为人知的功能以及进行数据聚合和递归的方法。

下一章将聚焦于 C# 语言的一些最新进展，它们为构建和维护更为先进的代码库提供了强有力的支持。

第 3 章

C# 7.0 及后续版本的函数式编程

我不确定 C# 语言具体是在什么时候决定成为一种同时支持面向对象和函数式编程的混合语言的。C# 3.0 版本为此做了一些准备工作，这一版引入了 lambda 表达式和匿名类型等语言特性，它们后来成了 .NET 3.5 中 LINQ 的核心组成部分。

但是，在那之后的很长一段时间里，函数式编程的特性一直没什么进展。实际上，直到 2017 年 C# 7.0 发布，函数式编程似乎才重新回到了 C# 开发团队的视野中。从 C# 7.0 开始，C# 语言的每个新版本都包含了一些令人兴奋的新特性，为函数式编程风格的提供更多支持，而且这一趋势目前还没有任何减缓的迹象！

第 2 章介绍了在几乎任何现有 C# 代码库中都可以实现的函数式特性。本章将抛弃这一假设，探讨假如代码库可以使用语言的最新特性（或者至少自 C# 7 以来发布的那些），那么可以使用其中的哪些。

3.1 元组

元组自 C# 7.0 引入，不过一些 NuGet 包也能帮助我们在旧版本 C# 语言中使用元组。元组提供了一种便捷的方式，能临时将多个属性打包到一起，不必再创建和维护一个类。

如果有几个属性需要临时保存一小会儿，随后便可以舍弃，那么元组就非常合适。

另外，如果需要在 Select() 方法之间传递多个对象，或者需要在某个方法的输入和输出中传递多个数据项，那么元组也能派上用场。

下面是一个使用了元组的例子:

```
var filmIds = new[]
{
    4665,
    6718,
    7101
};

// 通过 GetFilm 和 GetCastList 函数来获取与 filmIds 数组中的
// 每个电影 ID 对应的电影信息和演员名单,并将其作为单独的属性来
// 组合成一个元组
var filmsWithCast = filmIds.Select(x => (
    film: GetFilm(x),
    castList: GetCastList(x)
));

// 这里的 'x' 是一个元组,现在将其转换为字符串
var renderedFilmDetails = filmsWithCast.Select(x =>
    "Title: " + x.film.Title + // 电影名称
    "Director: " + x.film.Director + // 导演
    "Cast: " + string.Join(", ", x.castList)); // 演员表
```

在本例中,针对每个电影 ID,我们都利用一个元组来结合两个查询函数所返回的数据。这样一来,就可以通过后续的 Select() 调用将这两个对象简化为单一的返回值。

3.2 模式匹配

switch 语句有着悠久的历史,可能比现在许多在职开发者的职业生涯还要长。尽管 switch 语句有其用武之地,但其功能相对有限。函数式编程把这个概念提升到了一个新的高度,即所谓的“模式匹配”。

C# 7.0 首次引入了模式匹配特性。随着后续版本的更新,模式匹配得到了多次增强,而且未来可能还有进一步增强。

模式匹配是一种能显著减少工作量的强大技术。为了更直观地说明这一点,下面首先展示一段过程式代码,然后展示如何在 C# 语言的不同版本中通过模式匹配来实现相同的功能。

3.2.1 银行账户的过程式解决方案

让我们通过一个典型的面向对象编程案例来理解:银行账户。下面要设计多种银行账户类型,它们根据不同的规则来计算利息。这些规则并非出自真实的银行业务,相反,它们都是我虚构的。

我设定了以下规则。

- 标准银行账户（StandardBankAccount）的利息计算方式是将账户余额与利率相乘。
- 对于余额不超过 10 000 美元的高级银行账户（PremiumBankAccount），其计息方式与标准账户相同。
- 对于余额超过 10 000 美元的高级银行账户（PremiumBankAccount），则将享有额外的奖励利息。
- 百万富翁银行账户（MillionairesBankAccount）中的钱并不是只允许一百万。相反，账户中的钱比一个十进制数能容纳的最大值（一个非常、非常大的数字，大约是）还要大。所以，他们一定非常富有。使用一个溢出余额属性（OverflowBalance）来容纳从最大十进制值溢出的钱。百万富翁的利息是基于这两个余额来计算的。
- 大富翁玩家银行账户（MonopolyPlayersBankAccount）在经过"起点"（Go）时会额外获得 200 美元。我不打算在程序中实现"直接入狱"（Go Directly to Jail）逻辑，因为一天的时间实在有限。[①]

基于上述描述，我定义了需要用到的各种类：

```
public class StandardBankAccount
{
    public decimal Balance { get; set; }
    public decimal InterestRate { get; set; }
}

public class PremiumBankAccount : StandardBankAccount
{
    public decimal BonusInterestRate { get; set; }
}

public class MillionairesBankAccount : StandardBankAccount
{
    public decimal OverflowBalance { get; set; }
}

public class MonopolyPlayersBankAccount : StandardBankAccount
{
    public decimal PassingGoBonus { get; set; }
}
```

① 译注：前面说过，这些账户是作者虚构的，最后一种账户来自《大富翁》游戏。

下面用过程式方法（或者说繁琐方法）为银行账户实现 **CalculateNewBalance()** 函数，它计算加上利息之后得到的新的账户余额：

```
public decimal CalculateNewBalance(StandardBankAccount sba)
{
    // 如果对象的实际类型是 PremiumBankAccount
    if (sba.GetType() == typeof(PremiumBankAccount))
    {
        // 强制转换为正确的类型，以便加上利息
        var pba = (PremiumBankAccount)sba;
        if (pba.Balance > 10000)
        {
            return pba.Balance * (pba.InterestRate + pba.BonusInterestRate);
        }
    }

    // 如果对象的实际类型是百万富翁银行账户
    if(sba.GetType() == typeof(MillionairesBankAccount))
    {
        // 强制转换为正确的类型，以便加上溢出的部分
        var mba = (MillionairesBankAccount)sba;
        return (mba.Balance * mba.InterestRate) +
               (mba.OverflowBalance * mba.InterestRate);
    }

    // 如果对象的实际类型是大富翁玩家银行账户
    if(sba.GetType() == typeof(MonopolyPlayersBankAccount))
    {
        // 强制转换为正确的类型，以便在每次经过起点时获得奖金
        var mba = (MonopolyPlayersBankAccount)sba;
        return (mba.Balance * mba.InterestRate) +
               mba.PassingGoBonus;
    }

    // 没有适用的特殊规则
    return sba.Balance * sba.InterestRate;
}
```

和典型的过程式代码一样，这段代码不够简洁，并且代码意图也不太容易理解。如果在系统发布后继续增加更多新的规则，这种代码将非常容易出问题。

面向对象的方法则可能使用接口或多态性，即创建一个抽象基类，在其中为 **CalculateNewBalance()** 函数创建一个虚方法。但这种做法会导致逻辑分散于多处而不是集中在一个清晰、易于理解的函数中。接下来的小节将展示 C# 语言的各个新版本如何处理这个问题。

3.2.2　C# 7.0 中的模式匹配

C# 7.0 提供了两种方法来解决这个问题。第一种方法是这个版本新增的 is 操作符，它比之前的类型检查方法要好用得多。另外，is 操作符还能自动将源变量转换为正确的类型。

下面是更新后的源代码：

```
public decimal CalculateNewBalance(StandardBankAccount sba)
{
    // 如果对象的实际类型是 PremiumBankAccount
    if (sba is PremiumBankAccount pba)
    {
        if (pba.Balance > 10000)
        {
            return pba.Balance * (pba.InterestRate + pba.BonusInterestRate);
        }
    }

    // 如果对象的实际类型是百万富翁银行账户
    if(sba is MillionairesBankAccount mba)
    {
        return (mba.Balance * mba.InterestRate) +
               (mba.OverflowBalance * mba.InterestRate);
    }

    // 如果对象的实际类型是大富翁玩家银行账户
    if(sba is MonopolyPlayersBankAccount mba)
    {
        return (mba.Balance * mba.InterestRate) +
               mba.PassingGoBonus;
    }

    // 没有适用的特殊规则
    return sba.Balance * sba.InterestRate;
}
```

注意，在以上代码示例中，is 操作符还自动将源变量包装成一个新的、正确类型的局部变量。代码更优雅，并且省去了一些冗余的代码行。但是，我们还可以做得更好。现在，让我们有请 C# 7.0 的另一个特性：**类型切换**（type switching）：

```
public decimal CalculateNewBalance(StandardBankAccount sba)
{
    switch (sba)
    {
        case PremiumBankAccount pba when pba.Balance > 10000:
            return pba.Balance * (pba.InterestRate + pba.BonusInterestRate);
        case MillionairesBankAccount mba:
```

```
        return (mba.Balance * mba.InterestRate) +
               (mba.OverflowBalance & mba.InterestRate);
    case MonopolyPlayersBankAccount mba:
        return (mba.Balance * mba.InterestRate) + PassingGoBonus;
    default:
        return sba.Balance * sba.InterestRate;
    }
}
```

挺酷的，对吧？模式匹配可以说是近年来 C# 语言发展得最快的特性之一，C# 7.0
之后的每个大版本都在不断地拓展这一特性，接下来的几个小节将具体演示。

3.2.3　C# 8.0 中的模式匹配

在 C# 8.0 中，模式匹配再次得到增强，它基本保留了之前的概念，但引入了一
种新的匹配语法，这种语法更类似于 JavaScript 对象表示法（JSON）或 C# 的
对象初始化器表达式。现在，对于所检查对象的属性或子属性，可以在大括号
内添加任意数量的子句，默认情况则通过弃元符号（_）来表示：

```
public decimal CalculateNewBalance(StandardBankAccount sba) =>
    sba switch
    {
        PremiumBankAccount { Balance: > 10000 } pba => pba.Balance *
            (pba.InterestRate + pba.BonusInterestRate),
        MillionairesBankAccount mba => (mba.Balance * mba.InterestRate) +
            (mba.OverflowBalance & mba.InterestRate),
        MonopolyPlayersBankAccount mba =>
            (mba.Balance * mba.InterestRate) + PassingGoBonus,
        _ => sba.Balance * sba.InterestRate
    };
}
```

另外，switch 现在也可以作为一个表达式使用，可以将其用作一个小型的、单
一用途函数的主体，而且它的功能出人意料地丰富。这意味着它还可以存储在
Func 委托中，以便作为高阶函数传递。

下例与童年的一个经典游戏有关："剪刀、石头、布"（Scissors、Stone、Paper，
这个小游戏在日本被称为 Janken）。针对这个游戏，我创建了一个 Func 委托，
并设定了几个简单的规则：

- 如果两位玩家出了相同的手势，则平局；

- Scissors 赢了 Paper；

- Paper 赢了 Stone；

- Stone 赢了 Scissors。

这个函数将从我的视角判定我与虚拟对手之间的游戏结果，因此，举例来说，如果我出剪刀战胜了对手出的布，结果被计为 Win，因为我赢了，尽管在对手看来它输了：

```
public enum SPS
{
    Scissor,
    Paper,
    Stone
}

public enum GameResult
{
    Win,  // 赢了
    Lose, // 输了
    Draw  // 平局
}

var calculateMatchResult = (SPS myMove, SPS theirMove) =>
    (myMove, theirMove) switch
    {
        _ when myMove == theirMove => GameResult.Draw,
        ( SPS.Scissor, SPS.Paper) => GameResult.Win,
        ( SPS.Paper, SPS.Stone )  => GameResult.Win,
        ( SPS.Stone, SPS.Scissor ) => GameResult.Win,
        _ => GameResult.Lose
    };
```

通过将判断胜者的逻辑封装在一个类型为 Func<SPS，SPS> 的变量中，可以将这个逻辑方便地传递到程序中任何需要它的地方。

该逻辑可以作为函数的参数传入，以便在运行时动态地注入功能性，如下所示：

```
public string formatGames(
    IEnumerable<(SPS,SPS)> game,
    Func<SPS,SPS,Result) calc) =>

string.Join("\r\n",
    game.Select((x, i) => "Game " + i + ": " +
        calc(x.Item1,x.Item2).ToString()));
```

测试 formatGames 函数时，如果暂时不想使用它依赖的实际业务逻辑（即 calculateMatchResult 函数），那么可以简单地注入一个自定义的 Func（例如，让它总是返回平局），这样就不必关心实际的计算逻辑是什么——实际的逻辑可以在其他某个专门的地方验证。这是让结构变得更加实用的一个小技巧。

3.2.4　C# 9.0 中的模式匹配

C# 9.0 虽然没有带来重大更新，但引入了一些实用的小改进。现在，可以在 switch 表达式的大括号内使用原本只能在 is 表达式中使用的 and 键字和 not 关键字。另外，在不需要使用强制转换类型的属性时，不再需要创建局部变量。

这些改进虽然不是革命性的，但确实进一步减少了样板代码的数量，并为我们提供了更具表现力的语法。

在接下来的示例中，我利用这些新特性为银行账户增加了一些规则。现在有两种 PremiumBankAccount，它们具有不同等级的特殊利率[2]，还有一个表示账户已关闭的类型，这种账户不产生任何利息：

```
public decimal CalculateNewBalance(StandardBankAccount sba) =>
    sba switch
    {
        PremiumBankAccount { Balance: > 10000 and <= 20000 } pba => pba.Balance *
            (pba.InterestRate + pba.BonusInterestRate),
        PremiumBankAccount { Balance: > 20000 } pba => pba.Balance *
            (pba.InterestRate + pba.BonusInterestRate * 1.25M),
        MillionairesBankAccount mba => (mba.Balance * mba.InterestRate) +
            (mba.OverflowBalance + mba.InterestRate),
        MonopolyPlayersBankAccount {CurrSquare: not "InJail" } mba =>
            (mba.Balance * mba.InterestRate) + mba.PassingGoBonus;
        ClosedBankAccount => 0,
        _ => sba.Balance * sba.InterestRate
    };
```

还不错，对吧？

3.2.5　C# 10.0 中的模式匹配

和 C# 9.0 一样，C# 10.0 也新增了一个能节省时间和避免大量样板代码的特性。下面是一种简单的语法，用于对正在进行类型检查的子对象的属性进行比较：

```
public decimal CalculateNewBalance(StandardBankAccount sba) =>
    sba switch
    {
        PremiumBankAccount { Balance: > 10000 and <= 20000 } pba =>
            pba.Balance * (pba.InterestRate + pba.BonusInterestRate),
        MillionairesBankAccount mba =>
            (mba.Balance * mba.InterestRate) +
                (mba.OverflowBalance + mba.InterestRate),
        MonopolyPlayersBankAccount {CurrSquare: not "InJail" } mba =>
            (mba.Balance * mba.InterestRate) + PassingGoBonus,
```

---

② 不过老实说，现实世界中，银行绝对不可能提供这样的利率。

```
        MonopolyPlayersBankAccount {Player.FirstName: "Simon" } mba =>
            (mba.Balance * mba.InterestRate) + (mba.PassingGoBonus / 2),
        ClosedBankAccount => 0,
        _ => sba.Balance * sba.InterestRate
    };
```

这个稍显滑稽的例子确保在玩《大富翁》的时候，所有名为 Simon 的玩家在经过起点时都拿不到太多钱。唉，可怜的我。

现在，建议思考一下本例所展示的函数。想一想，要是不使用模式匹配表达式，那么需要额外编写多少代码！严格来讲，上述函数仅由一行代码组成，一行……真的很长……的代码，其中包含大量换行符来提高可读性。尽管如此，模式匹配表达式的优势依然是显而易见的。

3.2.6　C# 11.0 中的模式匹配

C# 11.0 引入了一个新的模式匹配特性，虽然它的使用场景可能相对有限，但在合适的时候非常有用。.NET 团队新增了根据可枚举对象的内容进行匹配的能力，并且能将它的元素解构为独立的变量。

假设现在要开发一个简单的文字冒险游戏（还记得 MUD 吗？），这类游戏在我年轻的时候非常流行。玩家通过输入命令来玩游戏，类似于《猴岛》（*Monkey Island*），但完全是文本形式的。在那个时候，玩家需要更多地运用自己的想象力。

第一个任务是从用户那里接收输入并判断他们想做什么。在英语中，命令几乎总是以相关的动词作为句子的第一个词：例如：GO WEST（向西走），KILL THE GOBLIN（杀死哥布林），EAT THE SUSPICIOUS-LOOKING MUSHROOM（吃下看起很来可疑的蘑菇）。这里相关的动词分别是 GO、KILL 和 EAT。

接下来看看如何运用 C# 11 的模式匹配来实现这一任务，如下所示：

```
    var verb = input.Split(" ") switch
    {
        ["GO", "TO",.. var rest] => this.actions.GoTo(rest),
        ["GO", .. var rest]      => this.actions.GoTo(rest),
        ["EAT", .. var rest]     => this.actions.Eat(rest),
        ["KILL", .. var rest]    => this.actions.Kill(rest)
    };
```

switch 表达式中的两个点（..）表示"我不关心数组中的其他内容；请忽略它们"。我们把一个变量放在这两个点之后，用以存储数组中不符合特定匹配模式的所有内容。

在本例中，如果输入文本 GO WEST，就会调用 GoTo() 函数，并向其传递一个单元素数组 ["WEST"]，这是因为 GO 符合模式匹配条件。

还有另一种利用 C# 11 特性的巧妙方式。假设需要把人名转换为数据结构，这个数据结构包含三个部分：名字（FirstName）、姓氏（LastName）以及一个用于存储中间名（MiddleNames）的数组（我只有一个中间名，但有些人有好几个）：

```csharp
public class Person
{
    public string FirstName { get; set; }
    public IEnumerable<string> MiddleNames { get; set; }
    public string LastName { get; set; }
}

// 神秘博士的演员 Sylvester McCoy 出生时候取的名
var input = "Percy James Patrick Kent-Smith".Split(" ");

var sylv = new Person
{
    FirstName = input.First(),
     MiddleNames = input is [_, .. var mns, _] ? mns : Enumerable.Empty
<string>(),
    LastName = input.Last()
};
```

前面的例子例会像下面这样实例化一个 Person 类：

```csharp
FirstName = "Percy",
LastName = "Kent-Smith",
MiddleNames = [ "James", "Patrick" ]
```

虽然这一特性的使用场景不多，但真正用上它的时候，我可能很高兴。它其实非常强大。

3.3　只读结构

本书不会过多地讨论结构③，因为已经有很多优秀的书籍深入讨论了 C# 的语言特性。④ 从 C# 的角度看，结构的优点在于，它们在函数之间传值而非传引用。这意味着传递给函数的是一个副本，原始数据保持不变。传统的面向对象编程会将对象传递给函数并在其内部进行修改，这个位置与实例化该对象的函数相距甚远。而这种做法对于函数式编程来说是不可接受的。在函数式编程中，我们基于类创建一个对象，然后就不再对其进行任何修改了。

---

③ 译注：微软中文文档将 struct 称为"结构"，而不是"结构体"。
④ 《C# 12.0 本质论》（清华大学出版社 2024 年出版）就是一个不错的起点。

结构的概念已经存在相当长一段时间了。虽然结构以传值方式传递，但其属性仍然可以修改，因此本质上并非"不可变"，这种情况一直持续到 C# 7.2。

在 C# 7.2 及之后的版本中，开发者可以为结构定义添加一个 **readonly** 修饰符，从而在设计阶段就确保结构的所有属性都是只读的。任何尝试为属性添加 setter（赋值方法）的行为都会导致编译错误。

由于所有属性都被设置为只读，所以在 C# 7.2 中，所有属性必须在构造函数中设置，如下所示：

```
public readonly struct Movie
{
    public string Title { get; private set; } // 电影名
    public string Director { get; private set; } // 导演
    public IEnumerable<string> Cast { get; private set; } // 演员名单

    public Movie(string title, string director, IEnumerable<string> cast)
    {
        this.Title = title;
        this.Director = director;
        this.Cast = cast;
    }
}

var bladeRunner = new Movie(
    "Blade Runner", // 银翼杀手
    "Ridley Scott", // 雷德利·斯科特
    new []
    {
        "Harrison Ford", // 哈里森·福特
        "Sean Young" // 肖恩·杨
    }
);
```

这种方法仍然有些不便，因为每次向结构添加属性时都要更新构造函数，但这总比之前要好。

还有一种情况值得讨论。以下代码在结构中添加了一个 **List**：

```
public readonly struct Movie
{
    public readonly string Title;
    public readonly string Director;
    public readonly IList<string> Cast;

    public Movie(string title, string director, IList<string> cast)
    {
        this.Title = title;
        this.Director = director;
```

```
            this.Cast = cast;
        }
    }

    var bladeRunner = new Movie(
        "Blade Runner",
        "Ridley Scott",
        new []
        {
            "Harrison Ford",
            "Sean Young"
        }
    );

    // 新增一名演员爱德华·詹姆斯·奥莫斯
    bladeRunner.Cast.Add(("Edward James Olmos"));
```

这段代码能顺利编译,应用程序也能顺利运行,但在调用 **Add** 函数时会抛出异常。尽管结构的只读特性得到了强制,但我对潜在的未处理异常感到不太满意。

无论如何,开发者现在可以通过 **readonly** 修饰符来明确意图了,这肯定是一件好事。这个修饰符有助于防止任何不必要的可变性被引入结构中——即使这意味着需要添加额外的错误处理机制。

3.4 Init-Only Setter

C# 9.0 引入了一种新的自动属性类型,除了熟悉的 **get** 和 **set** 自动属性,现在还新增了 **init** 自动属性。

如果类的属性设置了 **get** 和 **set**,那么表明该属性可读可写。如果改为 **get** 和 **init**,那么表明它的值只能在其所属对象被实例化时设置,之后便不能再更改了。

因此,只读结构(实际上,类也可以这样)现在可以使用更优雅的语法来进行实例化,然后一直保持只读状态。

```
    public readonly struct Movie
    {
        public string Title { get; init; }
        public string Director { get; init; }
        public IEnumerable<string> Cast { get; init; }
    }

    var bladeRunner = new Movie
    {
        Title = "Blade Runner",
        Director = "Ridley Scott",
```

```
    Cast = new []
    {
        "Harrison Ford",
        "Sean Young"
    }
};
```

这意味着不再需要维护一个复杂的构造函数（它需要为每个属性都提供一个参数，而属性可能有几十个）的同时还要维护属性本身，这消除了一个潜在的繁琐样板代码的来源。不过，修改列表或子对象可能引发异常的问题仍然存在。

3.5　记录类型

C# 9.0 引入了记录（record）类型，这是我除了模式匹配以外最喜爱的特性之一。如果还没有用过记录类型的话，请务必体验一下，它非常出色。

乍一看，它们似乎和结构差不多。C# 9.0 的记录类型基于类，因此以传引用的方式传递。

从 C# 10 开始，这一情况发生了变化，记录类型的行为更趋近于结构，这意味着它们可以传值了 [⑤]。与结构不同的是，记录类型 [⑥] 没有 **readonly** 修饰符，所以不可变性需要由开发者来实现。下面是一个经过更新的《银翼杀手》代码示例：

```
public record Movie
{
    public string Title { get; init; }
    public string Director { get; init; }
    public IEnumerable<string> Cast { get; init; }
}

var bladeRunner = new Movie
{
    Title = "Blade Runner",
    Director = "Ridley Scott",
    Cast = new []
    {
        "Harrison Ford",
        "Sean Young"
    }
};
```

⑤ 译注：注意，C# 9.0 只允许创建记录类，编译器只允许写一个 record 关键字，后面不能跟 struct。但从 C# 10.0 开始，由于新增了用 record struct 创建记录结构的功能，所以允许显式声明 record class 来创建记录类。为了清晰起见，建议在创建记录类时总是使用 record class，而不要简写为 record。

⑥ 译注：作者这里说的"记录类型"实际是 record class。

代码看起来并没有太大不同，是吧？然而，在需要创建一个修改版时，记录类型的独特优势就显现出来了。现在，假设需要在这个 C# 10 应用程序中为《银翼杀手》的导演剪辑版创建一条新的电影记录。[⑦]

这一版的记录除了电影名称（Title）不同，其他方面都与原始记录相同。为了省去定义数据的步骤，我们准备直接复制原始记录的数据，只改变电影名称。如果使用只读结构，可能需要按照以下方式操作：

```
public readonly struct Movie
{
    public string Title { get; init; }
    public string Director { get; init; }
    public IEnumerable<string> Cast { get; init; }
}

var bladeRunner = new Movie
{
    Title = "Blade Runner",
    Director = "Ridley Scott",
    Cast = new []
    {
        "Harrison Ford",
        "Sean Young"
    }
};

var bladeRunnerDirectors = new Movie
{
    Title = $"{bladeRunner.Title} - The Director's Cut",
    Director = bladeRunner.Director,
    Cast = bladeRunner.Cast
};
```

这段代码遵循函数式编程范式，看起来还不错，但它包含大量样板代码，为了确保数据的不可变性，这些样板代码是不可或缺的。

但是，假如维护的是某个状态对象，而该对象需要根据用户的交互或外部依赖项定期更新，那么这个问题就需要重视了。如果使用只读结构，将不得不复制大量属性。

记录类型新增了一个极其有用的关键字 with。这个关键字提供了一种快速且便捷的方式，允许创建现有记录的副本，并对其中的属性进行修改。

[⑦] 在我看来，这个版本显然遥遥领先于公映版。

使用记录类型的导演剪辑版代码如下：

```
public record Movie
{
    public string Title { get; init; }
    public string Director { get; init; }
    public IEnumerable<string> Cast { get; init; }
}

var bladeRunner = new Movie
{
    Title = "Blade Runner",
    Director = "Ridley Scott",
    Cast = new []
    {
        "Harrison Ford",
        "Sean Young"
    }
};

var bladeRunnerDirectorsCut = bladeRunner with
{
    Title = $"{bladeRunner.Title} - The Director's Cut"
};
```

是不是很酷？使用记录类型，可以少写大量样板代码。

我最近用函数式 C# 语言编写了一个文字冒险游戏。游戏中有一个关键的 **GameState** 记录类型，它记录了玩家的所有最新进度。我用一个庞大的模式匹配语句分析玩家每一轮的行动，接着用一个简洁的 **with** 语句来返回一个经过修改的副本，从而实现状态的更新。这是编写状态机的一种优雅方式，而且剔除大量冗余的样板代码之后，代码的意图清晰了许多。

记录类型的另一个优点是可以用非常简洁的方式在一行代码内定义，如下所示：

```
public record Movie(string Title, string Director, IEnumerable<string> Cast);
```

使用这种定义方式创建 **Movie** 实例时，必须使用函数而不是大括号，如下所示：

```
var bladeRunner = new Movie(
    "Blade Runner",
    "Ridley Scott",
    new[]
    {
        "Harrison Ford",
        "Sean Young"
    }
);
```

注意，所有属性必须按顺序提供，除非像下面这样使用构造函数标签：

```
var bladeRunner = new Movie(
    Cast: new[]
    {
        "Harrison Ford",
        "Sean Young"
    },
    Director: "Ridley Scott",
    Title: "Blade Runner");
```

仍然必须提供所有属性，但可以任意调整顺序（虽然看不出有什么意义）。

使用哪种语法完全取决于个人偏好。在大多数情况下，它们是等效的。

3.6 可空引用类型

乍看之下，可空引用类型（nullable reference type）虽然比较新奇，但和记录类型一样，它实际上已经有一些年头了，实际上是 C# 8 引入的一个编译器选项。这个选项通过 CSPROJ 文件来设置，如下所示：

```
<PropertyGroup>
    <TargetFramework>net6.0</TargetFramework>
    <Nullable>enable</Nullable>
    <IsPackable>false</IsPackable>
</PropertyGroup>
```

如果更喜欢使用图形用户界面，那么也可以在项目属性的"生成"（build）区域设置"可为 null 的类型"。

严格来说，启用可空引用类型并不会改变编译器生成的代码的行为，但它会为集成开发环境和编译器添加一套额外的警告消息，以帮助避免空引用的情况。例如，图 3-1 展示了一个警告，提示 Movie 记录类型的属性可能为空。

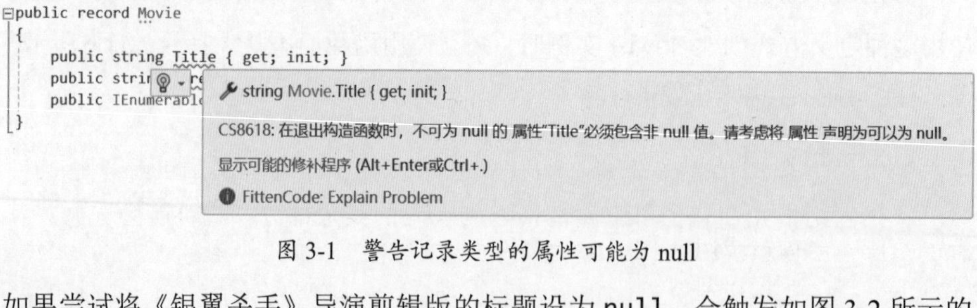

图 3-1 警告记录类型的属性可能为 null

如果尝试将《银翼杀手》导演剪辑版的标题设为 null，会触发如图 3-2 所示的另一个警告。

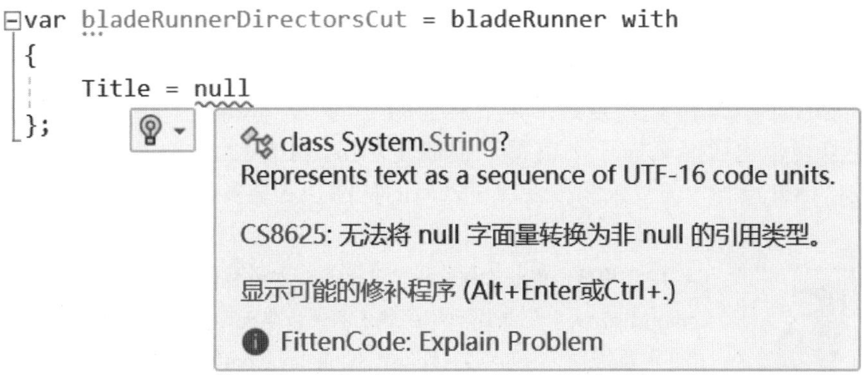

```
var bladeRunnerDirectorsCut = bladeRunner with
{
    Title = null
};
```

class System.String?
Represents text as a sequence of UTF-16 code units.

CS8625: 无法将 null 字面量转换为非 null 的引用类型。

显示可能的修补程序 (Alt+Enter或Ctrl+.)

FittenCode: Explain Problem

图 3-2　将属性设为 null 时出现的警告

注意，这只是编译器警告，不影响代码的正常执行。它们只是引导我们编写不太可能包含空引用异常的代码，这无疑是一件好事。

无论是否进行函数式编程，避免使用 null 都是一个好的实践。null 被称为"价值 10 亿美元的错误"。null 的概念由英国计算机科学家托尼·霍尔（Tony Hoare）在 20 世纪 60 年代中期提出。自那时起，null 一直是生产环境中出现 bug 的主要原因之一：将一个对象传递到某处，却意外地发现它是空的，从而导致空引用异常。不需要在这个行业呆太久，就会遇到你的第一个这样的 bug！

在代码库中使用 null 值会带来不必要的复杂性，并引入潜在的错误来源。这就是为什么要重视编译器的警告，并尽可能地避免使用 null。

如果确实有必要将一个值设为 null，那么可以通过在属性的类型声明后添加"?"字符来实现，如下所示：

```
public record Movie
{
    public string? Title { get; init; }
    public string? Director { get; init; }
    public IEnumerable<string>? Cast { get; init; }
}
```

只有在第三方库要求时，我才会向代码库中添加可空属性。但即便在这种情况下，我也绝不允许这个可空属性传递到代码的其余部分。我可能会选择将其隔离在特定区域，只允许负责解析外部数据的代码访问它，然后将其转换为更安全、更可控的结构，再传到系统的其他地方。

3.7 展望未来

写作本书时，C# 11 已经发布，并作为 .NET 7 的一部分得到了广泛应用。C# 12 的完整规范也已经公布了。值得一提的是，虽然 C# 12 引入了大量新的通用特性，但并没有为函数式编程专门引入新的特性。这是多年来的首次例外。

 C# 12.0 规范：微软官网列出了 C# 12 所有的新特性（https://tinyurl. com/mshp7b3e）。更详细的讲解请参考清华大学出版社出版的《C# 12.0 本质论》（第 8 版）（https://bookzhou.com）。

在 C# 12 中，所有类都支持主构造函数，不再局限于记录类型。这是一个减少了代码噪声的好的改进，尽管它并不是专门的函数式编程特性。

此外，lambda 表达式现在也可以包含默认值。这在某些情况下确实使得编写可组合函数变得更简单，但同样地，这不是专门的函数式编程特性。

尽管 C# 语言在过去一年里没有添加新的功能性特性令人有点失望，但目前已经有许多函数式编程的特性可供我们探索和使用了。此外，微软已经透露，他们将在未来推出一些令人振奋的新东西……

3.7.1 可区分联合

虽然还不确定 C# 语言是否会引入**可区分联合**（discriminated union）类型，但微软确实是在积极研究和开发它。

 C# 12.0 规范：如果感兴趣，可以看看 YouTube 上的 Languages and Runtime Community Standup: Considering Discriminated Unions（语言和运行时社区站会：可区分联合）（https://oreil.ly/psirr），微软 C# 开发团队的成员在视频中讨论了他们对可区分联合的看法。

这里不会过多地讨论可区分联合，如果想更全面地了解它的定义和用法，请参阅第 6 章。

目前，在 NuGet 上，我注意到两个尝试实现这一概念的项目，如下所示：

- 哈里·麦金泰尔开发的 OneOf（https://oreil.ly/bhjGX）；
- 金·胡格纳 - 奥尔森开发的 Sundew.DiscriminatedUnions（https://oreil.ly/Ws3G6）。

简而言之，可区分联合允许定义一个可以同时代表几种不同类型的类型。F# 原生支持可区分联合，但 C# 语言目前没有提供这样的支持，并且未来也不一定会提供。

截至本书出版，C# 13 正在积极考虑引入可区分联合，相关的讨论正在 GitHub 上进行（https://oreil.ly/E4_OS），也出了一些相关的提案（https://oreil.ly/bOX3T）。不过，最终结果仍未可知。

3.7.2 活动模式

活动模式（active pattern）是 F# 语言的一个特性，我认为它迟早会被引入 C# 语言。它扩展了模式匹配的功能，允许在表达式左侧的"模式"部分执行函数。下面是一个来自 F# 语言的示例：

```
let (|IsDateTime|_|) (input:string) =
    let success, value = DateTime.TryParse input
    if success then Some value else None

let tryParseDateTime input =
    match input with
    | IsDateTime dt -> Some dt
    | _ -> None
```

如以上代码所示，F# 开发者可以为表达式左侧的"模式"部分提供自定义函数。`IsDateTime` 就是一个自定义函数，如代码的第一行所示，它被定义为接收一个字符串参数。如果解析成功，则返回一个值；如果解析失败，则返回一个类似于 `null` 的结果。

模式匹配表达式 `tryParseDateTime()` 使用 `IsDateTime` 作为模式。如果 `IsDateTime` 返回了一个值，那么模式匹配表达式中与之相对应的分支就会被选中，然后返回解析出的 `DateTime` 值。

不需要过于关注 F# 语言的语法细节；它不是本书的主题。如果对 F# 语言感兴趣，有很多优秀的书籍和资源可以提供帮助，如下所示：

- 艾萨克·亚伯拉罕的著作 *F# in Action* 或 *Get Programming with F#*（Manning 出版社）；

- 伊恩·罗素所著的 *Essential F#*（LeanPub 出版社，https://oreil.ly/Npcdt）
- 斯科特·瓦拉欣创建的 *F# for Fun and Profit* 网站（https://oreil.ly/NP8XZ）

至于这些 F# 特性是否会在 C# 语言的未来版本中出现，目前尚不得而知，但考虑到 C# 语言和 F# 共享同一个公共语言运行时（CLR），这些特性的确有移植到 C# 语言中的可能。

3.8　小结

本章探讨了自 C# 3.0 和 C# 4.0 开始集成函数式编程以来，C# 语言所引入的函数式特性。我们探讨了这些特性的定义、用法以及它们所带来的好处。

总的来说，函数式编程的这些特性主要分为两大类。

- 模式匹配：C# 语言 的模式匹配通过一种加强版的 `switch` 语句来实现，它使开发者能编写简洁而强大的逻辑。可以看到，C# 语言的每个版本都在增加更多的模式匹配特性。
- 不可变性：不可变性是指变量一旦实例化就无法修改。由于需要保持向后兼容性，所以 C# 语言可能永远不会实现彻底的不可变性。不过，C# 语言正在引入一些新特性，比如只读结构和记录类型，使得开发者能在不编写大量样板代码的情况下，实现近似于不可变性的效果。

接下来的各章将深入探讨如何以创新的方式运用 C# 语言现有的特性，进一步丰富我们的函数式编程工具箱。

第 4 章

函数式代码：巧干胜过苦干

到目前为止，我介绍的都是微软 C# 语言团队有意设计的函数式编程特性。这些特性以及相应的示例代码都可以在微软的官方网站上找到。不过，在这一章中，我想采取更创新的方式来使用 C# 语言。

我不知道你怎么样，反正我喜欢偷懒——至少，我不喜欢把时间浪费在编写冗长的样板代码上。函数式编程最吸引人的一点就是它那遥遥领先于命令式代码的简洁性。

本章将展示如何进一步发挥函数式编程的潜力，超越 C# 语言的标准功能。此外，还将了解如何在旧版本的 C# 语言中实现一些较新的函数式特性，理想情况下，这能极大地提高日常工作的效率。

本章将探索以下几类函数式编程概念。

- 可枚举对象中的 Func 委托：虽然 Func 委托似乎用得不多，但它们是 C# 语言中极为强大的特性。本章将展示如何用它们来扩展 C# 语言的功能。具体来说，我们将把 Func 委托添加到可枚举对象中，并通过 LINQ 表达式处理它们。

- 将 Func 委托用作筛选器：我们还可以将 Func 委托作为筛选器使用，它们充当了一个中介的角色，帮助筛选出我们真正想要得到的值。采取这种方式，我们可以编写出简洁而有效的代码。

- 自定义可枚举对象：本书之前讨论过 IEnumerable 接口的妙用，但你可能不知道的是，我们还可以对其进行扩展来实现自定义行为。本章将展示具体如何做。

除了以上内容，本章还要探讨其他许多概念。

4.1 是时候展现 Func 的魔力了

Func 委托实际上是可以作为变量来存储的函数。可以定义它们需要哪些参数，以及应该返回什么类型的值，并像调用普通函数一样调用它们。下面是一个简单的例子：

```
private readonly Func<Person, DateTime, string> SayHello =
    (Person p, DateTime today) => today + " : " + "Hello " + p.Name;
```

尖括号中的最后一个类型是函数的返回类型；在它之前的所有类型都是该函数的参数。在这个例子中，Func 委托接受一个 Person 类型和一个 DateTime 类型作为参数，并返回一个字符串。

从现在起，我们将大量使用 Func 委托，所以在继续阅读之前，请确保你对它们有充分的了解。

4.1.1 可枚举对象中的 Func

尽管我经常看到 Func 委托被用作函数的参数，但许多开发者可能还没有意识到能将这些委托放到可枚举对象中，从而创建出一些有趣的行为。

首先，最直观的用法是将它们放入一个数组中，以便多次对同样的数据进行操作：

```
private IEnumerable<Func<Employee, string>> descriptors = new []
{
    x => "First Name = " + x.firstName,
    x => "Last Name = " + x.lastName,
    x => "MiddleNames = string.Join(" ", x.MiddleNames)
};

public string DescribeEmployee(Employee emp) =>
    string.Join(Environment.NewLine, descriptors.Select(x => x(emp)));
```

使用这个技术，我们可以从单一数据源（这里是一个 Employee 对象）生成多条相同类型的记录。本例使用 .NET 的内置方法 **string.Join** 来聚合数据，从而向终端用户展示一个整合后的字符串。

相较于使用一个简单的 **StringBuilder**，这种方法有几个优势。首先，可以动态构建数组。可以为每个属性及其呈现方式制定多个规则，这些规则可以根据自定义逻辑在一组局部变量中进行选择。[①]

---

① 译注：例如，可以添加一个 bool 类型的局部变量 showMiddleNames 来控制是否显示中间名。另外，还可以用一系列局部变量来控制名字的大小写、姓氏的显示顺序、是否添加敬称等。

其次，这是一个可枚举对象，采取这种定义方式，我们能够利用可枚举对象的一个特性：惰性求值（参见第 2 章）。可枚举对象不是数组，它们甚至不是数据，而是指向数据提取方式的指针。可枚举对象背后的数据源通常是一个简单的数组，但这并不是绝对的。每次通过 foreach 循环访问可枚举对象的下一个元素时，都需要执行特定的函数。可枚举对象的设计目的是等到最后一刻才转换成实际数据——通常是在 foreach 循环开始迭代时进行。大多数时候，如果可枚举对象的数据源是存储在内存中的数组，惰性求值可能不会带来显著的影响。然而，如果数据源是一个计算成本高昂的函数，或者需要从外部系统检索数据的查询，那么惰性求值就能省去许多不必要的工作。

在可枚举对象的元素被执行枚举的进程使用时，它们会逐一求值。例如，如果使用 LINQ 的 Any 函数来检查可枚举对象中的元素，那么一旦发现第一个符合条件的元素，Any 就会停止枚举，这意味着剩余元素不会被求值。

最后，从代码维护的角度来看，这种技术更易于管理。向最终结果添加信息就像向数组添加新元素一样简单。此外，这种做法对未来的开发人员也起到一定的约束作用，防止他们在不合适的位置添加太多复杂的逻辑。

4.1.2　超级简单的验证器

现在，我们来看一个简单的验证函数的例子：

```
// 判断密码是否有效
public bool IsPasswordValid(string password)
{
    if(password.Length <= 6)
        return false;

    if(password.Length > 20)
        return false;

    if(!password.Any(x => Char.IsLower(x)))
        return false;

    if(!password.Any(x => Char.IsUpper(x)))
        return false;

    if(!password.Any(x => Char.IsSymbol(x)))
        return false;

    // 密码中不允许包含 Justin Bieber，因为他（贾斯汀·比伯）太有名
```

```
if(password.Contains("Justin", StringComparison.OrdinalIgnoreCase)
    && password.Contains("Bieber", StringComparison.OrdinalIgnoreCase))
    return false;

return true;
}
```

对于一套颇为简单的规则来说，前面的代码显得太多了。命令式方法让我们不得不编写大量重复的样板代码。此外，如果要添加一条新规则，那么可能需要通过再新增 4 行代码来实现，而其中真正有意义的只有一行。

如果有一个办法能将这段代码简化成几行就好了。好消息是，确实有这样的办法，如下所示：

```
public bool IsPasswordValid(string password) =>
    new Func<string, bool>[]
    {
        x => x.Length > 6,
        x => x.Length <= 20,
        x => x.Any(y => Char.IsLower(y)),
        x => x.Any(y => Char.IsUpper(y)),
        x => x.Any(y => Char.IsSymbol(y)),
        x => !x.Contains("Justin", StringComparison.OrdinalIgnoreCase)
            && !x.Contains("Bieber", StringComparison.OrdinalIgnoreCase)
    }.All(f => f(password));
```

代码是不是看起来简洁多了？那么，我们都做了什么呢？我们把所有规则都放入了一个 Func 委托数组中（称为**函数数组**），其中每个 Func 委托都接收一个字符串作为输入并返回一个布尔值作为输出——换句话说，每个 Func 都负责检查字符串是否符合某个验证规则。然后，我们调用 LINQ 的 .All() 扩展方法，将函数数组中的每个 Func 都应用于传入的密码。其中任何一个 Func 返回 false，整个过程就会提前结束，并 .All() 会返回 false（如前文所述，后续 Func 将不会被访问，惰性求值通过跳过这些元素节省了时间）。只有每个 Func 都返回 true，.All() 才会返回 true，表明这是一个有效的密码。

我们相当于以一种更简洁的形式重新实现了第一个代码示例，之前那些样板代码（if 语句和提前返回）现在隐式地存在于结构之中。

这种代码结构的另一个优点就是可维护性。如果需要，甚至可以为它创建一个泛型扩展方法。我经常这么做，如下所示[2]：

---

② 译注：稍微解释一下这个泛型扩展方法。public static 是定义扩展方法所必须的。this 关键字表示这是一个扩展方法，@this 是被扩展的对象（即要验证的密码）。params 关键字允许传入任意数量的验证规则，每个规则都是一个接受类型 T 的对象并返回布尔值的函数（Func 委托）。rules.All() 遍历所有规则。x => x(@this) 将当前对象 @this 传递给每个规则函数进行验证。如果所有规则函数都返回 true，则 .All() 返回 true，表示密码有效。

```
public static bool IsValid<T>(this T @this, params Func<T, bool>[] rules) =>
    rules.All(x => x(@this));
```

这进一步减少了密码验证器的代码量，并提供了一个方便的通用结构，可以在别的地方重用。有了扩展方法，就可以直接调用 password.IsValid()，并将所有验证规则作为参数传入，如下所示：

```
public bool IsPasswordValid(string password) =>
    password.IsValid(
        x => x.Length > 6,
        x => x.Length <= 20,
        x => x.Any(y => Char.IsLower(y)),
        x => x.Any(y => Char.IsUpper(y)),
        x => x.Any(y => Char.IsSymbol(y)),
        x => !x.Contains("Justin", StringComparison.OrdinalIgnoreCase)
            && !x.Contains("Bieber", StringComparison.OrdinalIgnoreCase)
    );
```

至此，我希望你已经认识到，编写像第一个代码示例那样冗长而笨重的代码是不可取的。

我认为 IsValid 这种验证方法更易于阅读和维护。但是，如果想要编写与原始代码示例更一致的代码，可以通过使用 Any() 而不是 All() 来创建一个新的扩展方法，如下所示：

```
// 注意是判断 IsInvalid 而不是 IsValid
public static bool IsInvalid<T>(
    this T @this,
    params Func<T, bool>[] rules) =>
        rules.Any(rule => !rule(@this));
```

这样一来，数组中每个元素的布尔逻辑就可以像原始示例那样被反转：

```
public bool IsPasswordValid(string password) =>
    !password.IsInvalid(
        x => x.Length <= 6,
        x => x.Length > 20,
        x => !x.Any(y => Char.IsLower(y)),
        x => !x.Any(y => Char.IsUpper(y)),
        x => !x.Any(y => Char.IsSymbol(y)),
        x => x.Contains("Justin", StringComparison.OrdinalIgnoreCase)
            && x.Contains("Bieber", StringComparison.OrdinalIgnoreCase)
    );
```

考虑到 IsValid() 和 IsInvalid() 这两个函数各有用途，我们希望在代码库中同时保留它们。为此，可以在一个函数中引用另一个函数来减少一些编码量和未来的维护工作，如下所示：

```
public static bool IsValid<T>(this T @this, params Func<T,bool>[] rules) =>
    rules.All(x => x(@this));


public static bool IsInvalid<T>(this T @this, params Func<T,bool>[] rules) =>
    !@this.IsValid(rules);
```

明智地使用原力，年轻的函数式编程学徒！[3]

4.1.3　C# 语言旧版本中的模式匹配

模式匹配是 C# 语言近年来最为出色的特性之一，与记录类型并列，但只有最新的 .NET 版本对它提供了支持。若想了解关于 C# 7 及以上版本对模式匹配提供的原生支持，请参见第 3 章。

那么，是否有办法在不升级 C# 版本的情况下使用模式匹配呢？答案是肯定的。虽然这种方法不如 C# 8 的原生语法那样优雅，但老话说得好，聊胜于无。

在下面的例子中，我们将根据英国所得税法的简化版本来计算个人所得税。需要注意的是，这些规则远比现实中的税收体系要简单得多。但是，我不想让大家迷失在复杂的税收细则中。

我们将应用以下规则：

- 若年收入不超过 12 570 英镑，则不收税；
- 若年收入在 12 571 至 50 270 英镑之间，则需缴纳 20% 的税款；
- 若年收入在 50 271 至 150 000 英镑之间，则需缴纳 40% 的税款；
- 若年收入超过 150 000 英镑，则需缴纳 45% 的税款。

如果采用传统编程方式（非函数式编程）来实现这个逻辑，代码可能是下面这样的：

```
decimal ApplyTax(decimal income)
{
    if (income <= 12570)
        return income;
    else if (income <= 50270)
        return income * 0.8M;
    else if (income <= 150000)
        return income * 0.6M;
    else
        return income * 0.55M;
}
```

---

③ 译注：作者改编自《星球大战》中的一句名言。

在 C# 8 及以后的版本中，可以利用 switch 表达式将上述逻辑压缩成短短几行。如果使用的是 C# 7（.NET Framework 4.7）或更高版本，那么可以用以下代码来模拟模式匹配：

```
var inputValue = 25000M;
var updatedValue = inputValue.Match(
    (x => x <= 12570, x => x),
    (x => x <= 50270, x => x * 0.8M),
    (x => x <= 150000, x => x * 0.6M)
).DefaultMatch(x => x * 0.55M);
```

以上代码传入一系列元组（稍后作为元组数组来实现），每个元组都包含两个 lambda 表达式。第一个表达式判断输入是否与当前模式匹配；如果匹配，第二个表达式就会转换它的值。如果输入不与任何模式匹配，最后会应用默认模式。

这段代码比原始代码简洁了很多，但它包含所有相同的功能。元组左侧的匹配模式很简单，但根据需要，它也可以是很复杂的表达式，甚至可以调用包含详细匹配标准的完整函数。

那么，具体如何实现 Match() 呢？下面的简化版本提供了大部分需要的功能：

```
// 专门创建一个扩展方法类来包含扩展方法
public static class ExtensionMethods
{
    public static TOutput Match<TInput, TOutput>(
        this TInput @this,
        params (Func<TInput, bool> IsMatch,
        Func<TInput, TOutput> Transform)[] matches)
    {
        var match = matches.FirstOrDefault(x => x.IsMatch(@this));
        var returnValue = match?.Transform(@this) ?? default;
        return returnValue;
    }
}
```

利用 LINQ 的 FirstOrDefault() 方法，我们首先遍历左侧的函数，以找到一个返回 true（即满足特定条件）的函数，然后调用右侧的转换函数 Func 来获取修改后的值。

这种方法虽然有效，但如果所有模式都不匹配，那么可能出问题。最可能出现的是空引用异常。

为了避免这种情况，需要确保提供一个默认匹配（相当于传统 if-else 逻辑中的 else 语句，或者 switch 表达式使用的弃元模式匹配 "_"）。我们的解决方案是让 Match 函数返回一个占位符对象，该对象要么容纳由 Match 表达式转换的来的值，要么执行 Default 模式的 lambda 表达式。

改进后的版本如下所示：

```
public static MatchValueOrDefault<TInput, TOutput> Match<TInput, TOutput>(
    this TInput @this,
    params (Func<TInput, bool>,
    Func<TInput, TOutput>)[] predicates)
{
    var match = predicates.FirstOrDefault(x => x.Item1(@this));
    var returnValue = match?.Item2(@this);
    return new MatchValueOrDefault<TInput, TOutput>(returnValue, @this);
}

public class MatchValueOrDefault<TInput, TOutput>
{
    private readonly TOutput value;
    private readonly TInput originalValue;

    public MatchValueOrDefault(TOutput value, TInput originalValue)
    {
        this.value = value;
        this.originalValue = originalValue;
    }

    public TOutput DefaultMatch(Func<TInput, TOutput> defaultMatch)
    {
        if (EqualityComparer<TOutput>.Default.Equals(default, this.value))
        {
            return defaultMatch(this.originalValue);
        }
        else
        {
            return this.value;
        }
    }
}
```

在这个改进的实现中，注意以下方法和类。

- **Match 方法**：该方法仍然接收一个元组数组，每个元组包含一个条件和一个转换函数。方法尝试找到第一个匹配的元组，并尝试执行转换函数。无论结果如何（即使为 null），都将返回一个 MatchValueOrDefault 对象。

- **MatchValueOrDefault 类**：这个类封装了转换结果和原始输入值。

它提供一种机制，通过 DefaultMatch 方法可以在没有找到有效匹配时执行默认的转换。

- DefaultMatch 方法：这个方法检查封装的值是否等于 TOutput 类型的默认值（即 default(TOutput)），如果是，则调用提供的默认转换函数 defaultMatch。这相当于 switch 表达式的"_"模式匹配或者 if-else 语句的最后一个 else 块。

这种设计的好处在于，它增加了对未匹配结果的处理能力，避免了简单实现中可能出现的 null 返回值问题，并且提供了一个明确的方式来定义默认行为。

通过这样的实现，不仅避免了空引用异常的风险，还增加了代码的健壮性和易于维护性。这个例子演示了在设计使用模式匹配或类似功能的 API 时，考虑到所有可能的情况和边界条件的重要性。

不过，与最新版本的 C# 语言相比，这种方法在功能上有很大的局限性。它不支持对象类型匹配，语法也没那么优雅，但它仍然能够有效地减少样板代码的数量并促进代码的规范性。

对于不支持元组的更旧的 C# 版本，可以考虑使用 KeyValuePair<T,T> 来实现类似的功能，但它的语法就没有那么讨喜了。什么，你不信？好吧，那你就试试吧。别怪我没有提醒你哦……

扩展方法本身的改动不大，只需稍加修改，用 KeyValuePair 代替原来的元组即可：

```
public static MatchValueOrDefault<TInput, TOutput> Match<TInput, TOutput>(
    this TInput @this,
    params KeyValuePair<Func<TInput, bool>, Func<TInput, TOutput>>[] predicates)
{
    var match = predicates.FirstOrDefault(x => x.Key(@this));
    var returnValue = match.Value(@this);
    return new MatchValueOrDefault<TInput, TOutput>(returnValue, @this);
}
```

接下来的代码就比较难看了。创建 KeyValuePair 对象所用的语法非常糟糕：

```
var inputValue = 25000M;
var updatedValue = inputValue.Match(
    new KeyValuePair<Func<decimal, bool>, Func<decimal, decimal>>(
        x => x <= 12570, x => x),
    new KeyValuePair<Func<decimal, bool>, Func<decimal, decimal>>(
```

```
        x => x <= 50270, x => x * 0.8M),
    new KeyValuePair<Func<decimal, bool>, Func<decimal, decimal>>(
        x => x <= 150000, x => x * 0.6M)
).DefaultMatch(x => x * 0.55M);
```

虽然可以通过这种方式在 C# 4 中实现某种形式的模式匹配，但我不确定这么做能带来多少实际的好处。总之，我展示了实现它的方法，具体要不要用就由你自己来判断了。

4.2 让字典更有用

函数不仅仅可以用于转换数据的形式，还可以用作筛选器，在开发者获取原始数据或调用原始功能之前进行一些筛选。本节将探讨如何运用函数式筛选来拓展字典的用途。

字典是我最喜欢的 C# 特性之一。若使用得当，它们可以用几个简单而优雅的数组式查询来取代大量冗长的样板代码。而且一旦创建，字典能非常高效地查找数据。

但字典存在一个问题，这个问题经常导致我们不得不添加大量样板代码，这违背了我们的初衷，如下例所示：[④]

```
// 神秘博士的演员
var doctorLookup = new []
{
    ( 1, "William Hartnell" ),
    ( 2, "Patrick Troughton" ),
    ( 3, "Jon Pertwee" ),
    ( 4, "Tom Baker" )
}.ToDictionary(x => x.Item1, x => x.Item2);

var fifthDoctorInfo = $"The 5th Doctor was played by {doctorLookup[5]}";
```

这段代码出了什么问题？它涉及字典在 C# 语言中一个令人费解的特性：如果尝试查找一个不存在的条目，程序会抛出一个必须处理的异常。

为了安全地应对这种情况，可以使用 C# 语言提供的几种技术之一，在将键值转换成字符串之前先检查键是否存在于字典中：

```
var doctorLookup = new []
{
    ( 1, "William Hartnell" ),
```

---

④ 译注：事实上，截至 2024 年 5 月，在所有剧集、复活剧、电影中，饰演神秘博士这个角色的演员人数已经达到 15 名。英国演员舒提·盖特瓦是第 15 任"神秘博士"。

```
    ( 2, "Patrick Troughton" ),
    ( 3, "Jon Pertwee" ),
    ( 4, "Tom Baker" )
}.ToDictionary(x => x.Item1, x => x.Item2);

var fifthDoctorActor = doctorLookup.ContainsKey(5)
    ? doctorLookup[5]
    : "An Unknown Actor"; // 未知演员

var fifthDoctorInfo = $"The 5th Doctor was played by {fifthDoctorActor}";
```

或者，在较新的 C# 版本中，可以使用 **TryGetValue()** 函数来使代码更加简洁：

```
var fifthDoctorActor = doctorLookup.TryGetValue(5, out string value)
    ? value
    : "An Unknown Actor"; // 未知演员
```

那么，是否能使用函数式编程技术来减少样板代码，在不用担心潜在问题的前提下享受字典的各种便利特性呢？当然可以！

首先需要创建一些简单的扩展方法：

```
public static class ExtensionMethods
{
// 接收一个字典并返回一个函数。返回的函数接收一个键，并尝试在字典中查找这个键
    public static Func<TKey, TValue> ToLookup<TKey, TValue>(
        this IDictionary<TKey, TValue> @this)
    {
        return x => @this.TryGetValue(x, out TValue? value) ? value : default;
    }

    // 在字典中找不到键时，将返回默认值
    public static Func<TKey, TValue> ToLookup<TKey, TValue>(
        this IDictionary<TKey, TValue> @this, TValue defaultVal)
    {
        return x => @this.ContainsKey(x) ? @this[x] : defaultVal;
    }
}
```

稍后我要详细解释以上代码，但在此之前，先来看看如何使用扩展方法：

```
var doctorLookup = new []
{
    ( 1, "William Hartnell" ),
    ( 2, "Patrick Troughton" ),
    ( 3, "Jon Pertwee" ),
    ( 4, "Tom Baker" )
}.ToDictionary(x => x.Item1, x => x.Item2)
.ToLookup("An Unknown Actor");

var fifthDoctorInfo = $"The 5th Doctor was played by {doctorLookup(5)}";
// 输出 = "The 5th Doctor was played by An Unknown Actor"
```

注意到区别了吗？仔细观察，会发现现在是用圆括号来获取字典中的值，而不是方括号。这是因为它本质上已经不再是字典了，而是变成了一个函数。

这些扩展方法返回的其实是函数，而这些函数将原始的 Dictionary 对象保存在其作用域内。本质上，它们充当了 Dictionary 和代码库其他部分之间的一个筛选层，负责判断 Dictionary 的使用是否安全。

如此一来，就可以放心地使用 Dictionary，而不必担心因为找不到键而引发异常了。我们可以返回该类型的默认值（通常是 null），或是自定义一个默认值。这很简单。

这个技术唯一的缺点是，Dictionary 实际上已经不再是"字典"了。我们不能对它做进一步的修改或者执行任何 LINQ 操作。但是，如果确定不需要进行这些操作，那么这个技术还是很实用的。

4.3 对值进行解析

将字符串解析为其他形式的值是导致代码变得冗长且充满样板代码的一个常见原因。在 .NET 环境下，由于没有 appsettings.json 或 IOption<T> 等，所以我们可能用以下方式解析一个设置对象：

```
public Settings GetSettings()
{
    var settings = new Settings();

    var retriesString = ConfigurationManager.AppSettings["NumberOfRetries"];
    var retriesHasValue = int.TryParse(retriesString, out var retriesInt);
    if(retriesHasValue)
        settings.NumberOfRetries = retriesInt;
    else
        settings.NumberOfRetries = 5;

    var pollingHrStr = ConfigurationManager.AppSettings["HourToStartPollingAt"];
    var pollingHourHasValue = int.TryParse(pollingHrStr, out var pollingHourInt);
    if(pollingHourHasValue)
        settings.HourToStartPollingAt = pollingHourInt;
    else
        settings.HourToStartPollingAt = 0;

    var alertEmailStr = ConfigurationManager.AppSettings["AlertEmailAddress"];
    if(string.IsNullOrWhiteSpace(alertEmailStr))
        settings.AlertEmailAddress = "test@thecompany.net";
    else
        settings.AlertEmailAddress = aea.ToString();
```

```
        var serverNameString = ConfigurationManager.AppSettings["ServerName"];
        if(string.IsNullOrWhiteSpace(serverNameString))
            settings.ServerName = "TestServer";
        else
            settings.ServerName = sn.ToString();

        return settings;
    }
```

对于一个简单的任务来说，这段代码是不是太长了？大量样板代码使得代码的意图变得模糊不清，只有那些特别熟悉这类操作的人才能看懂。而且，每次添加新的设置时，都需要写 5~6 行新的代码，这显然是一种浪费。

不过，可以采取更加函数式的方法来简化这个过程，将复杂的结构隐藏起来，只展示清晰易懂的代码意图。

和之前一样，这可以通过一个扩展方法来实现，如下所示：

```
public static class ExtensionMethods
{
    // 尝试将一个对象转换为整数
    public static int ToIntOrDefault(this object @this, int defaultVal = 0) =>
        int.TryParse(@this?.ToString() ?? string.Empty, out var parsedValue)
        ? parsedValue
        : defaultVal;

    // 尝试将一个对象转换为字符串
    public static string ToStringOrDefault(
        this object @this,
        string defaultVal = "") =>
        string.IsNullOrWhiteSpace(@this?.ToString() ?? string.Empty)
        ? defaultVal
        : @this.ToString();
}
```

这个方法消除了第一个示例中的重复代码，使我们能够转向可读性更高、以结果为导向的编码风格，如下所示：

```
public Settings GetSettings() =>
    new Settings
    {
        NumberOfRetries = ConfigurationManager.AppSettings["NumberOfRetries"]
            .ToIntOrDefault(5),
        HourToStartPollingAt =
            ConfigurationManager.AppSettings["HourToStartPollingAt"]
            .ToIntOrDefault(0),
        AlertEmailAddress = ConfigurationManager.AppSettings["AlertEmailAddress"]
            .ToStringOrDefault("test@thecompany.net"),
```

```
ServerName = ConfigurationManager.AppSettings["ServerName"]
    .ToStringOrDefault("TestServer"),
};
```

现在，一眼就能看出代码做了什么、默认值是什么，而且可以通过单行代码添加更多设置项。如需处理除 int 和 string 以外的其他设置值类型，那么只需再创建一个扩展方法，这不是什么大问题。

4.4 自定义枚举

许多人都在编程中使用过可枚举对象，但鲜为人知的是，它们背后实际上有一个强大的引擎，我们可以利用这个引擎来实现各种有趣的自定义行为。有了自定义迭代器，就可以用更少的代码在数据遍历过程中实现复杂的操作。

不过，首先需要理解可枚举对象在底层是如何运作的。可枚举对象的底层存在一个"枚举器类"（enumerator class），它是驱动枚举过程的引擎，使我们能使用 foreach 循环来遍历值。

枚举器有两个关键成员。

- Current：这个属性获取可枚举对象中的当前元素。只要不移动到下一项，就可以多次获取这个属性的值。但如果在首次调用 MoveNext() 之前就尝试获取 Current 值，将会引发异常。

- MoveNext()：这个方法从当前元素移动到下一个元素，并尝试判断是否还有其他元素可以选择。如果找到下一个元素，则返回 true；如果已经到达可枚举对象的末尾，或者一开始就没有元素，则返回 false。在首次调用 MoveNext() 时，它会将枚举器定位到可枚举对象中的第一个元素。

4.4.1 查询相邻元素

让我们从一个相对简单的例子开始。假设需要遍历一个由整数组成的可枚举对象，检查它是否包含任何连续的数字。命令式解决方案可能是下面这样的：

```
// 生成由随机数构成的一个列表
public IEnumerable<int> GenerateRandomNumbers()
{
    var rnd = new Random();
    var returnValue = new List<int>();
    for (var i = 0; i < 100; i++)
```

```
    {
        returnValue.Add(rnd.Next(1, 100));
    }
    return returnValue;
}

// 判断是否包含连续的数字
public bool ContainsConsecutiveNumbers(IEnumerable<int> data)
{
    // 好吧，被你发现了，OrderBy 严格来说不属于命令式编程，
    // 但我不想花大功夫编写排序算法！
    var sortedData = data.OrderBy(x => x).ToArray();

    for (var i = 0; i < sortedData.Length - 1; i++)
    {
        if ((sortedData[i] + 1) == sortedData[i + 1])
            return true;
    }

    return false;
}

var result = ContainsConsecutiveNumbers(GenerateRandomNumbers());
Console.WriteLine(result);
```

和之前一样，为了将以上代码转换为函数式风格，需要创建一个扩展方法。
这个方法将接受可枚举对象，提取它的枚举器，并通过枚举器来控制自定义
行为。

为了避免使用命令式风格的循环，我们将使用递归。递归（详见第 1 章和第 2 章）
是一种让函数反复调用自身来实现不定循环的方法。[5]

第 9 章将进一步讨论递归的概念。现在，让我们先使用简单形式的递归：

```
public static bool Any<T>(this IEnumerable<T> @this, Func<T, T, bool> evaluator)
{
    using var enumerator = @this.GetEnumerator();
    var hasElements = enumerator.MoveNext();
    return hasElements && Any(enumerator, evaluator, enumerator.Current);
}

private static bool Any<T>(IEnumerator<T> enumerator,
        Func<T, T, bool> evaluator,
        T previousElement)
{
    var moreItems = enumerator.MoveNext();
```

---

[5] 虽然是"不定"循环，但最好不要真的"无限"循环下去！（译注：之前说过，indefinite 和 infinite 是两个意思。）

```
    return moreItems && (evaluator(previousElement, enumerator.Current)
        ? true
        : Any(enumerator, evaluator, enumerator.Current));
}
```

那么，这段代码具体是如何工作的呢？从某种意义上来讲，这种方法有点像杂耍。首先，我们提取出枚举器，并将其定位到序列的第一个元素。

私有函数接受三个参数：枚举器（目前已指向第一个元素）、判断是否已经完成的 evaluator 函数以及第一个元素的副本。

然后，我们立即移动到下一个元素并执行 evaluator 函数，传入第一个元素和新的 Current 以进行比较。

这个阶段有两种可能的情况：一种是发现序列中的元素已经全部遍历完毕，另一种是评估函数返回了 true，因此当前迭代就可以结束了。如果 MoveNext() 返回 true，我们就会检查 previousValue 和 Current 是否符合条件（由 evaluator 定义）。

如果这两个元素符合条件，就结束并返回 true；如果不符合，就进行递归调用，继续检查序列中的剩余元素。

以下是查找连续数字的更新版代码：

```
public IEnumerable<int> GenerateRandomNumbers()
{
    var rnd = new Random();
    var returnValue = Enumerable.Repeat(0, 100)
        .Select(x => rnd.Next(1, 100));
    return returnValue;
}

public bool ContainsConsecutiveNumbers(IEnumerable<int> data)
{
    var sortedData = data.OrderBy(x => x).ToArray();
    var result = sortedData.Any((prev, curr) => curr == prev + 1);
    return result;
}
```

根据这个逻辑创建一个 All() 方法也很简单，如下所示：

```
public static bool All<T>(
    this IEnumerator<T> enumerator,
    Func<T,T,bool> evaluator,
    T previousElement)
{
    var moreItems = enumerator.MoveNext();
    return moreItems
```

```
            ? evaluator(previousElement, enumerator.Current)
                ? All(enumerator, evaluator, enumerator.Current)
                : false
            : true;
    }

    public static bool All<T>(this IEnumerable<T> @this, Func<T,T,bool>
    evaluator)
    {
        using var enumerator = @this.GetEnumerator();
        var hasElements = enumerator.MoveNext();
        return hasElements
            ? All(enumerator, evaluator, enumerator.Current)
            : true;
    }
```

All() 和 Any() 唯一的区别在于，它们根据不同的条件来决定是继续迭代还是
提前返回结果。All() 会检查每一对值，只有在发现某对值不满足给定条件时
才会提前退出循环。

4.4.2　在满足条件前持续迭代

本节所介绍的技巧本质上是 while 循环的替代方案，在掌握这种技巧后，就可
以让代码符合函数式编程的风格，再也不使用 while 语句了。

举个例子，让我们想象一下文字冒险游戏的回合制系统可能是什么样子。这对
年轻的读者来说可能有些陌生，但在图形界面出现之前，这类游戏非常普遍。
在这种游戏中，你需要输入想执行的动作，然后游戏就会回应你的指令并显示
结果——这有点像是一本小说，只不过故事情节的发展由玩家来决定。

想要亲身体验这种游戏风格的话，不妨尝试一下史诗级冒险游戏《魔
域》（Zork）。但要小心，别被格鲁吃了！

这类游戏的基本结构是下面这样的。

1. 描述玩家当前所在的位置。
2. 接收玩家的输入。
3. 根据玩家的输入执行相应的命令。

实现这种结构的命令式代码如下所示：

```
var gameState = new State
{
    IsAlive = true,  // 是否存活
    HitPoints = 100  // 生命值
};

while(gameState.IsAlive)
{
    var message = this.ComposeMessageToUser(gameState);
    var userInput = this.InteractWithUser(message);
    this.UpdateState(gameState, userInput);
    if(gameState.HitPoints <= 0)
        gameState.IsAlive = false;
}
```

本质上，我们想要的是一个 LINQ 风格的 **Aggregate()** 函数，但它不会在遍历数组中所有元素后就结束。我们希望这个函数能持续运行，直到满足结束条件（玩家死亡）。这里我做了一些简化（显然，在真正的游戏中，还有一个结束条件是玩家取胜）。但这个小游戏就像是人生，而人生是不公平的！

在实现这个扩展方法时，可以利用尾递归优化来提升效率，我将在第 9 章中进一步讨论。现在，为了避免过早引入太多复杂的概念，下面只使用简单的递归（如果游戏有很多回合，这可能会成为问题）：

```
public static class ExtensionMethods
{
    public static T AggregateUntil<T>(
        this T @this,
        Func<T,bool> endCondition,
        Func<T,T> update) =>
            endCondition(@this)
        ? @this
        : AggregateUntil(update(@this), endCondition, update);
}
```

通过这种方式，可以完全不使用 **while** 循环，而是将整个回合过程转化为单一函数，如下所示：

```
var gameState = new State
{
    IsAlive = true,
    HitPoints = 100
};

var endState = gameState.AggregateUntil(
    x => x.HitPoints <= 0,
    x => {
        var message = this.ComposeMessageToUser(x);
        var userInput = this.InteractWithUser(message);
        return this.UpdateState(x, userInput);
    });
```

虽然这种方式未臻完美，但它符合函数式编程规范。第 13 章将讨论如何以更好的方法处理游戏状态更新的多个步骤，以及如何在函数式编程范式下处理用户交互的问题。

4.5　小结

本章探讨了如何使用 Func 委托、可枚举对象和扩展方法来扩展 C# 语言的功能，使得编写符合函数式编程风格代码变得更加简单，并绕开 C# 语言中的一些限制。我相信它们只是冰山一角，还有更多有待挖掘和运用的方法。

下一章将深入讨论高阶函数以及一些能用这些函数创造更多实用功能性的结构。

深入学习函数式编程

欢迎，勇敢的冒险者！

你已经安全地完成了第一段旅程，现在，你已经从一名函数式学徒晋升为熟练工了。[1] 接下来要踏上一段更长、更曲折、充满未知的旅途。

但是，不要害怕，只要保持开放的心态，就会发现前方充满了无限的可能性。在这个部分，我们将暂时放下传统的 C# 语言编程思维，深入探讨函数式理论。

这里不会有正式的定义或关于列表理论的详细讨论，因为本书始终着眼于对日常编码有实际帮助的内容。我将引导你一步步走过这个平缓的学习曲线。

勇士们，启程吧！马儿们已经迫不及待，我们是时候翻身上马，继续探险了！

---

[1] "熟练工"（journeyman）这个词虽然已经有些年头了，但我觉得它非常适合用在这里。你可以根据自己的需求，随意将 man 替换为你觉得合适的名词。

第 5 章

高阶函数

朋友们，欢迎回到这个永无止境的探索之旅。本章将探讨**高阶函数**（higher-order function）的多种用途。我将展示在 C# 语言中如何通过创新地运用高阶函数来减少工作量并使代码更加健壮。

但首先来看什么是高阶函数。虽然名字听起来有些深奥，但它实际上是一个非常基础的概念。实际上，如果经常使用 LINQ，那么很可能已经使用过高阶函数了。高阶函数有两种形式，以下代码展示了第一种：

```
// 英剧《布雷克斯七号》中著名的太空监狱船 Liberator 上的主要角色名字
var liberatorCrew = new []
{
    "Roj Blake",
    "Kerr Avon",
    "Vila Restal",
    "Jenna Stannis",
    "Cally",
    "Olag Gan",
    "Zen"
};
var filteredList = liberatorCrew.Where(x => x.First() > 'M');
```

传递给 Where() 函数的是一个箭头表达式，这是一种编写匿名函数的简便方式。其完整形式如下 [①]：

```
function bool IsGreaterThanM(char c)
{
    return c > 'M';
}
```

在这个例子中，函数作为参数被传递给了另一个函数，并在其中的某处被执行。

---

① 译注：该函数筛选出所有首字母大于 M（即排在 M 后面）的名字。

下面是使用高阶函数的另一个例子：

```
public Func<int, int> MakeAddFunc(int x) => y => x + y;
```

注意这里有两个箭头，而不是一个。我们接受一个整数 x，并基于它返回一个新的函数。在这个新函数中，任何对整数 x 的引用都将使用最初在调用 MakeAddFunc() 时传入的值。

例如：

```
var addTenFunction = MakeAddFunc(10);
var answer = addTenFunction(5);  // answer 为 15
```

通过向 MakeAddFunc() 传递整数 10，我们创建了一个新的函数，它的主要功能是将 10 加到随后传入该函数的任何整数上。

简而言之，高阶函数具有以下一个或多个属性：

- 接受函数作为参数；
- 将函数作为返回类型。

在 C# 语言中，这通常是用 Func（对于有返回类型的函数）或 Action（对于返回 void 的函数）这两种委托类型来实现的。高阶函数是一个相当简单的概念，实现起来也比较容易，但它们可能对你的代码库产生显著的影响。

本章将引导你运用高阶函数来改善日常编码实践，还要介绍一种名为**组合子**（combinator）的进阶技巧，它允许通过传递函数来构建更为复杂和实用的编程逻辑。

 顺便说一下，组合子之所以被称为"组合子"，是因为它们起源于"组合逻辑"（combinatory logic）这个数学概念。别担心，本书不会深入探讨它或任何与高等数学有关的概念。这只是为了满足你的好奇心……

5.1　问题报告

让我们先来看看一段有问题的代码。假设公司要求创建一个函数来处理一个数据存储（例如，XML 文件或 JSON 文件），统计每个可能的值的数量，并将这些数据传输到其他地方。此外，如果没有找到任何数据，还需要单独发一条消息。为了保持轻松而有趣的氛围，请想象你此时效力于邪恶的银河帝国，而你的任务是在雷达上记录反抗联盟的飞船信息。

代码可能是下面这样的：

```
// 叛军飞船统计报告
public void SendEnemyShipWeaponrySummary()
{
    try
    {
        var enemyShips = this.DataStore.GetEnemyShips();
        var summaryNumbers = enemyShips.GroupBy(x => x.Type)
            .Select(x => (Type: x.Key, Count: x.Count()));
        var report = new Report
        {
            Title = "Enemy Ship Type",
            Rows = summaryNumbers.Select(X => new ReportItem
            {
                ColumnOne = X.Type,
                ColumnTwo = X.Count.ToString()
            })
        };

        if (!report.Rows.Any())
            this.CommunicationSystem.SendNoDataWarning();
        else
            this.CommunicationSystem.SendReport(report);
    }
    catch (Exception e)
    {
        this.Logger.LogError(e,
            "An error occurred in " +
            nameof(SendEnemyShipWeaponrySummary) +
            ": " + e.Message);
    }
}
```

看上去不错，对吧？但再想象一下，某天，你正坐在办公桌前悠闲地泡着方便面[2]。这时，你注意到杯子里的咖啡泛起了阵阵涟漪（就像《侏罗纪公园》里的经典场景一样）。这预示着你最大的梦魇即将降临——老板来了！假设你的老板是一个身材高大、声音低沉的绅士，他身穿黑斗篷，并且患有严重的哮喘（注意，这个形象纯属虚构，与任何真实人物无关）。他非常不喜欢别人让他失望，真的非常不喜欢。

他对你创建的第一个函数感到很满意，这让你松了口气。但现在他想要第二个函数。这个函数将创建另一份统计报告，但这次统计的是每艘船的武装水平——无武装、轻武装、重武装，仍然能够摧毁行星。

---

② 理想情况下，你应该选择最辣的口味，辣到喷火的那种！

小菜一碟，你心想，老板一定会对你如此神速地完成这项任务印象深刻。于是，你采取了看起来最简单的方式：先用快捷键 Ctrl-C 复制，再用快捷键 Ctrl-V 粘贴原代码，简单改一下名称和要统计的属性，新函数就大功告成了，如下所示：

```
public void GenerateEnemyShipWeaponrySummary()
{
    try
    {
        var enemyShips = this.DataStore.GetEnemyShips();
        var summaryNumbers = enemyShips.GroupBy(x => x.WeaponryLevel)
                    .Select(x => (Type: x.Key, Count: x.Count()));
        var report = new Report
        {
            Title = "Enemy Ship Weaponry Level",
            Rows = summaryNumbers.Select(X => new ReportItem
            {
                ColumnOne = X.Type,
                ColumnTwo = X.Count.ToString()
            })
        };

        if (!report.Rows.Any())
            this.CommunicationSystem.SendNoDataWarning();
        else
            this.CommunicationSystem.SendReport(report);
    }
    catch (Exception e)
    {
        this.Logger.LogError(e, "An error occurred in " +
            nameof(SendEnemyShipWeaponrySummary) + ": " + e.Message);
    }
}
```

秒速完成这项任务，然后就可以享受一两天的悠闲时光了。你可以假装自己很忙，时不时地大声抱怨一下工作有多么难，同时悄悄摸摸鱼，玩玩填字游戏。任务完成，全体鼓掌，对吗？对吧？

嗯……实际上，这种方法存在几个问题。

首先是单元测试的问题。作为负责任的编码人员，我们通常会对所有代码进行单元测试。假设你对第一个函数进行了全面的单元测试，而当你复制并粘贴第二个函数时，单元测试覆盖率会是多少呢？

给大家一个小提示：这个答案介于零到零之间。当然，也可以一并复制粘贴测试代码，这无可厚非，但这意味着复制粘贴的工作量大大增加。

此外，这种方法也不易于扩展。要是老板之后又要求你创建另一个函数呢？如果他要求你创建 50 个、甚至 100 个呢？那将是海量的代码。你最终将不得不维护成千上万行的代码，想想就头疼。

根据我职业生涯早期的一次亲身经历来看，情况还会进一步恶化。我当时所在的组织有一个桌面应用程序，这个应用根据一些输入参数为每个客户执行一系列复杂的计算。计算规则每年都会变化，但是因为可能需要查看前一年的计算结果，所以必须把旧规则保留下来。

因此，在我加入开发团队之前，团队成员每年都会复制大量代码。他们会做一些小的改动，添加一个指向新版本的链接，然后就大功告成了。

某一年，年度代码更新的任务被分配给了我。于是，年轻、天真、怀揣着想要改变世界的决心的我开始了工作。我注意到一个奇怪的问题：一个与我的更改无关的字段出现了错误。我修复了这个 bug，但这时，一种不祥的预感让我心里一沉。

我检查了过去每一年的版本，发现几乎所有版本都存在同样的错误。这个错误最初出现在大约 10 年前，从那以后每个开发者都不断复制这一错误。于是，我不得不反复修复了 10 次，这极大地增加了测试工作量。

在看完以上案例后，不妨问问自己：复制和粘贴真的能节省时间吗？毕竟我们所处理的大部分应用程序都运行了数十年之久，而且暂时还没有被淘汰的迹象。

在决定采取何种方法来提高编程工作效率时，我会考虑整个应用程序的生命周期，同时思考一个决策会在未来十年后产生怎样的影响。

现在，让我们回到原来的主题。该如何用高阶函数解决这个问题呢？嗯，系好安全带了吗？那就开始吧……

5.2 关于 thunk

thunk 是指一段包含已存储计算的代码，可以在之后根据请求执行。它的发音就像一块木板拍打你脑袋的声音。至于这是否比读这本书更让你头疼，那就见仁见智了！

在 C# 语言中，我们需要再次通过 Func 委托实现这一功能。可以编写接收 Func 委托作为参数的函数，以将某些计算部分留空，未来再通过外部传入的箭头函数填充这些空白部分。

尽管这种技术有一个正式的、学术性的数学术语，但我更喜欢称之为甜甜圈函数，因为这个名称更直观。它们和普通函数差不多，只是中间有一个洞，其他人可以通过提供所需功能来填上这个洞。

下面是问题报告函数的一个可能的重构：

```csharp
public void SendEnemyShipWeaponrySummary() =>
    GenerateSummary(x => x.Type, "Enemy Ship Type Summary");

public void GenerateEnemyShipWeaponryLevelSummary() =>
    GenerateSummary(x => x.WeaponryLevel, "Enemy Ship Weaponry Level");

private void GenerateSummary(
    Func<EnemyShip, string> summarySelector,
    string reportName)
{
    try
    {
        var enemyShips = this.DataStore.GetEnemyShips();
        var summaryNumbers = enemyShips.GroupBy(summarySelector)
            .Select(x => (Type: x.Key, Count: x.Count()));
        var report = new Report
        {
            Title = reportName,
            Rows = summaryNumbers.Select(X => new ReportItem
            {
                ColumnOne = X.Type,
                ColumnTwo = X.Count.ToString()
            })
        };

        if (!report.Rows.Any())
            this.CommunicationSystem.SendNoDataWarning();
        else
            this.CommunicationSystem.SendReport(report);
    }
    catch (Exception e)
    {
      this.Logger.LogError(e, $"An error occurred in " + nameof(GenerateSummary) +
            ", report: " + reportName +
            ", message: " + e.Message);
    }
}
```

这个优化后的版本有几个方面的优势。

首先，现在只需添加一行代码即可新增一个报告！这使代码库更加整洁和易读。这样的编写方式让代码更符合新函数的初衷，也就是在保持与第一个函数相似的基础上，做些许调整。

其次，在对第一个函数进行单元测试后，创建第二个函数时，单元测试的覆盖率仍然接近 100%。在功能上，唯一的变化仅仅是报告的名称和需要进行统计的字段。

最后，对基础函数的任何改进或 bug 修复都将自动同步到所有报告函数中。我们只付出了相当少的努力，就获得了巨大的回报。如果一个报告函数的测试表现良好，那么其他所有报告函数想必同样会有良好的表现。

虽然这个版本已经相当不错，但就个人而言，我会考虑采取更进一步的措施，将带有 Func 参数的私有版本通过接口公开，无论谁想使用，都可以访问它：

```
public interface IGenerateReports
{
    void GenerateSummary(Func<EnemyShip, string> summarySelector,
        string reportName);
}
```

具体实现方式是将上一个代码示例中的私有函数修改为公开。这样一来，至少在只需要为不同字段添加新报告的情况下，就不需要再修改接口或实现类了。

这种方法将报告生成工作完全交由使用该类的任何代码模块来完成，极大简化了开发者维护报告集的任务，将更多的责任转移给了真正需要查看报告的团队。现在，开发团队收到的变更请求将会急剧减少。

要想进一步拓展，还可以公开更多 Func 参数，比如 Func<ReportLine,string>，以允许用户使用自定义格式。还可以使用 Action 参数来实现定制的日志记录或事件处理。仅仅通过一个简单的报告类就能实现如此多的功能，这体现了高阶函数在实际应用中的无限可能性。

虽然这是一个典型的函数式编程特性，但它也完全符合面向对象设计中的 SOLID 原则中的开闭原则（open closed principle，代表 SOLID 原则中的 O），即模块应当对扩展开放，对修改封闭。[3]

面向对象编程和函数式编程在 C# 语言中是相辅相成的。我始终认为，开发者需要掌握这两种编程范式，只有这样，他们才知道如何有效地结合使用它们。

---

③ 若想进一步深入了解 SOLID，可以在维基百科上阅读相关词条，或者观看我的 YouTube 视频 SOLID Principles in 5 Nightmares（https://oreil.ly/CCvVD）。

5.3 链式调用函数

现在，请容我介绍一个函数。你可能并没有意识到这个函数的重要性，但它的确是一个不可或缺的强大工具——它就是 Map() 函数。这个函数也经常被称为"chain 函数"和"pipe 函数"，但为了保持全书术语统一，我们将称它为 Map()。要注意的是，许多函数式编程结构会根据不同的编程语言和实现拥有不同的名称，我会尽量在出现这种情况时做出提醒。

如你所知，我是英国人，咱们英国人出了名地喜欢谈论天气。事实也如此。在英国，完全有可能在一天之内体验四季变化，所以天气对我们来说是一个永恒的话题。

之前在一家美国公司工作时，我和同事们在视频通话时最常聊的一个话题是天气。他们经常说外面的温度大约是 100 度。由于我使用的是摄氏度，这个数字难免让我联想到水的沸点。考虑到他们没有因为血液沸腾蒸发而尖叫，我意识到自己一定是误会了什么。没错，他们使用的是华氏度，因此，我需要用以下方式把华氏度转换成我能理解的摄氏度。

1. 减去 32。
2. 乘以 5。
3. 除以 9。

这样计算出的结果大约是 38 摄氏度。哟，这真是一个温暖宜人、大体适合人类生存的温度！

那么，如何用代码实现这一系列步骤，最后返回一个格式化的字符串呢？可以将所有这些操作组合成一行代码，如下所示：

```
public string FahrenheitToCelsius(decimal tempInF) =>
    Math.Round(((tempInF - 32) * 5 / 9), 2) + "° C";
```

可读性不高，对吧？老实说，在生产环境中，我可能不会过于纠结这一点，但这里我是想展示一种编程技巧，所以请你耐心看下去。

将这个过程分解成多个步骤，代码会是下面这样的：

```
string FahrenheitToCelsius(decimal tempInF)
{
    var a = tempInF - 32;
    var b = a * 5;
    var c = b / 9;
    var d = Math.Round(c, 2);
    var returnValue = d + "° C";
    return returnValue;
}
```

这种写法的可读性更高，也更易于维护，但仍然存在一个问题。这里创建了一些只使用一次就会被丢弃的变量。在这个小型函数中，这种做法或许无伤大雅，但如果这是一个庞大的、包含上千行代码的函数呢？如果处理的不是简单的十进制变量，而是一个复杂的大型对象呢？即使在代码的第 1000 行，这个永远不会再被使用的变量也仍然在作用域中，而且占用着内存。此外，创建一个只会在下一行代码中使用的变量也显得不太优雅。这时就该 Map() 函数登场了。

Map() 函数在某种程度上类似于 LINQ 的 Select() 函数，但它不是对可枚举对象中的每个元素进行操作，而是对一个对象——任何对象——进行操作。我们像使用 Select() 一样传入一个 lambda 箭头函数，只不过这里的 x 参数引用的是基对象。如果将 Map() 应用于可枚举对象，那么 x 参数将引用整个可枚举对象，而不是其中的单个元素。

我们来看看使用 Map() 函数重构后的华氏度转换代码是什么样子：

```
public string FahrenheitToCelsius(decimal tempInF) =>
    tempInF.Map(x => x - 32)
           .Map(x => x * 5)
           .Map(x => x / 9)
           .Map(x => Math.Round(x, 2))
           .Map(x => x + "° C");
```

这段代码实现了完全相同的功能和友好的多步骤操作流程，但并没有使用一次性变量。每个箭头函数执行完毕后，它的内容就会被清理。例如，当十进制变量 x 在一个箭头函数中被乘以 5 后，下一个箭头函数会取得这个结果的副本，并将其除以 9，这时 x 就可以被清理了。

Map() 函数的实现方式如下：

```
public static class MapExtensionMethods
{
    public static TOut Map<TIn, TOut>(this TIn @this, Func<TIn, TOut> f) =>
        f(@this);
}
```

很简洁，对吧？我经常使用这个方法，特别是在需要对数据进行多步骤转换时。它使我们能轻松地将复杂的函数体简化为箭头函数，就像基于 Map() 的 FahrenheitToCelsius() 函数一样。

这个方法还有更高级的版本，其中包括错误处理等功能，我会在第 7 章中详细介绍。不过，它现在这样已经能提供很多帮助了，你可以立即开始使用它。就把它当作西蒙叔叔提前送给小朋友的圣诞礼物吧。（嗬，嗬，嗬。[4]）

---

[4] 译注：吼吼吼（Ho, ho, ho），圣诞老人的经典笑声。

如果不需要在每次转换时更改类型，就可以采用一个更简单的 **Map()** 函数实现。这种方法更加简洁明了，在合适的情况下，它将是一个更好的选择。具体实现方式如下：

```
public static T Map<T>(this T @this, params Func<T,T>[] transformations) =>
    transformations.Aggregate(@this, (agg, x) => x(agg));
```

使用该方法，基本的华氏度到摄氏度的转换看起来像下面这样：

```
public decimal FahrenheitToCelsius(decimal tempInF) =>
    tempInF.Map(
        x => x - 32,
        x => x * 5,
        x => x / 9,
        x => Math.Round(x, 2);
    );
```

这种方法可以减少一些样板代码，在处理一些简单场景时非常有用，比如温度转换。若想了解如何进一步优化，请参见第 8 章。

5.4　分叉组合子

分叉组合子（fork combinator）能以多种方式处理单个值，然后将这些处理结果合并成一个最终值。这个过程可以用来将一些复杂的多步计算简化为单行代码。也有人将这个过程称为"收敛"（converge），但我更喜欢称之为"分叉"（fork），因为这个名称更形象地描述了它的工作原理。

过程大致如下。

1. 从单个值开始。
2. 将这个值输入到一组"分支"（prong）函数中，每个函数独立处理原始输入，以生成某种形式的输出。[5]
3. 一个 **join()** 函数接收所有分叉函数的结果，并将它们合并为一个最终结果。

下面展示使用分叉组合子的一些例子。如果想在函数定义中指定参数的数量，而不是从数组中获取不确定数量的分叉，那么可以使用 **Fork()** 来计算平均值。

---

⑤ 译注：注意，所谓 fork 和 prong，其实就是我们平时使用的"叉子"和上面的"尖齿"。例如，一把叉子有 4 个尖齿。

```
var numbers = new [] { 4, 8, 15, 16, 23, 42 };
var average = numbers.Fork(
    x => x.Sum(),
    x => x.Count(),
    (s, c) => s / c
);
// average = 18
```

还有一个经典的例子——可以使用 Fork 来计算三角形的斜边长度：

```
var triangle = new Triangle(100, 200);
var hypotenuse = triangle.Fork(
    x => Math.Pow(x.A, 2),
    x => Math.Pow(x.B, 2),
    (a2, b2) => Math.Sqrt(a2 + b2)
);
```

下面展示了具体的实现：

```
// 将 Fork 放到一个扩展函数类中
public static class ext
{
    public static TOut Fork<TIn, T1, T2, TOut>(
        this TIn @this,
        Func<TIn, T1> f1,
        Func<TIn, T2> f2,
        Func<T1, T2, TOut> fout)
    {
        var p1 = f1(@this);
        var p2 = f2(@this);
        var result = fout(p1, p2);
        return result;
    }
}
```

注意，这里有两个泛型类型，每个分支（prong）一个，所以这些函数可以返回任意类型组合。

可以轻松编写程序来处理超过两个参数的情况，但是每增加一个参数，都需要创建一个新的扩展方法。

要想进一步扩展到无限数量的分支，其实也不难，前提是能接受每个分支生成相同类型的中间结果：

```
public static class ForkExtensionMethods
{
    public static TEnd Fork<TStart, TMiddle, TEnd>(
        this TStart @this,
        Func<TMiddle, TEnd> joinFunction,
        params Func<TStart, TMiddle>[] prongs)
    {
```

```
    var intermediateValues = prongs.Select(x => x(@this));

    // 将所有中间结果合并成最终结果
    var returnValue = joinFunction(intermediateValues);

    return returnValue;
  }
}
```

例如，可以使用这个技术来根据对象创建文本描述。

```
var personData = this.personRepository.GetPerson(24601);
var description = personData.Fork(
    prongs => string.Join(Environment.NewLine, prongs),
    x => " 我的姓名是 " + x.LastName + x.FirstName,
    x => " 我的年龄是 " + x.Age + " 岁 ",
    x => " 我住在 " + x.Address.Town
);

// 可能生成的结果如下:
//
// 我的姓名是马大哈
// 我的年龄是 32 岁
// 我住在成都市
```

本例对一个复杂对象（Person）执行了多次操作；由于不存在容纳了属性的一个可枚举对象，所以无法通过 Select() 语句来获取描述性字符串的列表。使用分叉组合子，则可以有效地将一个对象**转换为**数组项的一个数组，再对其应用列表操作，从而将其转换为合适的最终结果[⑥]。

此外，在使用 Fork 时，可以轻松地添加更多行描述，同时维持相同水平的复杂性和可读性。

5.5 Alt 组合子

Alt **组合子**（Alt combinator）用于将一组实现相同目标的函数绑定在一起，这些函数将依次执行，直到其中一个返回值为止。也有人将这种组合子称为 Or、Alternate 或 Alternation 组合子。

可以这样理解它的工作方式："首先尝试方法 A；如果失败了，再尝试方法 B；如果还不行，继续尝试方法 C；如果所有尝试都失败了，那就真的没辙了。"

---

⑥ 译注：换言之，向一个对象应用多个函数，生成多个中间结果，再将这些中间结果合并成最终结果。

想象一下，我们正在编写一个间谍追踪系统，目标是找到代号 007 的间谍詹姆斯·邦德。可以通过多种方式尝试找到他，如下所示：

```
var jamesBond = "007"
    .Alt(x => this.hotelService.ScanGuestsForSpies(x),
    // 在酒店扫描客人
        x => this.airportService.CheckPassengersForSpies(x),
        // 在机场检查乘客
        x => this.barService.CheckGutterForDrunkSpies(x));
        // 在酒吧检查喝醉的间谍

if (jamesBond != null)
    this.deathTrapService.CauseHorribleDeath(jamesBond);
    // 找到他了，设置一个死亡陷阱
```

只要这三个方法中的任何一个返回与詹姆斯·邦德这位嗜酒、有厌女倾向、行为粗鲁的英国政府雇员相符的值，jamesBond 变量就不会为空。第一个返回值的函数就是最后执行的函数。

那么，如何赶在这个大坏蛋逃之夭夭之前实现这样的功能呢？方法如下：

```
public static TOut Alt<TIn, TOut>(
    this TIn @this,
    params Func<TIn, TOut>[] args) =>
    args.Select(x => x(@this))
        .First(x => x != null);
```

记住，LINQ 的 Select() 函数基于惰性加载原则运行，所以虽然看似是将整个 Func 数组（中的元素）转换成了具体类型，但实际并非如此，因为在其中一个元素返回了非空值之后，First() 函数就会阻止后续元素的执行。LINQ 真的很实用，对吧？

一个更切合实际的应用场景可能是依次检查存储了相同数据的多个地方。举例来说，我们可能有几个不同的员工数据源，这些数据源包含的员工名单可能不尽相同，或者有时会不可用，需要另一个数据源作为后备。

```
public Person GetEmployee(int empId) =>
    empId.Alt(
        x => this.employeeDbRepo.GetById(x),        // 员工数据库
        x => this.ActiveDirectoryClient.GetById(x),
        // 微软 Active Directory
        x => this.EmergencyBackupCsvClient.GetById(x)
        // 紧急备份 (.csv 文件 )
    );
```

在这个场景中，我们依次检查三个不同层级的数据源来查找员工信息。第一个是系统内部的数据库，这通常意味着员工在系统中已经有记录了。但是，如果员工刚入职，那么数据库中可能还没有他们的记录。此时，唯一可用的数据源

是活动目录（Active Directory），可以从中获取一些基本信息，后续再进一步完善。最后，如果发生网络中断等问题，系统可以考虑检查本地 CSV 文件中的缓存信息。虽然因为最后一步涉及安全问题，所以我们并不一定会采取这种做法，但它体现了这个技术的灵活性。

5.6 组合

在函数式编程语言中，一个常见的特性是能将多个小而简单的函数组合成一个复杂的函数。任何涉及函数合并的过程都被称为**组合**（composing）。

像 Ramda（https://ramdajs.com）这样的 JavaScript 库提供了出色的组合功能，但在 C# 语言中，它的强类型系统可能会带来一些不便。

C# 语言提供了几种组合函数的方式。其中最简单的一种就是使用多个 Map() 函数，正如本章前面所讨论的那样：

```
var input = 100M;
var f = (decimal x) => x.Map(x => x - 32)
                        .Map(x => x * 5)
                        .Map(x => x / 9)
                        .Map(x => Math.Round(x, 2))
                        .Map(x => $"{x} degrees");
var output = f(input);
// 输出 = "37.78 degrees"
```

在这个例子中，f 是一个通过组合得到的高阶函数。用于构建 f 的 5 个函数（也就是 x => x - 32 等计算步骤）是以匿名 lambda 表达式的形式呈现的。这些函数就像乐高积木一样组合在一起，构建出更大、更复杂的行为。

有人可能会好奇，组合函数有什么意义？这样做的意义在于，我们不必一次完成所有操作，而是可以逐步构建想要的逻辑，然后利用这些基础的构建单元来创建许多不同的函数。

现在，假设还想实现一个执行逆向转换（摄氏度转换为华氏度）的 Func 委托，那么最终会得到如下所示的两个函数：

```
var input = 100M;
var fahrenheitToCelsius = (decimal x) =>
    x.Map(x => x - 32)
     .Map(x => x * 5)
     .Map(x => x / 9)
     .Map(x => Math.Round(x, 2))
     .Map(x => $"{x} degrees");
var output = fahrenheitToCelsius(input);
Console.WriteLine(output);
```

```
// 37.78 degrees

var input2 = 37.78M;
var celsiusToFahrenheit = (decimal x) =>
    x.Map(x => x * 9)
      .Map(x => x / 5)
      .Map(x => x + 32)
      .Map(x => Math.Round(x, 2))
      .Map(x => $"{x} degrees");
var output2 = celsiusToFahrenheit(input2);
Console.WriteLine(output2);
// 100.00 degrees
```

每个函数的最后两行代码是一样的，如此重复是不是有些浪费？可以使用
Compose() 函数来消除重复，如下所示：

```
var formatDecimal = (decimal x) => x
    .Map(x => Math.Round(x, 2))
    .Map(x => $"{x} degrees");

var input = 100M; // 输入 100 华氏度，要求转换为摄氏度
var FahrenheitTocelsius = (decimal x) => x.Map(x => x - 32)
    .Map(x => x * 5)
    .Map(x => x / 9);
var fToCFormatted = FahrenheitTocelsius.Compose(formatDecimal);
var output = fToCFormatted(input);
Console.WriteLine(output);

var input2 = 37.78M; // 输入 37.78 摄氏度，要求转换为华氏度
var celsiusToFahrenheit = (decimal x) =>
    x.Map(x => x * 9)
      .Map(x => x / 5)
      .Map(x => x + 32);
var cToFFormatted = celsiusToFahrenheit.Compose(formatDecimal);
var output2 = cToFFormatted(input2);
Console.WriteLine(output2);
```

在功能上，使用 Compose() 的新版本与之前只使用 Map() 的版本完全相同。

Compose() 函数执行的任务与 Map() 大致相同，只不过它最终输出的是 Func
委托，而不是具体的值。下面是 Compose() 扩展方法的实现：

```
public static class ComposeExtensionMethods
{
    public static Func<TIn, NewTOut> Compose<TIn, OldTOut, NewTOut>(
        this Func<TIn, OldTOut> @this,
        Func<OldTOut, NewTOut> f) =>
            x => f(@this(x));
}
```

通过使用 Compose()，我们消除了一些不必要的重复。任何对格式处理的任何改进现在都会同时反映在两个 Func 委托对象上。

不过，C# 语言有一个限制：即扩展方法不能直接附加到 lambda 表达式或函数上。但是，如果将 lambda 表达式作为 Func 或 Action 委托引用，就可以附加扩展方法了。但要实现这一点，首先要将 lambda 表达式赋给一个变量，系统会自动将其识别为相应的委托类型。这就是为什么在前面的示例中，需要在调用 Compose() 之前将 Map() 函数链赋给一个变量。如果没有这种限制，我们本可在 Map() 函数链的末端直接调用 Compose()，省去变量赋值的步骤。

这个过程与面向对象编程中通过继承机制重用代码的机制相似，只不过它具体到每一行，并且需要的样板代码要少得多。此外，这种方法还能将相关的代码片段集中管理，避免它们分散在不同的类和文件中。

5.7　关于 Transduce

Transduce[7] 将列表操作（例如 Select() 和 Where()）与聚合操作结合使用，从而对一个值列表进行多重转换地（变换），并最终将其压缩（缩减）成单一的最终值。

虽然 Compose() 函数非常实用，但它也存在一定的局限性。它实际上总是扮演类似于 Map() 函数的角色——即，作用于整个集合，不能对集合中的每个元素执行 LINQ 操作。虽然可以向作为一个整体的数组应用 Compose() 操作，并在传递给 Compose() 的函数内部使用 Select() 和 Where() 等操作。但老实说，这样做看起来非常混乱，如下所示：

```
var numbers = new [] { 4, 8, 15, 16, 23, 42 };
var add5 = (IEnumerable<int> x) => x.Select(y => y + 5);
var Add5MultiplyBy10 = add5.Compose(x => x.Select(y => y * 10));

var numbersGreaterThan100 = Add5MultiplyBy10.Compose(x => x.Where(y => y >
100));

var composeMessage = numbersGreaterThan100.Compose(x => string.Join(",", x));
Console.WriteLine("Output = " + composeMessage(numbers));
// Output = 130,200,210,280,470
```

如果认为这可以接受，请随意使用。除了不够优雅，它本身并没有什么问题。

---

⑦ 译注：transduce 这个名字来自 transform（变换）和 reduce（缩减）这两个单词的合成。

不过，完全可以使用另一种结构：Transduce。Transduce 操作作用于整个数组，并涵盖函数式流程的所有阶段。

- Filter()——即 .Where()

用于减少元素数量。

- Transform()——即 .Select()

用于将元素变换为新的形式。

- Aggregate()——即……嗯，实际上还是 Aggregate()

运用这些筛选、变换和聚合规则，最终将多项聚合为单一的项。

Transduce 在 C# 语言中可以通过多种方式实现，下面是其中一种方式：

```
public static TFinalOut Transduce<TIn, TFilterOut, TFinalOut>(
    this IEnumerable<TIn> @this,
    Func<IEnumerable<TIn>, IEnumerable<TFilterOut>> transformer,
    Func<IEnumerable<TFilterOut>, TFinalOut> aggregator) =>
        aggregator(transformer(@this));
```

这个扩展方法接收一个名为 **transformer** 的变换函数，它可以是用户自定义的 **Select()** 和 **Where()** 的任意组合，用于将可枚举对象（输入的那个集合）转换为不同的形式和大小。该方法还接收一个名为 **aggregator** 的聚合函数，用于将 **transformer** 的输出转换为单一值。

之前定义的 **Compose()** 函数可以用下面的 **Transduce()** 方法来实现：

```
var numbers = new [] { 4, 8, 15, 16, 23, 42 };

// 注意，虽然可以写成单行代码，但我觉得写成多行更易读，而且
// 由于可枚举对象的惰性求值特性，它们在功能上是相同的。
var transformer = (IEnumerable<int> x) => x
    .Select(y => y + 5)
    .Select(y => y * 10)
    .Where(y => y > 100);

var aggregator = (IEnumerable<int> x) => string.Join(", ", x);

var output = numbers.Transduce(transformer, aggregator);
Console.WriteLine("Output = " + output);
// 输出 = 130, 200, 210, 280, 470
```

或者，如果更倾向于以 Func 委托的形式处理所有内容以便重用 **Transduce()** 方法，那就可以按以下方式编写：

```
var numbers = new [] { 4, 8, 15, 16, 23, 42 };
var transformer = (IEnumerable<int> x) => x
    .Select(y => y + 5)
    .Select(y => y * 10)
    .Where(y => y > 100);

var aggregator = (IEnumerable<int> x) => string.Join(", ", x);

var transducer = transformer.ToTransducer(aggregator);
var output2 = transducer(numbers);
Console.WriteLine("Output = " + output2);
// 输出 = 130, 200, 210, 280, 470
```

更新后的扩展方法如下所示：

```
public static class TransducerExtensionMethod
{
    public static Func<IEnumerable<TIn>, TO2> ToTransducer<TIn, TO1, TO2>(
        this Func<IEnumerable<TIn>, IEnumerable<TO1>> @this,
        Func<IEnumerable<TO1>, TO2> aggregator) =>
            x => aggregator(@this(x));
}
```

通过这种方式，我们创建了一个 Func 委托变量，它可以应用于任意多个整数数组，执行任意次数的转换和筛选，然后将数组聚合成一个最终值。

5.8　Tap 函数

一个对于函数链的常见担忧是，除非让链中的某个环节引用一个包含日志记录调用的独立函数，否则无法在函数链中执行日志记录操作。

实际上，有一种函数式编程技术可以用来检查函数链中任意一处的内容，那就是 Tap() 函数。Tap() 函数有点像老式侦探电影中的窃听器。[8] 它让我们能够监控信息流并执行操作，但不会更改数据本身或中断数据流的正常运行。

下面是 Tap() 的实现：

```
public static class Extensions
{
    public static T Tap<T>(this T @this, Action<T> action)
    {
        action(@this);
        return @this;
    }
}
```

---

[8] 我猜，侦探电影之所以叫 detective 电影，是因为它们能够 detect（侦测）到很多信息。

Action 委托本质上类似于不返回值的函数。在这个例子中，它接收一个 Action<T> 委托。Tap() 函数将链中的当前对象值传递给该 Action，在其中进行日志记录，然后返回同一个对象的未修改副本。

可以这样使用它：

```
var input = 100M;
var fahrenheitToCelsius = (decimal x) => x.Map(x => x - 32)
    .Map(x => x * 5)
    .Map(x => x / 9)
    .Tap(x => this.logger.LogInformation("the un-rounded value is " + x))
    .Map(x => Math.Round(x, 2))
    .Map(x => $"{x} degrees");
var output = fahrenheitToCelsius(input);
Console.WriteLine(output);
// 37.78 degrees
```

在这个将华氏度转换为摄氏度的函数链的新版本中，我们将 Tap() 放在差不多完成计算之后、开始四舍五入和格式化为字符串之前。本例是在 Tap() 中调用了一个日志记录函数。但是，也可以将其替换为 Console.WriteLine 或其他操作。

5.9 try/catch 块

可以使用几种更高级的函数式编程结构来处理错误。下面将介绍一些可以用几行代码实现的简单快速的技术。不过，这些技术有一定的局限性。要想了解更完善的做法，请查阅第 6 章和第 7 章，这两章详细介绍了如何在不产生副作用的情况下处理错误。

现在，来看看我们能通过几行简单的代码做些什么。

理论上来讲，遵循函数式编程原则——即代码无副作用，变量不可变等——编写的代码不应该出现错误。然而，在实际应用中的一些边缘情况下，某些操作可能会带来安全风险。

假设需要在一个外部系统中使用整数 ID 进行查询。这个外部系统可以是数据库、Web API、网络共享存储中的平面文件（flat file）[9] 等任何东西。所有这些可能的情况都有一个共同点：它们都可能因为多种原因而失败，而这些失败往往与开发者无关。

可能的问题包括网络问题、本地或远程计算机的硬件问题、无意间的人为干

---

⑨ 译注：即非结构化文件，典型的有文本文件。

预等。

在面向对象编程中，我们可能会像下面这样处理这种情况：

```
public IEnumerable<Snack> GetSnackByType(int typeId)
{
    try
    {
        var returnValue = this.DataStore.GetSnackByType(typeId);
        return returnValue;
    }
    catch (Exception e)
    {
        this.logger.LogError(e, "There aren't any pork scratchings left!");
        return Enumerable.Empty<Snack>();
    }
}
```

我对这段代码有两个不满意的地方。首先，代码中充斥着大量样板代码，不得不编写大量"工业级"代码来防范那些并非由我们引起的问题。

另一种常用的错误处理方式是重新抛出异常（rethrow），让它在更高层级被再次捕获。但我真的不喜欢这种做法。它依赖于在更高层级编写的防御性代码，并且由于打乱了正常执行顺序，所以可能会导致意外行为发生。我们很难看出错误将在何时以及如何被捕获，甚至不确定它是否真的能被捕获。这可能导致未处理的异常，甚至可能导致整个应用程序崩溃。

另一个问题是 try/catch 块本身。它们会打乱操作顺序，将程序的执行从当前位置转移到一个可能难以定位的地方。本例的函数简单而紧凑，而且 catch 块的位置比较容易确定，但在我之前见到的一些代码库中，catch 块可能和出现错误的位置相差好几层函数调用。try/catch 块的位置不合理，导致开发人员对代码的执行流程做出了错误的假设，所以那个代码库经常出现 bug。

虽然把这个代码块投入生产环境不会有太大问题，但如果放任不管，糟糕的编码实践会在不知不觉中渗透进来。当前的代码无法预防未来的开发者引入复杂的多级嵌套函数。

我认为，最佳的解决方案是采用一种能消除所有样板代码，并能在一定程度上预防（甚至杜绝）不良代码结构的方法。如下例所示：

```
public IEnumerable<Snack> GetSnackByType(int typeId)
{
    var result = typeId.MapWithTryCatch(this.DataStore.GetSnackByType)
        ?? Enumerable.Empty<Snack>();
    return result;
}
```

在扩展方法 **MapWithTryCatch()** 内部，我们会执行一个嵌入了 **try/catch** 的 **Map()** 函数。如果一切正常，这个新的 **Map()** 函数会返回一个值；如果出错，则会返回 **null**。

下面展示了扩展方法的实现：

```
public static class Extensions
{
    public static TO MapWithTryCatch<TIn,TO>(this TIn @this, Func<TIn,TO> f)
    {
        try
        {
            return f(@this);
        }
        catch
        {
            return default;
        }
    }
}
```

这确实不算是一个完美的解决方案。错误日志去哪儿了？不记录错误消息可是程序员的大忌。

可以通过几种不同的方式解决这个问题。以下任意一种方式都是可行的，可以按照个人喜好来选择。

一种方式是创建一个扩展方法，它接收一个 **ILogger** 实例，并返回包含 **try/catch** 功能的一个 **Func** 委托：

```
public static class TryCatchExtensionMethods
{
    public static TOut CreateTryCatch<TIn,TOut>(this TIn @this, ILogger logger)
    {
        Func<TIn,TOut> f =>
        {
            try
            {
                return f(@this);
            }
            catch(Exception e)
            {
                logger.LogError(e, "An error occurred");
                return default;
            }
        }
    }
}
```

使用方式与之前非常相似：

```
public IEnumerable<Snack> GetSnackByType(int typeId)
{
    var tryCatch = typeId.CreateTryCatch(this.logger);
    var result = tryCatch(this.DataStore.GetSnackByType)
        ?? Enumerable.Empty<Snack>();
    return result;
}
```

只增加一行额外的样板代码，我们就实现了日志记录功能。遗憾的是，除了错误本身以外，我们无法在日志消息中添加任何上下文信息。扩展方法不知道自己是从哪里被调用的，也不知道错误的上下文，但这也使得它在代码库中具有极高的可重用性。

如果想让 **try/catch** 独立于 **ILogger** 接口，或者如果想每次都提供自定义错误消息，就需要采用稍微复杂一点的方式来处理错误消息。

其中一种方式是返回一个元数据对象，其中包含函数执行结果以及一些描述代码执行情况的数据，比如是否成功执行、是否遇到错误以及错误的详细信息等。下面是一个例子：

```
public class ExecutionResult<T>
{
    public T Result { get; init; }
    public Exception Error { get; init; }
}

public static class Extensions
{
    public static ExecutionResult<TOut> MapWithTryCatch<TIn, TOut>(
        this TIn @this,
        Func<Tin, TOut> f)
    {
        try
        {
            var result = f(@this);
            return new ExecutionResult<TOut> { Result = result };
        }
        catch (Exception e)
        {
            return new ExecutionResult<TOut> { Error = e };
        }
    }
}
```

我对这种方法不太满意。它违反了面向对象设计的 SOLID 原则之一——接口隔离原则。虽然严格来说这个原则是针对接口的，但我倾向于把它应用于所有编程实践，即使现在编写的是函数式代码。接口隔离原则的理念是，不应强行在类或接口中加入不需要的东西。在以上代码中，成功的执行会被迫包含它永远用不到的 Exception 属性，而失败的执行则将包含它永远用不到的 Result 属性。

有多种方法可以解决这个问题，但我选择了最简单的一种方法，它从 ExecutionResult 类的两个版本中选择一个来返回。一个版本的 Result 属性包含结果，一个版本的 Result 属性包含默认值，Exception 属性保存抛出的异常。

这意味着可以像下面这样使用扩展方法：

```
public IEnumerable<Snack> GetSnackByType(int typeId)
{
    var result = typeId.MapWithTryCatch(this.DataStore.GetSnackByType);
    if (result.Result == null)
    {
        this.Logger.LogException(result.Error, "We ran out of jammy dodgers!");
        return Enumerable.Empty<Snack>();
    }
    return result.Result;
}
```

除了包含不必要的字段，这种方式还有一个问题：现在开发者需要在使用 try/catch 函数时添加额外的样板代码来检查错误。

如果想了解如何以更纯粹的函数式方式处理此类返回值，请参阅第 6 章。现在，让我们先来看看更为简洁的做法。

首先添加一个新的扩展方法，这一次把它连接 ExecutionResult 对象上：

```
public static T OnError<T>(
this ExecutionResult<T> @this,
Action<Exception> errorHandler)
{
    if (@this.Error != null)
    {
        errorHandler(@this.Error);
    }
    return @this.Result;
}
```

这段代码首先检查是否错误。如果有，就执行用户定义的 Action，这可能是一个日志记录操作。操作完成后，这段代码就会解包 ExecutionResult 对象，提取出实际返回的数据对象。

这意味着现在可以像下面这样处理 try/catch：

```
public IEnumerable<Snack> GetSnackByTypeId(int typeId) =>
    typeId.MapWithTryCatch(DataStore.GetSnackByType)
    .OnError(e => this.Logger.LogError(e, "We ran out of custard creams!"));
```

这个解决方案远远称不上完美，但在不进一步讨论高级函数式理论的情况下，这种解决方案已经够用了，而且足够优雅，不会让我的完美主义发作。此外，这个解决方案还迫使用户在使用它时考虑到错误处理，这无疑是件好事。

5.10 处理空值

空引用异常是不是很烦人？如果想找个人来背锅，那这个人肯定是托尼·霍尔（Tony Hoare）——他在上世纪 60 年代提出了 null 的概念。但是，我们最好不要责怪任何人。我相信托尼·霍尔是一个和蔼可亲的人，深受大家的爱戴。无论如何，我们应该都能在一件事上达成共识，那就是空引用异常确实很令人头疼。

那么，有没有一种函数式的方法来处理空引用异常呢？既然你已经读到了这里，那么你极有可能知道答案是肯定的。[10]

Unless() 函数接收一个布尔条件和一个 Action 委托作为参数，并且只有在布尔条件为 false 时才会执行传入的 Action——也就是说，*除非条件为真*，否则 Action 总会执行。

这个函数的一个常见用法是——你可能已经猜到——检查空值。以下是一个我们想要修改的代码示例，它是某个戴立克（Dalek）[11] 的绝密源代码一个片段：

```
public void BusinessAsUsual()
{
  var enemies = this.scanner.FindLifeforms('all'); // 扫描所有生命形式
  foreach(var e in enemies)
  {
    this.Gun.Blast(e.Coordinates.Longitude, e.Coordinates.Latitude); // 开火
    this.Speech.ScreamAt(e, "EXTERMINATE!"); // 吼一声："EXTERMINATE!"
  }
}
```

---

[10] 顺带一提，恭喜你读到这里，虽然你花的时间可能没有我那么多！

[11] 为不熟悉他的人解释一下，戴立克（即"打雷"）是《神秘博士》中的经典反派，是一种人机结合的硅基生命智慧体，被包裹在金属外壳中。戴立克的主要目标是消灭所有非戴立克的生命形式，它们经常高喊三声"EXTERMINATE!"这句经典台词，并使用能量武器发起攻击。

这段代码看起来不错，可能导致很多人被一个躲在胡椒罐形状的坦克中的疯狂突变体杀掉。[12] 但要是 Coordinates 对象出于某种原因为空呢？没错——这将引发空引用异常。

现在，是时候采用函数式编程方法，引入 Unless() 函数来预防这种异常。Unless() 函数是这样实现的：

```
public static class UnlessExtensionMethods
{
    public static void Unless<T>(this T @this, Func<T, bool> condition, Action<T> f)
    {
        if (!condition(@this))
        {
            f(@this);
        }
    }
}
```

遗憾的是，Unless() 函数必须是 void 类型。如果将 Action 替换为 Func，那么就可以从扩展方法中返回 Func 的结果。但当条件为真时，程序便不会执行这个 Func，这时该怎么办？这个问题没有一个真正的答案。

可以像下面这样使用 Unless() 函数来制造一个更先进、更强大的函数式戴立克：

```
public void BusinessAsUsual()
{
    var enemies = this.scanner.FindLifeforms('all');
    foreach(var e in enemies)
    {
        e.Unless(
            x => x.Coordinates == null,
            x => this.Gun.Blast(x.Coordinates.Longitude, x.Coordinates.Latitude)
        );

        // 虽然没人，但来都来了，还是顺便吼一声 "EXTERMINATE!" 吧
        this.Speech.ScreamAt(e, "EXTERMINATE!");
    }
}
```

采用这种方式，即使 Coordinates 对象为空，也不会引发异常；戴立克不会开枪，只不过还是会吼三声它们的口头禅。

接下来的几章将介绍更多预防空引用异常的方法——这些方法需要更高级的编程技巧和一些理论知识作为基础，但它们处理问题的方式更加全面。敬请期待。

---

⑫ 译注：戴立克的本体很脆弱，所以它们为自己打造了一个胡椒罐形状的金属制外壳。

5.11 更新可枚举对象

下面用一个实用的例子为本节收尾。在这个例子中，我们将在不更改任何数据的前提下更新可枚举对象中的元素。

可枚举对象的一个重要特性就是惰性求值——也就是说，会尽可能拖到最后一刻，才将指向数据源的一系列函数转换为实际的数据。通常，使用 Select() 函数并不会触发数据的求值，这使得我们可以在数据源与数据的实际枚举位置之间有效地建立起一个筛选机制。

下例展示如何修改一个可枚举对象以替换特定位置的元素：

```
var sourceData = new []
{
    "Hello", "Doctor", "Yesterday", "Today", "Tomorrow", "Continue"
};

var updatedData = sourceData.ReplaceAt(1, "Darkness, my old friend");
var finalString = string.Join(" ", updatedData);
// Hello Darkness, my old friend Yesterday Today Tomorrow Continue
```

在这个例子中，我们调用了一个函数，它的作用是将位置 1 的元素（"Doctor"）替换成新的值。尽管这里定义了两个变量，但源数据并没有被修改。代码执行完毕后，sourceData 变量仍然保持原样。此外，替换操作直到调用 string. Join 才会发生，因为直到此时才会产生对具体值的需求。

下面是 ReplaceAt 扩展方法的具体实现：

```
public static class Extensions
{
    public static IEnumerable<T> ReplaceAt<T>(this IEnumerable<T> @this,
        int loc,
        T replacement) =>
        @this.Select((x, i) => i == loc ? replacement : x);
}
```

虽然这里返回的可枚举对象仍然指向原始可枚举对象并从中获取值，但有一个关键的区别。如果元素的索引等于用户定义的值（在本例中为 1，即第二个元素），那么除了这个元素以外的其他所有值都将被原样传递。

如果愿意的话，可以提供一个函数来执行更新——使用户能基于被替换的旧版本数据项来创建新版本的数据项。具体实现方式如下所示：

```
public static class Extensions
{
    public static IEnumerable<T> ReplaceAt<T>(this IEnumerable<T> @this,
        int loc,
        Func<T, T> replacement) =>
        @this.Select((x, i) => i == loc ? replacement(x) : x);
}
```

它用起来也很方便：

```
var sourceData = new []
{
    "Hello", "Doctor", "Yesterday", "Today", "Tomorrow", "Continue"
};

var updatedData = sourceData.ReplaceAt(1, x => x + " Who");
var finalString = string.Join(" ", updatedData);
// Hello Doctor Who Yesterday Today Tomorrow Continue
```

此外，我们有时可能并不知道需要更新的元素的 ID——实际上，可能存在多个需要更新的数据项。下例将展示另一个更新可枚举对象的函数，它要求提供一个 Func 委托，该委托接受 T 作为参数并返回 bool（即 Func<T, bool>）以确定哪些记录需要更新。

这个例子基于棋盘游戏，后者是我的一大爱好（只不过经常让我那极有耐心的妻子深感困扰）。在本例中，BoardGame 对象有一个 Tag 属性，其中包含用于描述游戏类别的元数据标签（例如，"family"、"co-op"、"complex" 等），这些标签将由一个搜索引擎应用程序使用。现在，我想为适合单人游玩的游戏新增一个类别标签："solo"：

```
var sourceData = this.DataStore.GetBoardGames();

var updatedData = sourceData.ReplaceWhen(
    x => x.NumberOfPlayersAllowed.Contains(1),
    x => x with { Tags = x.Tags.Append("solo") });
this.DataStore.Save(updatedData);
```

实现使用的是之前讨论过的代码的变体：

```
public static class ReplaceWhenExtensions
{
    public static IEnumerable<T> ReplaceWhen<T>(this IEnumerable<T> @this,
        Func<T, bool> shouldReplace,
        Func<T, T> replacement) =>
        @this.Select(x => shouldReplace(x) ? replacement(x) : x);
}
```

这个函数能够替代大量 if 语句，把它们简化为更简单、更容易预测的操作。

5.12　小结

本章探讨了多种运用高阶函数丰富代码库功能的方法，善用这些方法的话，可以尽量避免编写面向对象编程风格的语句。

如果你对高阶函数的应用有任何独到的见解，欢迎随时与我交流。你的想法说不定会被我收入到本书的下一版中！

下一章将深入探讨可区分联合的概念，以及这种函数式编程技术将如何帮助我们在代码中更准确地模拟业务逻辑概念并消除在非函数式项目中很常见的防御性编程实践。祝你阅读愉快！

第 6 章

可区分联合

可区分联合（discriminated unions，DU）是一种定义类型（在面向对象编程中称为"类"）的方式，它能够代表一组不同类型中的任何一个。在使用可区分联合的实例之前，必须先检查它当前属于哪种类型。

F# 语言原生支持可区分联合，并且这一特性被 F# 开发者广泛使用。虽然 F# 和 C# 共享同一个运行时，理论上这个功能对我们而言也是可用的，但目前 C# 语言引入可区分联合仍处于计划阶段，具体的实现方式和时间尚不明确。在正式引入之前，可以用抽象类来大致模拟这一功能，而这正是本章将要重点讨论的内容。

在本章中，我们将首次涉足函数式编程的一些更高级的领域。前几章更多侧重于如何让开发者提高效能，摆脱不必要的工作。我们还探讨了如何减少样板代码，增强代码的健壮性和可维护性。

可区分联合这种编程结构也能带来这些改进[①]，但它比简单的扩展方法更强大，也超越了为了消除一点点样板代码而使用的单行代码。可区分联合在概念上更像是一种设计模式，因其具备特定的结构，并且需要围绕这一结构实现相应的逻辑。

6.1 假日时光

考虑一个经典的面向对象编程问题：创建一个系统来管理假日旅游团服务。其中，旅行社要为客户提供一站式旅行和住宿服务。至于客户将前往哪个旅游胜地，就留给你去想象。就我个人而言，我对希腊群岛情有独钟。

---

① 术语 discriminated unions 可能会让人误以为它与社会歧视或劳工权益有关，但我向大家保证，它实际上与个人对爱情和婚姻的看法或工会组织没有任何关系，不涉及任何偏见或歧视。

下面是几个 C# 语言数据类的示例，它们代表两种不同类型的旅游团：一种是包餐的，另一种则不包：

```csharp
public class Holiday
{
    public int Id { get; set; }
    public Location Destination { get; set; }
    public Location DepartureAirport { get; set; }
    public DateTime StartDate { get; set; }
    public int DurationOfStay { get; set; }
}

public class HolidayWithMeals : Holiday
{
    public int NumberOfMeals { get; set; }
}
```

现在，假定要为客户创建一个账户页面，并在其中列出他们的历史订单。[②] 这实际上不难。可以利用 `is` 语句来构建所需的字符串。以下是一种可能的实现方法：

```csharp
public string formatHoliday(Holiday h) =>
    "From: " + h.DepartureAirport.Name + Environment.NewLine +
    "To: " + h.Destination.Name + Environment.NewLine +
    "Duration: " + h.DurationOfStay + " Day(s)" +
    (
        h is HolidayWithMeals hm
        ? Environment.NewLine + "Number of Meals: " + hm.NumberOfMeals
        : string.Empty
    );
```

如果要借助一些函数式编程的理念来迅速改进这个实现，那么可以考虑采用分叉组合子（参见第 5 章）。其中，基础类型是 `Holiday`，子类型是 `HolidayWithMeals`。得到的结果基本是一样的，只不过增加了一两个额外的字段。

现在，假设公司启动了一个项目，提供除假日旅游团外的其他类型的服务。公司还将开设不涉及酒店、航班等服务的一日游项目，比如参观伦敦塔桥[③]，或是游览巴黎的埃菲尔铁塔。随你喜欢，全世界任你遨游。

[②] 没错，咱们打算做旅游生意。就你和我！我们把低价旅游套餐推销给那些毫无戒心的游客，直到咱们赚到盆满钵满，心满意足地退休。当然，也可以继续做咱们现在的工作。随便你怎样选。

[③] 不要混清伦敦塔桥(Tower Bridge)和你经常听说的那个著名的伦敦桥(London Bridge)。事实上，真正的伦敦桥位于美国亚利桑那州。真的，你可以查证一下。（译注：1968 年，旧的伦敦桥被出售给美国企业家罗伯特·帕克斯顿·麦卡洛克，在拆解后被运往美国亚利桑那州的哈瓦苏湖城。）

这个对象可能是下面这样的:

```
public class DayTrip
{
    public int Id { get; set; }
    public DateTime DateOfTrip { get; set; }
    public Location Attraction { get; set; }
    public bool CoachTripRequired { get; set; }
}
```

问题在于, 通过从 Holiday 对象继承的方式来模拟新场景是行不通的。一些人采用的做法是将所有字段合并在一起, 并用一个布尔值来指示我们应该查看哪些字段:

```
public class CustomerOffering
{
    public int Id { get; set; }
    public Location Destination { get; set; }
    public Location DepartureAirport { get; set; }
    public DateTime StartDate { get; set; }
    public int DurationOfStay { get; set; }
    public bool CoachTripRequired { get; set; }
    public bool IsDayTrip { get; set; }
}
```

这种做法有几个问题。首先, 它违反了接口隔离原则。无论 CustomerOffering 的实例代表哪种类型的假期, 它都被迫持有一些无关字段。此外, 为了避免重复, 我们还合并了 Destination 和 Attraction (景点 以及 DateOfTrip 和 StartDate 的概念, 但这也导致与一日游相关的代码不那么直观了。

另一个选择是将对象作为完全独立的类型来维护, 彼此之间没有任何关联。这种做法的问题是, 我们将失去通过一个简单的循环来遍历每个对象的能力, 也无法在单一表格中按日期排序列出所有信息, 而是需要使用多个表格。

目前这些方案看起来都不够理想, 现在, 是时候让可区分联合闪亮登场了。下一节将展示如何利用它们来提供这个问题的最佳解决方案。

6.2　使用可辨识合联合的旅游团应用

在 F# 中, 可以为旅游团示例创建一个联合类型, 如下所示:

```
type CustomerOffering =
    | Holiday
    | HolidayWithMeals
    | DayTrip
```

这意味着可以实例化一个新的 **CustomerOffering** 实例，它可以是三种不同类型中的任何一种，每种类型都可能具有完全不同的属性。

在 C# 语言中，可以采用以下方式来近似地实现：

```
public abstract class CustomerOffering
{
    public int Id { get; set; }
}

public class Holiday : CustomerOffering
{
    public Location Destination { get; set; }
    public Location DepartureAirport { get; set; }
    public DateTime StartDate { get; set; }
    public int DurationOfStay { get; set; }
}

public class HolidayWithMeals : Holiday
{
    public int NumberOfMeals { get; set; }
}

public class DayTrip : CustomerOffering
{
    public DateTime DateOfTrip { get; set; }
    public Location Attraction { get; set; }
    public bool CoachTripRequired { get; set; }
}
```

从表面上看，这段代码与之前的类定义没有太大的区别，但它们之间有一个关键的不同点。基类是抽象的，我们不能直接实例化 **CustomerOffering** 类。通常，类的继承结构都有一个顶级的父类，其他所有子类都遵循这个父类的结构。但这里的子类都是独特的，而且在层级结构中是平等的。

图 6-1 的类层次结构图诠释了两种方式的区别。

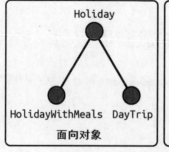

图 6-1　面向对象与可区分联合的对比

DayTrip 类完全不必将自己局限在 Holiday 类所定义的任何概念框架内。
DayTrip 是一个完全独立的实体：它可以使用与其业务逻辑完美契合的属性
名称，而不必牵强地适配 Holiday 类的某些属性。换言之，DayTrip 并不是
Holiday 的扩展，而是一个替代选择。

这也意味着可以在一个数组中管理所有 CustomerOffering 对象，尽管它们之
间可能差异极大。我们不需要分开管理不同的数据源。

可以通过模式匹配语句来操作 CustomerOffering 对象的数组：

```
public string formatCustomerOffering(CustomerOffering c) =>
    c switch
    {
        HolidayWithMeals hm => this.formatHolidayWithMeal(hm),
        Holiday h => this.formatHoliday(h),
        DayTrip dt => this.formatDayTrip(dt)
    };
```

使用可区分联合，我们不仅简化了接收此类数据结构的代码，还增强了代码的
描述性，可以更精确地表达一个函数可能产生的所有结果。

6.3 薛定谔的联合

为了理解可区分联合是如何工作的，可以参考薛定谔的猫的例子。这是奥地利
物理学家埃尔温·薛定谔提出的一个实验，目的是为了说明量子力学中的一个
悖论。他设想一个箱子里装有一只猫和一个放射性同位素，该同位素有 50% 的
几率衰变并导致猫死亡。[④] 根据量子物理学，除非有人打开箱子观察猫的状态，
否则两种状态——活着和死亡——同时存在（也就是说，猫同时处于活着和死
亡的状态）。[⑤]

这也意味着，如果薛定谔先生真的把装有猫和放射性同位素的箱子邮寄给朋友，
那么朋友收到的将是一个处于不确定状态的包裹——在没有打开之前，它们无
法确定猫的生死。[⑥] 当然了，考虑到邮政服务的实际情况，无论放射性同位素
有没有衰变，猫的生存概率都相当渺茫。这就是为什么你绝不应该亲自尝试这
个实验。相信我（我不是博士，也没有在电视上扮演过博士）。

---

④ 注意，并没有人真正做过这个实验。据我所知，从未有过任何一只猫在量子力学的实验中牺牲。
⑤ 坦白说，我一直没有真正理解这个概念。
⑥ 哇，这个生日礼物简直太棒了！谢谢你，薛定谔！

这就是可区分联合的工作方式。它返回一个值，但这个值可能处于多种状态中的一种。在检查它之前，我们并不知道它具体处于哪一个状态。如果一个类不关心具体状态，我们甚至可以在不检查的情况下将它传递到下一个目的地。

如果以代码的形式表达薛定谔的猫，可能会是下面这样的：

```
public abstract class SchrödingersCat { }
public class AliveCat : SchrödingersCat { } // 活猫
public class DeadCat : SchrödingersCat { }  // 死猫
```

现在，你应该对可区分联合有了清晰的理解。在本章后续部分，我将通过几个示例来展示它们的用途。

6.4 命名规范

假设要创建一个代码模块，目的是将姓名的各个组成部分拼到一起。如果你和我一样，有一个传统的英文姓名，那么这个过程相当简单直接。下面的类可以写出我的英文姓名：

```
public class BritishName
{
    public string FirstName { get; set; }
    public IEnumerable<string> MiddleNames { get; set; }
    public string LastName { get; set; }
    public string Honorific { get; set; }
}

var simonsName = new BritishName
{
    Honorific = "Mr.",
    FirstName = "Simon",
    MiddleNames = new [] { "John" },
    LastName = "Painter"
};
```

将这个名字转换为字符串的代码非常简单：

```
public string formatName(BritishName bn) =>
 bn.Honorific + " " + bn.FirstName + " " + string.Join(" ", bn.MiddleNames) +
 " " + bn.LastName;
 // 得到的结果是 "Mr. Simon John Painter"
```

大功告成，对吧？嗯，虽然这确实可以用于传统的英文姓名，但中文姓名该怎么处理呢？中文姓名的书写顺序与英文名不同，它们采用的是姓在前、名在后的格式。此外，许多中国人都有一个别名（courtesy name），也就是在职场中使用的英文名。

让我们以备受敬仰的全能艺术家成龙（Jackie Chan）为例，他不仅是一位出色的演员、导演、编剧、特技演员和歌手，还是一个非常优秀的人。他的真名是房仕龙[⑦]，其中"房"是姓，而"仕龙"是名（在英语中通常称为 first name 或"教名"[Christian name]）。Jackie 是他很小的时候就开始使用的英文名。中文名的命名方式与我们创建的 `formatName()` 函数完全不匹配。

可以调整一下数据来适应这种格式，如下所示：

```
var jackie = new BritishName
{
    Honorific = " 先生 ", // 等于 "Mr."
    FirstName = " 房 ",
    LastName = " 仕龙 "
}
// 得到的结果是 " 先生房仕龙 "
```

好的，这样确实可以按顺序写出他的中文名。但他的英文名该如何处理呢？目前的代码没有这样的功能。此外，中文的"先生"[⑧]应该放在名字后面，所以即使尝试重新使用现有字段，这种处理方式也显得很粗糙。

虽然可以在代码中增加大量 `if` 语句来检查人物的国籍信息，但如果将其扩展到支持两个以上的国籍，这种方法很快就会变得非常复杂。

更好的方法是使用可区分联合来代表不同的数据结构，因为这样能更准确地反映它们的内容：

```
public abstract class Name { }

public class BritishName : Name
{
    public string FirstName { get; set; }
    public IEnumerable<string> MiddleNames { get; set; }
    public string LastName { get; set; }
    public string Honorific { get; set; }
}

public class ChineseName : Name
{
    public string FamilyName { get; set; }    // 例如，" 房 "
    public string GivenName { get; set; }     // 例如，" 仕龙 "
    public string Honorific { get; set; }     // 例如，" 先生 "
    public string CourtesyName { get; set; } // 例如，"Jackie"
}
```

---

⑦ 译注：成龙原名陈港生，40 岁之后改名为房仕龙，之前还有两个艺名：元楼和元龙。

⑧ "先生"一词在中文里可以直接理解为"更早出生的人"。有趣的是，同样的汉字在日语里被读作 Sensei。我就是个书呆子，所以对这样的冷知识很感兴趣！

在本例中，每种名字类型可能都有自己的数据源，每个数据源都有自己的模式（schema）。另外，或许每个国家都有自己的 Web API？

使用这个可区分联合，可以创建一个包含我和成龙的姓名的数组：[9]

```
var names = new Name[]
{
    new BritishName
    {
        Honorific = "Mr.",
        FirstName = "Simon",
        MiddleNames = new [] { "John" },
        LastName = "Painter"
    },
    new ChineseName
    {
        Honorific = " 先生 ",
        FamilyName = " 房 ",
        GivenName = " 仕龙 ",
        CourtesyName = "Jackie"
    }
}
```

然后，可以用模式匹配表达式来扩展格式化函数：

```
public string formatName(Name n) =>
    n switch
    {
        BritishName bn => bn.Honorific + " " + bn.FirstName + " " +
                                string.Join(" ", bn.MiddleNames) + " " +
bn.LastName,
        ChineseName cn => cn.FamilyName + cn.GivenName +
                    cn.Honorific + "\"" + cn.CourtesyName + "\"");
    };

var output = string.Join(Environment.NewLine, names);
// output =
// Mr. Simon John Painter
// 房仕龙先生 "Jackie"
```

这个原则可以被广泛应用于全球各地的不同取名习惯，它不仅能确保为字段指定的名称不仅对该国家具有实际意义，同时也能保证在不改变现有字段的前提下，保持正确的取名风格。

---

[9] 虽然很遗憾，但这可能是我距离成龙最近的一次。如果你还没有看过他演的电影，那么我强烈推荐你从《警察故事》系列开始。

6.5 数据库查询

编写 C# 代码时，我经常考虑使用可区分联合作为函数的返回类型，特别是在从数据源获取数据的函数中。假设需要在某个地立的系统中查找某人的详细信息。该函数将接受一个整数 ID 值并返回一个 Person 记录。

这样的需求很常见，人们通常像下面这样实现代码：

```
public Person GetPerson(int id)
{
    // 在此处填写代码。
    // 想使用哪种数据存储都可以，但 MiniDisc 除外。
}
```

但如果仔细想想，会发现返回一个 Person 对象只是该函数的返回状态之一。

如果输入了一个并不存在的人的 ID 怎么办？或许可以返回 null，但这并不能说明实际发生了什么。如果发生了一个已处理的异常，导致没有返回任何结果呢？null 并没有解释为什么会返回 null。

另一种可能性是程序抛出异常。我们的代码可能没问题，但如果出现网络问题或其他问题，这种情况仍然有可能发生。在这种情况下，应该返回什么呢？

因此，我们不是返回一个不清不楚的 null 值，迫使代码库的其他部分去处理它，或者返回一个替代对象，并在它的元数据字段中包含异常。相反，我们可以创建一个可区分联合，如下所示：

```
// 人员查询结果
public abstract class PersonLookupResult
{
    public int Id { get; set; }
}

// 状态 1：找到目标人员
public class PersonFound : PersonLookupResult
{
    public Person Person { get; set; }
}

// 状态 2：没有找到目标人员
public class PersonNotFound : PersonLookupResult
{
}
```

```
// 状态 3: 查找人员时发生错误
public class ErrorWhileSearchingPerson : PersonLookupResult
{
    public Exception Error { get; set; }
}
```

现在，可以从 **GetPerson()** 函数返回单一的类，该类清楚地告诉调用者函数返回了三种状态中的一种，并且状态已经被确定。不需要向返回的对象应用别的什么逻辑来判断其有效性，因为这些状态清楚地描述了每种需要处理的情况。

可以像下面这样实现函数：

```
public PersonLookupResult GetPerson(int id)
{
    try
    {
        var personFromDb = this.Db.Person.Lookup(id);
        return personFromDb == null
            ? new PersonNotFound { Id = id }
            : new PersonFound
            {
                Person = personFromDb,
                Id = id
            };
    }
    catch (Exception e)
    {
        return new ErrorWhileSearchingPerson
        {
            Id = id,
            Error = e
        };
    }
}
```

为了使用这个函数，我们还是利用模式匹配表达式来确定如何处理返回的结果：

```
public string DescribePerson(int id)
{
    var p = this.PersonRepository.GetPerson(id);
    return p switch
    {
        PersonFound pf => "找到的人是 " + pf.Person.Name,
        PersonNotFound _ => "没有人找到指定的人 ",
        ErrorWhileSearchingPerson e => "发生了错误：" + e.Error.Message
    };
}
```

6.6 发送电子邮件

之前展示的例子适合有返回值的情况，但如果没有返回值怎么办？假设编写了一些代码，用来向客户或者我懒得亲自写邮件的家人发送电子邮件。

虽然我不期望得到任何回复，但想知道是否发生了错误。因此，这一次我特别关注两种可能的状态。以下是我对于发送电子邮件时可能发生的两种情况的定义：

```
public abstract class EmailSendResult
{
}

// 情况 1：Email 发送成功
public class EmailSuccess : EmailSendResult
{
}

// 情况 2：Email 发送失败
public class EmailFailure : EmailSendResult
{
    public Exception Error { get; set; }
}
```

在代码中，可以像下面这样使用该类：

```
public EmailSendResult SendEmail(string recipient, string message)
{
    try
    {
        this.AzureEmailUtility.SendEmail(recipient, message);
        return new EmailSuccess();
    }
    catch (Exception e)
    {
        return new EmailFailure
        {
            Error = e
        };
    }
}
```

在代码库的其他部分，可以像下面这样调用该函数：

```
var result = this.EmailTool.SendEmail(
    "Season's Greetings",
    "Hi, Uncle John. How's it going?");

var messageToWriteToConsole = result switch
```

```
{
    EmailFailure ef => "Error occurred sending the email: " + ef.Error.Message,
    EmailSuccess _ => "Email send successful",
    _ => "Unknown Response"
};

this.Console.WriteLine(messageToWriteToConsole);
```

这意味着可以从函数中返回错误消息和失败状态，而无需依赖不必要的属性。

6.7 控制台输入

不久前，我突发奇想，打算将一款使用 HP Time-Shared（分时） BASIC 编写的经典文字游戏转换为采用函数式编程风格的 C# 版本，从而测试我的函数式编程技能。

这款游戏名叫《俄勒冈之旅》[10]，它诞生于 1975 年。很难相信这款游戏的年龄竟然比我还大，它甚至比《星球大战》还要年长。实际上，在它发布的时候，显示器还没有普及，玩家不得不在类似打字机的设备上进行游戏。

记住，在那个年代，代码中的 print 就是字面意思的"打印"！

游戏中最关键的功能之一是定期从用户那里接收输入。大多数情况下，游戏需要玩家输入一个整数——无论是为了从一系列命令中做出选择，还是为了输入购买物品的数量。而在某些特定场景下，如打猎小游戏中，游戏则需要接收玩家的文本输入，并确认玩家所输入的内容——例如，玩家需要尽快键入"BANG"来模拟在狩猎中精准击中目标的动作。

一种方法是简单地在代码库中创建一个模块从控制台返回用户的原始输入。但这意味着代码库中每个需要整数输入的部分都必须先进行空字符串检查，然后将字符串转换为 int，之后才能执行实际需要的逻辑。

一个更明智的做法是使用可区分联合来表示游戏逻辑根据用户输入而识别出来的不同状态，并将必要的 int 检查代码集中到一处：

```
public abstract class UserInput
{
}

// 文本输入
public class TextInput : UserInput
```

---

[10] 译注：Oregon Trail，1971 年开发，1974 年由 MECC（明尼苏达州计算机教育协会）投放市场，旨在向儿童讲述 19 世纪时期俄勒冈小道拓荒者的生活。玩家扮演马车领队的角色，引导自己选定的定居者从密苏里州独立城到俄勒冈的威拉米特山谷。该游戏 2021 年加入苹果街机游戏服务。

```
{
    public string Input { get; set; }
}

// 整数输入
public class IntegerInput : UserInput
{
    public int Input { get; set; }
}

// 无输入
public class NoInput : UserInput
{
}

// 来自控制台的错误
public class ErrorFromConsole : UserInput
{
    public Exception Error { get; set; }
}
```

老实说，我不确定控制台可能出现哪些错误，但我认为不应该对它们放任不管，尤其是考虑到这些错误可能超出了应用程序代码所能控制的范围。

这里的核心思想在于，我们正在逐步从代码库外的非净化区域向内部净化的、受控的区域移动（参见图 6-2），就像通过多级气闸舱[⑪]（multistage airlock）一样。

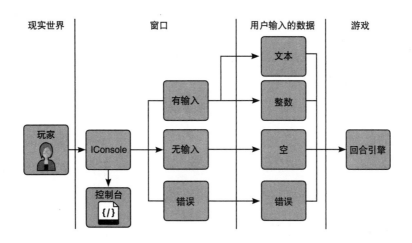

图 6-2　文本输入的各个阶段

---

⑪ 译注：气闸舱常见于航天器或潜艇，用于在内外环境气压不同的情况下安全进出。它通过分隔空间、逐步调节压力，防止内外环境的直接接触，保证人员和设备的安全。

由于控制台的行为超出了我们的控制范围，如果想尽可能地保持代码库的函数式特性，最好是将控制台隐藏在一个接口之后。如此一来，就可以在测试时通过这个接口注入模拟对象，并杜绝非纯函数式代码可能带来的不良影响：

```
public interface IConsole
{
    UserInput ReadInput(string userPromptMessage);
}

public class ConsoleShim : IConsole
{
    public UserInput ReadInput(string userPromptMessage)
    {
        try
        {
            Console.WriteLine(userPromptMessage);
            var input = Console.ReadLine();
            return new TextInput
            {
                Input = input
            };
        }
        catch(Exception e)
        {
            return new ErrorFromConsole
            {
                Error = e
            };
        }
    }
}
```

这是与用户进行交互的最基础的形式。因为这部分系统会产生副作用，所以越简单越好。

然后，我们再添加一个逻辑层来处理玩家输入的文本：

```
public class UserInteraction
{
    private readonly IConsole _console;

    public UserInteraction(IConsole console)
    {
        this._console = console;
    }

    public UserInput GetInputFromUser(string message)
    {
        var input = this._console.ReadInput(message);
        var returnValue = input switch
```

```
        {
            TextInput x when string.IsNullOrWhiteSpace(x.Input) => new NoInput(),
            TextInput x when int.TryParse(x.Input, out var _) => new IntegerInput
            {
                Input = int.Parse(x.Input)
            },
            TextInput x => new TextInput
            {
                Input = x.Input
            }
        };
        return returnValue;
    }
}
```

现在，可以轻松添加一个提示用户进行输入的功能，并确保其输入的是整数：

```
public int GetPlayerSpendOnOxen()
{
    var input = this.UserInteraction.GetInputFromUser(
        "How much do you want to spend on Oxen?");
    var returnValue = input switch
    {
        IntegerInput ii => ii.Input,
        _ =>
        {
            this.UserInteraction.WriteMessage("Try again");
            return GetPlayerSpendOnOxen();
        }
    };
    return returnValue;
}
```

这段代码首先提示玩家输入内容，然后检查输入是否为我们期望的整数，这个检查是通过可区分联合来实现的。如果输入是整数，那么任务就完成了，返回这个整数。

如果不是整数，程序就会提示玩家重试，并递归调用这个函数。我们还可以进一步添加关于捕获和记录接收到的错误的细节，但对于展示原理来说，以上代码已经足够了。

另外，值得注意的是，函数中不需要使用 **try/catch** 异常处理结构，因为这已经由更底层的函数处理了。

在用 C# 语言重置《俄勒冈之旅》的过程中，需要进行整数检查的地方非常多。想象一下，通过将整数检查集成到所返回的对象的结构中，我们节省了多少代码！

6.8　泛型联合

到目前为止，我们讨论的可区分联合都是针对特定情况而设计的。在本章即将结束之际，我想探索一下是否有可能创建出泛用性强且可以重用的类似结构。

首先重申一下：我们不能像 F# 程序员那样简单随意地声明可区分联合。当前的环境不支持这一点。最多只能尽可能模拟这一特性，尽管这需要在样板代码上做出一些让步。

接下来将介绍几种可供考虑的函数式结构。顺便说一句，第 7 章将介绍这些结构的高级应用方式。敬请期待。

6.9　Maybe 类型

如果使用可区分联合是为了表示某个函数可能没有找到数据，那么 Maybe 结构可能是一个合适的选择。它的实现如下所示：

```
public abstract class Maybe<T>
{
}

public class Something<T> : Maybe<T>
{
    public Something(T value)
    {
        this.Value = value;
    }
    public T Value { get; init; }
}

public class Nothing<T> : Maybe<T>
{
}
```

从本质上来讲，我们是将 Maybe 抽象类型用作另一个类（即函数实际要返回的类）的包装器；这种包装方式传达了一个信号，表示该函数的返回值可能为空。

下例展示了如何在返回单个对象的函数中使用它：

```
public Maybe<DoctorWho> GetDoctor(int doctorNumber)
{
    try
    {
        using var conn = this._connectionFactory.Make();
        // Dapper 查询数据库
```

```
            var data = conn.QuerySingleOrDefault<Doctor>(
                "SELECT * FROM [dbo].[Doctors] WHERE DocNum = @docNum",
                new { docNum = doctorNumber });
            return data == null
    ? new Nothing<DoctorWho>()
    : new Something<DoctorWho>(data);
        }
        catch(Exception e)
        {
          this.logger.LogError(e, "Error getting doctor " + doctorNumber);
          return new Nothing<DoctorWho>();
        }
    }
```

具体用法如下所示：

```
// William Hartnell 演的博士是最棒的！
var doc = this.DoctorRepository.GetDoctor(1);
var message = doc switch
{
    Something<DoctorWho> s => "Played by " + s.Value.ActorName,
    Nothing<DoctorWho> _ => "Unknown Doctor"
};
```

然而，这种方法无法有效地处理错误情况。虽然 **Nothing** 状态可以避免出现未处理的异常，我们也进行了相应的日志记录，但却没有将任何有用的信息返回给终端用户。

6.10 Result 类型

Result 是 **Maybe** 的一个替代选项，它表示一个函数可能会抛出错误而不是返回结果。它的实现方式如下：

```
public abstract class Result<T>
{
}

public class Success<T> : Result<T>
{
    public Success<T> (T value)
    {
        this.Value = value;
    }
    public T Value { get; init; }
}

public class Failure<T> : Result<T>
{
```

```
        public Failure(Exception e)
        {
            this.Error = e;
        }
        public Exception Error { get; init; }
    }
```

GetDoctor() 函数的 Result 版本如下所示：

```
    public Result<DoctorWho> GetDoctor(int doctorNumber)
    {
        try
        {
            using var conn = this._connectionFactory.Make();
            // Dapper 查询数据库
            var data = conn.QuerySingleOrDefault<Doctor>(
                "SELECT * FROM [dbo].[Doctors] WHERE DocNum = @docNum",
                new { docNum = doctorNumber });
            return new Success<DoctorWho>(data);
        }
        catch(Exception e)
        {
            this.logger.LogError(e, "Error getting doctor " + doctorNumber);
            return new Failure<DoctorWho>(e);
        }
    }
```

下面是一种可能的用法：

```
    // Sylvester McCoy 演的博士也很棒！
    var doc = this.DoctorRepository.GetDoctor(7);
    var message = doc switch
    {
        Success<DoctorWho> s when s.Value == null => "Unknown Doctor!",
        Success<DoctorWho> s => "Played by " + s.Value.ActorName,
        Failure<DoctorWho> e => $"An error occurred: {e.Error.Message}"
    };
```

这解决了可区分联合中某一可能状态下的错误处理情况，但空值检查的责任转移到了接收返回值的函数身上。

6.11　对比 Maybe 和 Result

说到这里，一个很自然的疑问是：Maybe 和 Result 孰优孰劣？Maybe 提供了一个状态，告知用户没有找到数据，从而消除了空值检查的需要，但它实际上可能会默默地掩盖错误。虽然这比未处理的异常要好，但可能导致错误未被报告。另一方面，Result 能够优雅地处理错误，但它要求接收函数必须执行空值检查。

什么？你想知道我个人的偏好？虽然可能不完全符合这些结构的标准定义，但我倾向于将它们结合起来使用。我通常使用一个具有三种状态的Maybe：Something、Nothing、Error。这几乎可以处理代码库中可能出现的任何情况。

我的解决方案如下所示：

```
public abstract class Maybe<T>
{
}

public class Something<T> : Maybe<T>
{
    public Something(T value)
    {
        this.Value = value;
    }
    public T Value { get; init; }
}

public class Nothing<T> : Maybe<T>
{
}

public class Error<T> : Maybe<T>
{
    public Error(Exception e)
    {
        this.CapturedError = e;
    }
    public Exception CapturedError { get; init; }
}
```

我会像下面这样使用它：

```
public Maybe<DoctorWho> GetDoctor(int doctorNumber)
{
    try
    {
        using var conn = this._connectionFactory.Make();
        // Dapper 查询数据库
        var data = conn.QuerySingleOrDefault<Doctor>(
            "SELECT * FROM [dbo].[Doctors] WHERE DocNum = @docNum",
            new { docNum = doctorNumber });
        return data == null
            ? new Nothing<DoctorWho>()
            : new Something<DoctorWho>(data);
    }
    catch(Exception e)
    {
        this.logger.LogError(e, "Error getting doctor " + doctorNumber);
```

```
        return new Error<DoctorWho>(e);
    }
}
```

使用模式匹配表达式，接收函数现在可以优雅地处理全部三种状态：

```
// Peter Capaldi，另一个最棒的博士！
var doc = this.DoctorRepository.GetDoctor(12);
var message = doc switch
{
    Nothing<DoctorWho> _ => "Unknown Doctor!",
    Something<DoctorWho> s => "Played by " + s.Value.ActorName,
    Error<DoctorWho> e => $"An error occurred: {e.Error.Message}"
};
```

我发现，这种方式使我能在函数返回值时为任何场景提供一套完整的响应，特别是在这些函数需要与程序外部的寒冷、黑暗、群狼环伺的世界进行交互时，此外，这种方法也让我能轻松地为终端用户提供更有价值的信息。

在结束对这个话题的讨论之前，我们来看看如何利用相同的结构来处理 **IEnumerable** 类型的返回值：

```
public Maybe<IEnumerable<DoctorWho>> GetAllDoctors()
{
    try
    {
        using var conn = this._connectionFactory.Make();
        // Dapper 查询数据库
        var data = conn.Query<Doctor>("SELECT * FROM [dbo].[Doctors]");
        return data == null || !data.Any()
            ? new Nothing<IEnumerable<DoctorWho>>()
            : new Something<IEnumerable<DoctorWho>>(data);
    }
    catch (Exception e)
    {
        this.logger.LogError(e, "Error getting all doctors");
        return new Error<IEnumerable<DoctorWho>>(e);
    }

}
```

如此一来，就可以像下面这样处理函数的响应：

```
// 所有人演的博士都很棒！
var doc = this.DoctorRepository.GetAllDoctors();
var message = doc switch
{
    Nothing<IEnumerable<DoctorWho>> _ => "No Doctors found!",
    Something<IEnumerable<DoctorWho>> s => "The Doctors were played by: " +
        string.Join(Environment.NewLine, s.Value.Select(x => x.ActorName)),
```

```
            Error<IEnumerable<DoctorWho>> e => $"An error occurred: {e.Error.Message}"
    };
```

这种代码既优雅又简洁。这是我在日常编程中一直采用的方法，希望在读完本章后，你也会将它应用到自己的编程实践中。

6.12 Either 类型

在函数行为存在不确定性的情况下，Something 和 Result 都可以处理返回值的问题。但是，如果需要返回两个或更多个不同类型的数据呢？

这就是 Either 类型派上用场的时候了。虽然它的语法可能不是最优雅的，但确实能满足我们的需求：

```
public abstract class Either<T1, T2>
{
}

public class Left<T1, T2> : Either<T1, T2>
{
    public Left(T1 value)
    {
        Value = value;
    }
    public T1 Value { get; init; }
}

public class Right<T1, T2> : Either<T1, T2>
{
    public Right(T2 value)
    {
        Value = value;
    }
    public T2 Value { get; init; }
}
```

可以用它来创建一个可能是 Left 或 Right 的类型，如下所示：

```
public Either<string, int> QuestionOrAnswer() =>
    new Random().Next(1, 6) >= 4
    ? new Left<string, int>("What do you get if you multiply 6 by 9?")
    : new Right<string, int>(42);

var data = QuestionOrAnswer();
var output = data switch
{
    Left<string, int> l => "The ultimate question was: " + l.Value,
    Right<string, int> r => "The ultimate answer was: " + r.Value.ToString()
};
```

当然，可以扩展这个概念，使用三个或更多类型。尽管我不太确定如何为每一个类型命名，但这确实是可行的。这需要大量样板代码，因为必须在很多地方引用泛型类型。但无论如何，它能有效满足我们的需求。

6.13　小结

本章深入探讨了可区分联合的概念，介绍了它的定义、使用方式以及它们作为代码特性的强大之处。可区分联合能大幅减少样板代码，并提供了一种描述性的数据类型，它覆盖了系统所有可能的状态，并促使接收这些数据的函数妥善地处理这些状态。

虽然在 C# 语言中实现可区分联合并不像在 F# 或其他函数式编程语言中那样简单，但至少 C# 语言提供了实现它们的可能性。

下一章将介绍更多高级函数式编程概念，将可区分联合的应用提升到一个更新的高度！

第 7 章

函数式流程

调用外部系统（比如数据库和 Web API）往往是一件令人头疼的事情，对吧？在开始使用函数中最为关键的部分——数据——之前，我们需要先完成下面几个步骤。

1. 捕获并处理所有可能发生的异常，如网络故障或数据库服务器离线等。
2. 确认从数据库返回的数据不为空。
3. 即使返回的数据不为空，也需要进一步检查它是否合理。

这些步骤往往涉及大量重复性的样板代码，对业务逻辑造成不利的影响。虽然在一定程度上，使用第 6 章提到的 Maybe 可区分联合能使函数在未找到记录或遇到错误时返回 null 以外的值，但即便如此，样板代码仍然是少不了的。

如果我告诉你，有一种方法能永远不需要面对未处理的异常，不必再使用 try 块或 catch 块，甚至可以把空值检查抛在脑后，你会怎么想？

不信？好吧，那就系好安全带，前方高能预警，我将向你介绍我最喜欢的函数式编程特性之一。我在日常工作中经常使用这个特性，希望你在读完本章之后，也能用好它。

7.1 再论 Maybe 类型

本节将再次讨论第 6 章中的 Maybe 可区分联合，但这次要展示它更高级的用法。

接下来，我们将以新的方式实现前文提到过的 Map() 扩展方法。第 5 章的 5.3 节"链式调用函数"曾提到，Map() 组合子与 LINQ 的 Select() 方法相似，但 Map() 作用于整个源对象，而不是其中的单个元素。

不过这一次，我们将在 Map() 中添加一些用于决定输出类型的逻辑，并命名为 Bind()：[①]

```
public static Maybe<TOut> Bind<TIn, TOut>(
    this Maybe<TIn> @this,
    Func<TIn, TOut> f)
{
    try
    {
        Maybe<TOut> updatedValue = @this switch
        {
            Something<TIn> s when !EqualityComparer<TIn>.Default.Equals(
                s.Value, default) => new Something<TOut>(f(s.Value)),
            Something<TIn> _ => new Nothing<TOut>(),
            Nothing<TIn> _ => new Nothing<TOut>(),
            Error<TIn> e => new Error<TOut>(e.ErrorMessage),
            _ => new Error<TOut>(new Exception(
                "New Maybe state that isn't coded for!: " +
                @this.GetType()))
        };
        return updatedValue;
    }
    catch (Exception e)
    {
        return new Error<TOut>(e);
    }
}
```

这段代码是如何工作的呢？可能会出现以下几种情形：

- 如果 this（Maybe 当前容纳的对象）的当前值是一个 Something——即一个实际的、非默认值的对象或基元，[②]那么提供的函数将被执行，求值结果将被包装成一个新的 Something 返回。

- 如果 this 的当前值是 Something，但其中的值是默认值（大多数情况下为 null），那么返回一个 Nothing。

---

① 本章介绍的 Bind() 函数的前几个示例借鉴了恩里科·博南诺（Enrico Buonanno）*Functional Programming in C#*（Manning 出版社）一书中的示例。后续示例是我在此基础上进行的扩展。
② 我本来想写"非空"（non-null），但考虑到整数的默认值是 0，布尔值的默认值是 false，所以仍然用了"基元类型"（primitive type）一词。

- 如果 this 对象的当前值为 Nothing，那么返回另一个 Nothing。没有必要执行其他任何操作。
- 如果 this 对象的当前值是一个错误，那么保留原始错误信息，通过一个新的 Error<TOut> 对象来返回。

那么，这样做的意义何在呢？请看以下过程式代码：

```
public string MakeGreeting(int employeeId)
{
    try
    {
        var e = this.empRepo.GetById(employeeId);
        if(e != null)
        {
            return "Hello " + e.Salutation + " " + e.Name;
        }
        return "Employee not found";
    }
    catch(Exception e)
    {
        return "An error occurred: " + e.Message;
    }
}
```

这段代码的目的非常简单：获取一个员工的信息；如果一切正常，就向他们问好。但是，由于存在 null 和未处理的异常，我们被迫编写了许多防御性代码——空值检查和 try 块或 catch 块——不仅这里需要添加防御性代码，整个代码库都需要。

更糟的是，我们把解决这个问题的责任交给了调用这个函数的代码。应该如何表明发生了错误或未找到员工呢？在本例中，我们只会返回一个字符串，供应用程序直接显示。另一个选择是返回附带了元数据的对象（例如，DataFound 和 ExceptionOccurred 这两个布尔值以及 CapturedException 异常）。

然而，借助 Maybe 类型和 Bind() 函数，可以避免这些繁琐的步骤。可以像下面这样重写代码：

```
public Maybe<string> MakeGreeting(int employeeId) =>
    new Something(employeeId)
        .Bind(x => this.empRepo.GetById(x))
        .Bind(x => "Hello " + x.Salutation + " " + x.Name);
```

思考一下代码中每个 Bind() 调用可能的结果。

如果员工信息存储库返回一个 null 值，那么下一个 Bind() 调用将识别到一个包含默认值（null）的 Something，它不会执行用于构建问候字符串的函数，而是会返回 Nothing。

如果存储库中发生错误（例如，网络连接问题或者其他无法预测或防范的情况），那么程序将传递错误，而不是继续执行函数。

我想要表达的是，只有在上一步返回一个实际的值，而且不抛出未处理异常的情况下，才会执行用于生成问候语的箭头函数。这就保证了使用 Bind() 方法编写的函数在功能上与之前的过程式版本相同，但它更加简洁，没有冗长的防御性代码。

而且，好处还不止于此……

现在返回的不再是字符串，而是一个 Maybe<string>。这是一个可区分联合，它能向调用我们函数的任何外部代码传达函数执行的结果，比如操作是否成功等。这可以在外部被用来决定如何处理返回的值，或者在后续的 Bind() 调用链中使用。

可以像下面这样使用这个可区分联合：

```
public interface IUserInterface
{
    void WriteMessage(string s);
}

// 这里用了一些魔法，因为具体实现并不重要
this.UserInterface = Factory.MakeUserInterface();
var message = makeGreetingResult switch
{
    Something<string> s => s.Value,
    Nothing<string> _ => "Hi, but I've never heard of you.",
    Error<string> _ => "An error occurred, try again"
};

this.UserInterface.WriteMessage(message);
```

或者，可以调整 UserInterface 模块，使其接受 Maybe 作为参数：

```
public interface IUserInterface
{
    void WriteMessage(Maybe<string> s);
}

// 这里用了一点魔法，因为具体实现并不重要
this.UserInterface = Factory.MakeUserInterface();
```

```
var logonMessage = MakeGreeting(employeeId)
    .Bind(x => x + Environment.NewLine + MakeUserInfo(employeeId));
this.UserInterface.WriteMessage(logonMessage);
```

将接口中的具体值替换成Maybe<T>是向依赖该接口的类发出的一个明确信号，表明操作可能不会成功，这迫使依赖它的类必须考虑所有可能的情况以及应对策略。这种做法也将处理这些情况的责任完全转移给了使用该接口的类，返回Maybe的类则无需关心后续发生的事情。

斯科特·瓦拉欣（Scott Wlaschin）发表的演讲和一些文章很形象地描述了这种编程风格，他将其称为"以铁路为导向的编程"（Railway Oriented Programming）（*https://oreil.ly/aMDgh*）。瓦拉欣将这个过程比作一条设有多个道岔的铁路，其中每个道岔代表一个 Bind() 调用。火车从 Something 轨道出发，每当一个传递给 Bind() 的函数被执行，列车要么继续沿着当前轨道前进，要么转向 Nothing 轨道，并沿着这个轨道平稳行驶至终点站，不再进行任何操作。

这是一种美丽而优雅的编码方式，它大幅减少了样板代码的使用，其效果之好简直令人难以置信。如果有一个方便的技术术语来描述这种结构就好了。哦，等等，真的有这样的术语！它就是所谓的**单子**（monad）！

在本书的开篇部分，我曾提到单子可能会在书中的某个地方出现。或许曾经有人告诉你单子是个复杂的概念，但你很快就知道他们是错误的。

单子就像是某种值的包装器——可以想象成信封或卷饼。它们封装了一个值，但并不关心这个值是什么。它们的真正用途是提供一个安全的环境来执行操作，让我们不需要担心空引用异常等负面后果。

Bind() 函数的工作方式类似于接力赛：每次调用都执行某种操作，然后将结果传递给下一棒。Bind() 函数还会自动处理错误和空值，因此我们不需要编写太多防御性代码。

如果愿意的话，可以将单子想象成防爆箱。假设你有一个需要拆开的包裹，但不确定包裹里的东西是里面是安全无害的物品（比如信件）[3]还是爆炸物。如果把包裹放进单子这个容器中，那么无论包裹内的东西是安全的还是爆炸物，单子都能确保安全，让你免受任何不良后果的影响。

以上就是关于单子的全部内容了——好吧，至少是大部分内容。本章其余部分将展示单子的其他用途和它的不同类型。不过别担心，"最难"的部分至此已

---

[3] 或者是活着的薛定谔的猫。但话又说回来，这真的算得上"安全无害"吗？家人们！养过猫的人应该都知道它们的脾性！

经结束了；如果你跟随着本书的节奏读到了这里，那么其余部分对你而言将是小菜一碟[4]。

7.1.1 Maybe 类型和调试

一些人认为一连串的 `Bind()` 语句会导致在 Visual Studio 中使用调试工具逐步执行代码变得更加困难——尤其是在遇到以下情况时：

```
var returnValue = idValue.ToMaybe()
    .Bind(transformationOne)
    .Bind(transformationTwo)
    .Bind(transformationThree);
```

虽然 Visual Studio 的大多数版本都支持单步执行，但往往需要不停地按功能键 F11 来"逐语句"（Step Into）[5] 执行，以进入 `Bind()` 调用内部的嵌套箭头函数。在需要准确了解为什么某个值计算错误时，这种方法并不是最佳选择。

更糟糕的是，在使用"逐语句"执行功能检查 Maybe 类型的 `Bind()` 函数时，还需要多执行几步才能看到箭头函数的结果。我倾向于分行调用 `Bind()` 函数，每个调用的结果都存储在一个单独的变量中：

```
var idMaybe = idValue.ToMaybe();
var transOne = idMaybe.Bind(x => transformationOne(x));
var transTwo = transOne.Bind(x => transformationTwo(x));
var returnValue = transTwo.Bind(x => transformationThree(x));
```

前面两段代码在功能上是相同的，只不过在后一段代码中，我们可以分别捕获每个输出，而不是立即将其传递给另一个函数并丢弃它们。

第二段示例代码更方便诊断问题，因为可以检查每个中间值。得益于函数式编程中变量一旦赋值就不进行修改的原则，调试过程变得更简单了。这意味着在处理过程中的每个步骤都被固定了下来，可以清楚地了解发生了什么，并查看错误是如何以及在何处产生的。

需要注意的是，这些中间值在其所属的更大函数的整个生命周期内都会保持有效。如果函数非常大，并且其中一个中间值占用大量资源，那么或许可以考虑合并它们，以尽早将占用大量资源的中间值移出作用域。

这两种方法都是可行的，但选择哪种方式主要取决于个人风格和代码库的限制。

---

[4] 顺带一提，虽然大多数蛋糕我都不喜欢，但我确实喜欢纽约风芝士蛋糕！如果保罗·霍利伍德（Paul Hollywood，英国西点大师）知道这一点，可能会感到很失望。（译注：作者用"小菜一碟"开了一个玩笑，即 a piece of cake。）

[5] 译注：选择"逐语句"（step into），会跳入被调用的过程（方法或函数），对其中的语句进行单步调试。

7.1.2 对比 Map() 函数和 Bind() 函数

严格来说，前述代码并没有按照函数式编程范式正确地实现 Bind() 函数。Maybe 类型应该附加两个函数：Map() 和 Bind()。这两个函数非常相似，但存在一些微妙的差别。

如上一节所述，Map() 函数附加到了 Maybe<T1> 上，并且需要一个函数从 Maybe 类型内部提取出类型为 T1 的值，并要求你将这个值转换成类型 T2。

Bind() 函数则要求传入一个函数，该函数返回一个新类型的 Maybe——即 Maybe<T2>。但它最终返回的结果与 Map() 函数相同，如下所示：

```
public static Maybe<TOut> Map<TIn, TOut>(
    this Maybe<TIn> @this,
    Func<TIn, TOut> f) => // 这里省略了一些实现
public static Maybe<TOut> Bind<TIn, TOut>(
    this Maybe<TIn> @this,
    Func<TIn, Maybe<TOut>> f) => // 这里省略了一些实现
```

例如，假定一个函数调用数据库并返回一个 Maybe<IEnumerable<Customer>> 类型，以表示一个可能找到、也可能未找到的客户列表。然后，我们用 Bind() 函数来调用该列表。

如果需要将这个客户列表（IEnumerable<Customer>）转换为另一种格式，那么应该使用 Map() 函数，因为这是从一种数据格式到另一种数据格式的转换，而不是数据到 Maybe 类型的转换。

下面正确实现了 Bind() 函数：

```
public static Maybe<TOut> Bind<TIn, TOut>(
    this Maybe<TIn> @this,
    Func<TIn, Maybe<TOut>> f)
{
    try
    {
        var returnValue = @this switch
        {
            Something<TIn> s => f(s.Value),
            _ => new Nothing<TOut>()
        };
        return returnValue;
    }
    catch (Exception _)
    {
        return new Nothing<TOut>();
    }
}
```

以下是使用该函数的一个示例：

```
public interface CustomerDataRepo
{
    Maybe<Customer> GetCustomerById(int customerId);
}

public string DescribeCustomer(int customerId) =>
    new Something<int>(customerId)
    .Bind(x => this.customerDataRepo.GetCustomerById(x))
    .Map(x => "Hello " + x.Name);
```

使用这个新的 `Bind()` 函数，并将先前的函数重命名为 `Map()`，我们更加贴近函数式编程范式了。

然而，在生产代码中，我通常不会这样做，而是只会使用一个 `Bind()` 函数来处理这两件事。为什么呢？老实说，主要是为了避免混淆。JavaScript 内置了一个 `Map()` 函数，其行为类似于 C# 语言的 `Select()`，用于对数组中的每个元素进行单独处理。此外，吉米·博加德（Jimmy Bogard）为 C# 语言开发一个 AutoMapper 库（*https://automapper.org*），其中也提供了一个 `Map()` 函数，该函数用于将对象数组从一种类型转换成另一种类型。[6]

鉴于许多 C# 项目都在使用这两种 `Map()` 函数，我认为再引入一个新的 `Map()` 函数可能会给阅读我的代码的人造成误会。因此，我决定使用 `Bind()` 函数来处理所有情况，因为 C# 语言和 JavaScript 中没有内置的 `Bind()` 函数——那些实现了函数式编程范式的库除外。

可以选择使用更严谨的做法，即同时使用 `Map()` 和 `Bind()` 函数，也可以选择在我看来更清晰、更实用的做法，也就是只用 `Bind()` 函数来处理所有情况。在本书后续的内容中，我将默认采用这种更简洁的方法。

7.1.3 Maybe 类型和基元类型

"Maybe 类型和基元类型"听起来像是某本精彩的冒险小说的书名。这本小说可能讲得是我们的女主角， Maybe 队长，在某个失落的文明中展开救援行动，与凶猛的洞穴生物抗争的故事。

C# 语言的"基元类型"指的是一系列默认值不为 `null` 的内置数据类型（也就是语言预定义的类型），具体如下所示：

- bool（布尔型）；
- uint（无符号整型）；

---

[6] 如果经常需要进行类型转换，那么这个库将是你的得力助手，它能方便快捷地在不同类型间转换数据。

- byte（字节型）；
- sbyte（有符号字节型）；
- char（字符型）；
- decimal（十进制型）；
- double（双精度浮点型）；
- float（浮点型）；
- int（整型）；
- nint（本机大小的有符号整型）；
- nuint（本机大小的无符号整型）；
- long（长整型）；
- ulong（无符号长整型）[7]；
- short（短整型）；
- ushort（无符号短整型）。

问题在于，如果在之前讨论的 Bind() 函数中使用这些基元类型，并将它们的值设定为 0，这将导致 default 检查失败，因为这些类型的默认值大多为 0。[8]

举例来说，下面的单元测试就会失败（这里使用了 xUnit 框架和 Fluent Assertions 库，以实现一种更加友好和易于理解的断言风格）：

```
[Fact]
public Task primitive_types_should_not_default_to_nothing()
{
    var input = new Something<int>(0);
    var output = input.Bind(x => x + 10);
    (output as Something<int>).Value.Should().Be(10);
}
```

在这个测试中，我们将一个值为 0 的整数放入 Maybe 对象中，然后尝试通过 Bind() 将其增加 10—— 这意味着结果应该是 10。在现有代码中，Bind() 内部的 switch 逻辑会认为 0 是默认值，并将返回类型从 Something<int> 转为 Nothing<int>。这将导致增加 10 的操作未被执行，单元测试中的输出会切换为 null，测试会因空引用异常而失败。

然而，这种行为实际上是不正确的，因为 0 是 int 的一个有效值。这个问题可以简单地通过在 Bind() 函数中新增一行代码来修复，如下所示：

```
public static Maybe<TOut> Bind<TIn, TOut>(
    this Maybe<TIn> @this,
    Func<TIn, TOut> f)
{
    try
    {
        Maybe<TOut> updatedValue = @this switch
        {
            Something<TIn> s when
                !EqualityComparer<TIn>.Default.Equals(s.Value, default) =>
```

---

[7] 这里的 ulong 并不是乌龙茶，也不是《龙珠》里的乌龙（又称 " 小八戒 "）。

[8] 需要注意的是，bool 类型的默认值是 false，而 char 类型的默认值是 '\0'.

```
                new Something<TOut>(f(s.Value)),
            Something<TIn> s when
                s.GetType().GetGenericArguments()[0].IsPrimitive =>
                    new Something<TOut>(f(s.Value)),
            Something<TIn> _ => new Nothing<TOut>(),
            Nothing<TIn> _ => new Nothing<TOut>(),
            Error<TIn> e => new Error<TOut>(e.ErrorMessage),
            _ => new Error<TOut>(
                new Exception("New Maybe state that isn't coded for!: " +
                    @this.GetType()))
        };
        return updatedValue;
    }
    catch (Exception e)
    {
        return new Error<TOut>(e);
    }
}
```

新增的代码会检查 Maybe<T> 的第一个泛型参数，也就是 T 的"真实"类型。本节开头列出的所有类型的 IsPrimitive 都会被设置为 true。

用这个修改后的 Bind() 函数重新运行单元测试，值为 0 的 int 仍然通不过非默认值的检查，但它会通过下一行的检查，因为 int 属于语言的基元类型。

不过，这也意味着现在所有基元类型都无法被视为 Nothing<T> 了。这是好是坏，要取决于你自己的判断。例如，你可能会认为，如果 T 是一个 bool，那么它应该被视为 Nothing<T>。如果是这样，就需要在 switch 语句中的第一个和第二个代码行之间增加一个新的 case 来特别处理 T 为 bool 类型的情况。

有的时候，可能需要将布尔值 false 传入函数来参与计算。就像前面说的那样，具体怎么做要由你自己决定。

为了完全避免这种情况，一个常用的策略是始终传递可空类型的 T，这样可以更准确地判断一个值属于 Something 还是 Nothing。

7.1.4 Maybe 对象和日志记录

在专业环境中使用单子（monad）时，另一个重要的考虑因素是开发者必备的日志记录工具。将函数执行过程中的各种信息——不仅仅是错误消息，还包括所有重要的状态信息——记录下来，这对于监控程序运行状况至关重要。

可以通过以下方式实现类似的功能：

```
var idMaybe = idValue.ToMaybe();
var transOne = idMaybe.Bind(x => transformationOne(x));
if(transOne is Something<MyClass> s)
```

```
    {
        this.Logger.LogInformation("Processing item " + s.Value.Id);
    }
    else if (transOne is Nothing<MyClass>)
    {
        this.Logger.LogWarning("No record found for " + idValue);
    }
    else if (transOne is Error<MyClass> e)
    {
        this.Logger.LogError(e, "An error occurred for " + idValue);
    }
```

然而，如果频繁使用这种日志记录方式，代码可能很快就会变得难以管理，尤其是在多个 Bind() 操作都需要进行日志记录的情况下

可以将错误日志记录推迟到最后，或者将这个任务留给控制器或最初发起这个请求的其他东西。这样，错误消息就能原样地从一个地方传到另一个地方。不过，偶尔还是需要记录一些通知或警告级别的日志。

我更倾向于为 Maybe 对象添加扩展方法来支持事件处理：

```
public static class MaybeLoggingExtensions
{
    public static Maybe<T> OnSomething(this Maybe<T> @this, Action<T> a)
    {
        if(@this is Something<T> s)
        {
            a(s);
        }
        return @this;
    }
    public static Maybe<T> OnNothing(this Maybe<T> @this, Action a)
    {
        if(@this is Nothing<T> _)
        {
            a();
        }
        return @this;
    }
    public static Maybe<T> OnError(this Maybe<T> @this, Action<Exception> a)
    {
        if(@this is Error<T> e)
        {
            a(e.CapturedError);
        }
        return @this;
    }
}
```

这些扩展方法的使用方式如下：

```
var idMaybe = idValue.ToMaybe();
var transOne = idMaybe.Bind(x => transformationOne(x))
    .OnSomething(x => this.Logger.LogInformation("Processing item " + x.Id))
    .OnNothing(() => this.Logger.LogWarning("No record found for " + idValue))
    .OnError(e => this.Logger.LogError(e, "An error occurred for " + idValue));
```

它相当实用，但有一个缺点。OnNothing() 和 OnError() 状态会原封不动地
从一个 Bind() 传递到另一个 Bind()，所以如果有一长串带有 OnNothing()
或 OnError() 事件处理函数的 Bind() 调用，那么它们在每个 Bind() 调用中
都会执行，如下所示：

```
var idMaybe = idValue.ToMaybe();
var transOne = idMaybe.Bind(x => transformationOne(x))
    .OnNothing(() => this.Logger.LogWarning("Nothing happened one"));
var transTwo = transOne.Bind(x => transformationTwo(x))
    .OnNothing(() => this.Logger.LogWarning("Nothing happened two"));
var returnValue = transTwo.Bind(x => transformationThree(x))
    .OnNothing(() => this.Logger.LogWarning("Nothing happened three"));
```

这段代码示例中的三个 OnNothing() 函数都会被触发，并记录三条警告日志。
这不一定是我们想要的，因为在第一次 Nothing 之后，再重复记录警告可能没
有太大的意义。

虽然我有办法解决这个问题，但这意味着需要写更多的代码。需要新建
Nothing 和 Error 的实例，它们从原始类派生，如下所示：

```
public class UnhandledNothing<T> : Nothing<T>
{
}
public class UnhandledError<T> : Error<T>
{
}
```

接着还需要调整 Bind() 函数，确保在从 Something 状态转换到其他状态时，
返回的是这些新建的类型，如下所示：

```
public static Maybe<TOut> Bind<TIn, TOut>(
    this Maybe<TIn> @this,
    Func<TIn, TOut> f)
{
    try
    {
        Maybe<TOut> updatedValue = @this switch
        {
            Something<TIn> s when
                !EqualityComparer<TIn>.Default.Equals(s.Value, default) =>
```

```
                    new Something<TOut>(f(s.Value)),
                Something<TIn> s when
                    s.GetType().GetGenericArguments()[0].IsPrimitive =>
                        new Something<TOut>(f(s.Value)),
                Something<TIn> _ => new UnhandledNothing<TOut>(),
                Nothing<TIn> _ => new Nothing<TOut>(),
                UnhandledNothing<TIn> _ => new UnhandledNothing<TOut>(),
                Error<TIn> e => new Error<TOut>(e.ErrorMessage),
                UnhandledError<TIn> e => new UnhandledError<TOut>(e.CapturedError),
                _ => new Error<TOut>(
                    new Exception("New Maybe state that isn't coded for!: " +
                        @this.GetType()))
            };
            return updatedValue;
        }
        catch (Exception e)
        {
            return new UnhandledError<TOut>(e);
        }
    }
}
```

最后还要更新事件处理函数，如下所示：

```
public static class MaybeLoggingExtensions
{
    public static Maybe<T> OnNothing(this Maybe<T> @this, Action a)
    {
        if (@this is UnhandledNothing<T> _)
        {
            a();
            return new Nothing<T>();
        }
        return @this;
    }
    public static Maybe<T> OnError(this Maybe<T> @this, Action<Exception> a)
    {
        if (@this is UnhandledError<T> e)
        {
            a(e.CapturedError);
            return new Error<T>(e.CapturedError);
        }
        return @this;
    }
}
```

当 Maybe 对象从 Something 状态切换到其他状态时，不仅标志着发生了 Nothing 或 Exception，也标志着新状态尚未得到处理。

一旦某个事件处理函数被调用，并且识别出了一个未处理的状态，就会触发回调函数来记录日志（或执行其他操作），并返回一个保持相同状态类型的新对象，但这次会标记为已处理。

在之前的例子中，虽然有多个带有 **OnNothing()** 函数的 **Bind()** 调用，但只有第一个 **OnNothing()** 函数会被触发，其余的则会被忽略。

当然，仍然可以使用模式匹配语句来检查 **Maybe** 对象的类型，并在 **Maybe** 对象到达最终目的地（可能在代码库别的某个地方）后，再执行相应的操作。

7.1.5　Maybe 对象和 Async

我知道你接下来想问什么，但很遗憾，我可能得让你失望了——我已经结婚了。什么，我误会了？你想问的是关于异步操作和单子的问题？噢，好吧，那就让我们回归正题……

如何在单子中处理对异步过程的调用？坦白说，这并不复杂。可以继续使用之前编写的 **Maybe** 对象的 **Bind()** 函数，并将以下代码添加到代码库中：

```
public static async Task<Maybe<TOut>> BindAsync<TIn, TOut>(
    this Maybe<TIn> @this,
    Func<TIn, Task<TOut>> f)
{
    try
    {
        Maybe<TOut> updatedValue = @this switch
        {
            Something<TIn> s when
                EqualityComparer<TIn>.Default.Equals(s.Value, default) =>
                    new Something<TOut>(await f(s.Value)),
            Something<TIn> _ => new Nothing<TOut>(),
            Nothing<TIn> _ => new Nothing<TOut>(),
            Error<TIn> e => new Error<TOut>(e.ErrorMessage),
            _ => new Error<TOut>(
                new Exception("New Maybe state that isn't coded for!: " +
                @this.GetType())))
        };
        return updatedValue;
    }
    catch (Exception e)
    {
        return new Error<TOut>(e);
    }
}
```

这里为传递的值添加了另一层包装。最内层是 Maybe 对象，它表示操作可能未成功执行；外层则是 Task，表示在获取 Maybe 对象之前，必须先执行一个异步操作。

在规模更大的代码库中使用这一结构时，最好逐行处理每个 Bind() 调用，以避免在同一个 Bind() 调用链中混淆异步和非异步的版本。否则，最终可能会错误地将 Task<T> 作为类型传递，而不是实际的类型 T。这种方法还让你可以分开处理每个异步调用，并使用 await 语句来获取实际值，然后将这个值传递给下一个 Bind() 操作。

7.1.6　Maybe 对象的嵌套

前文中讨论的 Maybe 对象的使用方法中存在一个潜在的问题。在修改了很多接口，将 Maybe<T> 用作任何涉及外部交互操作的返回类型之后，我才意识到了这个问题。

假设已经创建了几个数据加载器，它们可能是数据库、Web API 或其他形式的数据源；具体是什么在这里不重要：

```
public interface DataLoaderOne
{
    Maybe<string> GetStringOne();
}

public interface DataLoaderTwo
{
    Maybe<string> GetStringTwo(string stringOne);
}

public interface DataLoaderThree
{
    Maybe<string> GetStringThree(string stringTwo);
}
```

在代码的其他部分，我们可能想要使用 Bind() 来依次调用这些接口。

需要注意的是，使用 Maybe<string> 作为返回类型的目的在于，可以通过 Bind() 函数来引用它们。任何一个数据加载器（dataLoaderXXX）调用失败，后续步骤就不会执行，而我们最终将得到一个 Nothing<string> 或 Error<string> 来进行检查：

```
var finalString = dataLoaderOne.GetStringOne()
    .Bind(x => dataLoaderTwo.GetStringTwo(x))
    .Bind(x => dataLoaderThree.GetStringThree(x));
```

然而，以上代码无法通过编译。你觉得是什么原因呢？

这里有三个函数调用在起作用，它们都返回 Maybe<string> 类型。下面逐行分析一下代码。

1. GetStringOne() 返回一个 Maybe<string> 类型。目前一切还好。
2. 第一个 Bind() 调用接收这个 Maybe<string>，将其解包为字符串，并将该字符串传递给 GetStringTwo()，后者返回的 Maybe<string> 被安全地包装到一个新的 Maybe 中。
3. 下一个 Bind() 调用试图解包上一个 Bind() 调用返回的东西，即 GetStringTwo() 的返回类型。但是，GetStringTwo() 实际上返回的是 Maybe<string>，而不是字符串。因此，在这第二个 Bind() 调用中，变量 x 实际上是 Maybe<string>，不能直接传递给 GetStringThree()，后者期望的参数类型是 string。

*似乎*可以通过直接访问存储在 x 中的 Maybe 对象的值来解决这个问题，但首先需要确保它是 Something。但是，如果不是 Something 怎么办？如果 GetStringOne() 在与数据库通信时出错了怎么办？如果找不到字符串又该怎么办？

因此，需要一种方法来解包嵌套的 Maybe 对象，但只有在它确实返回了一个包含有效值的 Something 时才这样做。在其他所有情况下，则需要匹配它的"不快乐"路径（Nothing 或 Error）。

一个办法是创建一个新的 Bind() 函数来专门处理 Maybe 对象的嵌套问题，将其与已经存在的两个 Bind() 函数并列使用，如下所示：

```
public static Maybe<TOut> Bind<TIn, TOut>(
    this Maybe<Maybe<TIn>> @this, Func<TIn, TOut> f)
{
    try
    {
        var returnValue = @this switch
        {
            Something<Maybe<TIn>> s => s.Value.Bind(f),
            Error<Maybe<TIn>> e => new Error<TOut>(e.ErrorMessage),
            Nothing<Maybe<TIn>> => new Nothing<TOut>(),
            _ => new Error<TOut>(
                new Exception("New Maybe state that isn't coded for!: " +
                    @this.GetType())))
        };
        return returnValue;
    }
```

```
    catch (Exception e)
    {
        return new Error<TOut>(e);
    }
}
```

为一个嵌套的 bind（Maybe<Maybe<string>>）调用 Bind()，会解包最外层的 Maybe 对象，只留下 Bind() 回调函数内部的 Maybe<string>。然后，可以为这个 Maybe 对象使用与之前的 Bind() 函数相同的逻辑（就像处理普通的 Maybe<string> 一样）。

还需要为异步版本做同样的处理：

```
public static async Task<Maybe<TOut>> BindAsync<TIn, TOut>(
    this Maybe<Maybe<TIn>> @this,
    Func<TIn, TOut> f)
{
    try
    {
        var returnValue = await @this.Bind(async x =>
        {
            var updatedValue = @this switch
            {
                Something<TIn> s when
                            EqualityComparer<TIn>.Default.Equals(s.Value,
default(TIn)) =>
                        new Something<TOut>(await f(s.Value)),
                Something<TIn> _ => new Nothing<TOut>(),
                Nothing<TIn> _ => new Nothing<TOut>(),
                Error<TIn> e => new Error<TOut>(e.CapturedError)
            };
            return updatedValue;
        });
        return returnValue;
    }
    catch (Exception e)
    {
        return new Error<TOut>(e);
    }
}
```

要从另一个角度理解这个过程，可以思考一下 LINQ 的 SelectMany() 函数。如果向它提供一个数组的数组（即多维数组），它会返回一个扁平化的一维数组。现在，我们对嵌套 Maybe 对象的处理也允许我们对单子做同样的事情。这实际是单子的"定律"之一，是任何自称是"单子"的东西都必须具备的属性。

这自然而然地引出了下一个话题：单子的定律都有哪些？它们有什么用？如何确保 C# 语言的单子也遵循这些定律？

7.2 定律

严格来说,真正的单子必须遵守一组规则(称为定律)。下面将简要介绍这些定律,可以根据它们来判断是不是真正的单子。

7.2.1 左恒等律

左恒等律(left identity law)指出,当一个函数作为参数传递给单子的 `Bind()` 方法时,应返回一个与直接运行该函数时相同的结果,且不会产生副作用。下面的 C# 代码演示了这个概念:

```
Func<int, int> MultiplyByTwo = x => x * 2;

var input = 100;
var runFunctionOutput = MultiplyByTwo(input);
var monadOutput = new Something<int>(input).Bind(MultiplyByTwo);

// runFunctionOutput 和 monadOutput.Value 应该完全相同, 即均为 200, 以符合左恒等律
```

7.2.2 右恒等律

在解释**右恒等律**(right identity law)之前,让我们先暂停一下,了解一些基础概念。第一个需要了解的概念是**函子**(functor)。函子是一种函数,它可以将一个对象或一组对象从一种形式转换为另一种形式。`Map()`、`Bind()` 和 `Select()` 都是函子的例子。

最简单的函子是**恒等函子**(identity functor),它接收一个输入值,并在不产生任何副作用的情况下,原封不动地返回该值。在需要组合多个函数时,恒等函子尤其有用。

之所以谈到恒等函子,是因为它是单子的第二条定律——**右恒等律**——的基础。这个定律表明,当单子在其 `Bind()` 函数中接收到恒等函子时,它将返回原始值,且不会产生任何副作用。

可以按照以下方式测试第 6 章创建的 `Maybe` 对象:

```
Func<int, int> identityInt = (int x) => x;
var input = 200;
var result = new Something<int>(input).Bind(identityInt);
// result = 200
```

Maybe 对象接收一个不会导致错误或返回 null 的函数，执行该函数，并返回该函数的输出（求值）结果。

这两条定律的核心在于，单子不应以任何方式干预传入或传出的数据，也不能干扰作为参数提供给 Bind() 方法的函数的执行。单子只是一个供函数和数据流通的管道。

7.2.3 结合律

前两条定律应该比较好理解，我们的 Maybe 实现已满足了这些定律。然而，最后一条定律——**结合律**（Associativity Law）——要稍微复杂一些。

结合律本质上意味着无论单子如何嵌套，最终都会得到包含单一值的单子。下面用一个简单的 C# 示例来说明这一点：

```
// 初始值
var input = 100;

// 定义两个函数，分别表示乘以 2 和加 100 的操作
var op1 = (int x) => x * 2;
var op2 = (int x) => x + 100;

// 正确的 Bind 链式调用
var versionOne = new Something<int>(input)
    .Bind(op1)          // 应用 op1 函数，得到 Something<int>(200)
    .Bind(op2);         // 应用 op2 函数，得到 Something<int>(300)
// 正确：versionOne.Value 的值为 100 * 2 + 100 = 300

// 错误的 Bind 嵌套调用
var versionTwo = new Something<int>(input)
    .Bind(x => new Something<int>(x).Bind(op1))
    .Bind(op2);  // 类型不匹配，无法应用 op2
// 错误：如果不实现符合结合律的机制，最终会得到 Something<Something<int>> 这样的类型。
// 而无论类型还是值，我们都期望它与 versionOne 完全相同。
```

若想了解这段代码的具体实现方式，请回顾之前的 7.1.6 节 "Maybe 对象的嵌套" 关于如何处理嵌套 Maybe 对象的讨论。

在了解了这三条单子定律之后，可以确信我们的 Maybe 对象是一个完全符合定义的、如假包换的、真正的单子。

下一小节将介绍另一种单子，它可以帮助我们避免存储需要共享的变量。

7.3　Reader 单子

假设现在要生成一份报告，并需要从 SQL Server 数据库提取一系列数据。首先要获取给定用户的记录。接下来，需要利用该记录从一家虚构的书店获取用户的最新订单 [⑨]。最后，将最新的 Order 记录转换为订单项的列表，并在报告中提供这些项的一些细节。

我们希望利用单子风格的 Bind() 操作。如何确保每个步骤的数据都随同数据库连接对象一起传递呢？这个问题不难解决，可以简单地创建一个元组，把两个对象一起传递：

```
public string MakeOrderReport(string userName) =>
    (
        Conn: this.connFactory.MakeDbConnection(),
        userid
    )
    .Bind(x => (
        x.Conn,
        Customer: this.customerRepo.GetCustomer(x.Conn, x.userName)
    ))
    .Bind(x => (
        x.Conn,
        Order: this.orderRepo.GetCustomerOrders(x.Conn, x.Customer.Id)
    ))
    .Bind(x => this.Order.Items.First())
    .Bind(x => string.Join("\r\n", x));
```

虽然这个解决方案可行，但不够优雅。为了保持数据库连接，代码中有一些重复的步骤，这降低了函数的可读性。

仔细想想，就会发现这个函数也不是纯函数。它必须创建一个数据库连接，这本身就是一种副作用。

可以使用另一种函数式结构——Reader 单子——来解决上述问题。它是函数式编程对依赖注入（dependency injection）的一种解决方案。但是，这种注入是在函数层面上进行的，而不是在类层面上。

对于前面提到的函数，我们想要注入的是 IDbConnection，这样数据库连接就可以在函数外部的一个地方实例化，从而确保 MakeOrderReport() 函数保持纯净，即没有任何副作用。

---

⑨　在这个虚构的书店中，我来当老板，你来当帮助顾客找书的店员。我是不是很慷慨？

下面是使用了 Reader 单子的一个简单的例子：

```
var reader = new Reader<int, string>(e => e.ToString());
var result = reader.Run(100);
```

以上代码定义了一个 Reader 单子，它接收并存储一个函数，但不立即执行它。该函数接收一个"环境"变量类型作为参数——这是当前未知的一个值，计划在未来注入——并根据该参数返回一个值（本例是一个整数）。

在第一行，一个将整数转换为字符串的函数被存储到了 Reader 单子中。第二行调用 Run() 函数，它提供了先前缺失的环境变量值（在这里是 100）。如此一来，Reader 单子就能根据它返回一个实际的值了。

由于 Reader 是一个单子，所以它需要多个 Bind() 函数来提供一个处理流程，如下所示：

```
var reader = new Reader<int, int>(e => e * 100)
    .Bind(x => x / 50)
    .Bind(x => x.ToString());

var result = reader.Run(100);
```

注意，reader 变量的类型是 Reader<int, string>。这是由于每次调用 Bind() 都会会在上一个函数的基础上创建一个包装器（对象）。每次调用 Bind() 都会对上一个函数的结果进行处理，并保持一个连续的返回类型转换链。例如，当执行 Run() 后，第一行的 e => e * 100 函数就会执行，其结果作为参数传给第二行的 Bind() 并执行 x => x / 50 函数，以此类推。因此，reader 变量最终的类型是 Reader<int, string>，这表明该 Reader 对象从最初接收一个整数（int）开始，经过一系列转换后最终返回一个字符串（string）

下面展示了 Reader 单子的一个更贴近实际的应用：

```
public Customer GetCustomerData(string userName, IDbConnection db) =>
    new Reader(this.customerRepo.GetCustomer(userName, x))
    .Run(db);
```

或者，可以简单地返回 Reader 单子，然后允许外部环境继续使用 Bind() 函数对其进行进一步的修改，最终由 Run() 函数将其转换为一个具体的值。

```
public Reader<IDbConnection, User> GetCustomerData(string userName) =>
    new Reader(this.customerRepo.GetCustomer(userName, x));
```

这样就可以反复调用同一个函数，并通过 Reader 单子的 Bind() 函数将其转换为我们想要的类型。例如，下例获取客户的订单数据：

```
var dbConn = this.DbConnectionFactory.GetConnection();
var orders = this._customerRepo.GetCustomerData("simon.painter")
```

```
        .Bind(x => x.OrderData.ToArray())
        .Run(dbConn);
```

可以把这种方法想象成一个带锁的箱子,只有插入正确类型的变量才能打开它。

使用 Reader 单子还能轻松地将模拟的 IDbConnection 注入这些函数,并在此基础上编写单元测试。

取决于对代码结构的需求,甚至可以考虑在接口上公开 Reader 单子。如此一来,就不必直接传入像 DbConnection 这样的依赖项。相反,可以传入数据库表的 ID 值,或者其他合适的参数。

```
public interface IDataStore
{
    Reader<int, Customer> GetCustomerData();
    Reader<Guid, Product> GetProductData();
    Reader<int, IEnumerable<Order>> GetCustomerOrders();
}
```

这个技术有很多种用法,具体选择哪种完全取决于你的具体需求和目标。下一节将展示这个概念的一个变体——State 单子。

7.4 State 单子

State 单子的原理与 Reader 单子十分相似。它定义了一个容器,这个容器需要某种形式的状态对象才能将自身转换为合适的最终数据。可以写一系列 Bind() 函数来提供额外的数据转换,但在提供 State 单子之前,它们不会开始"干活儿"。

State 单子与 Reader 单子有两个重要的区别[10]。

- State 使用的是状态类型(state type),而不是环境类型(environment type)。

- 对于 State 单子,在连续的 Bind() 操作之间会传递两个数据项,而非仅仅一项。

在 Reader 单子中,原始环境类型只出现在 Bind() 函数链的开头处(例如 7.3 节例子中传入的整数值 100)。在 State 单子中,状态类型将贯穿整个 Bind() 函数链。State 类型以及当前设置的值存储在一个元组中,并在每个步

---

[10] 译注:State 单子和 Reader 单子都用于在函数式编程中管理依赖,但它们处理的依赖类型不同。State 单子管理可变的状态,而 Reader 单子管理不变的环境。在 State 单子中,Bind() 函数不仅传递计算结果,还传递状态。这与 Reader 单子不同,后者只传递计算结果,环境在整个操作链中保持不变。

骤之间传递。每次操作时,值和 State 都可以替换成新值。值的类型可以改变,而 State 的类型虽然始终不变,但它的值可以视情况而更新。

此外,随时都可以通过函数来获取或替换 State 单子中的 State 对象。

我的实现可能与你在 Haskell 等函数式编程语言中看到的有所不同,但我认为在 C# 语言中严格遵循那种实现方式会带来不必要的复杂性,而且我并不认为那样做有实质性的好处。这里展示的版本更适合日常的 C# 语言编程实践:

```
public class State<TS, TV>
{
    public TS CurrentState { get; init; }
    public TV CurrentValue { get; init; }
    public State(TS s, TV v)
    {
        CurrentValue = v;
        CurrentState = s;
    }
}
```

State 单子不具有多个状态,所以没必要使用抽象基类。它本质上是一个很简单的类,只有两个属性——一个值和一个状态(它们将通过每个实例传递)。

相应的逻辑需要通过扩展方法来实现,如下所示:

```
public static class StateMonadExtensions
{
    public static State<TS, TV> ToState<TS, TV>(this TS @this, TV value) =>
        new(@this, value);

    public static State<TS, TV> Update<TS, TV>(
        this State<TS, TV> @this,
        Func<TS, TS> f
    ) => new(f(@this.CurrentState), @this.CurrentValue);
}
```

一如既往,我们不需要编写大量代码就能实现很多有价值的效果。下面展示它的用法:

```
public IEnumerable<Order> MakeOrderReport(string userName) =>
    this.connFactory.MakeDbConnection().ToState(userName)
        .Bind((s, x) => this.customerRepo.GetCustomer(s, x))
        .Bind((s, x) => this.orderRepo.GetCustomerOrders(s, x.Id));
```

在这个例子中,状态对象作为 s 沿着链传递,最后一个 Bind() 的结果则作为 x 传递。基于这两个值,就可以确定下一个值应该是什么。

当前实现缺少更新当前状态的能力。如果需要，可以通过以下扩展方法来实现：

```
public static State<TS, TV> Update<TS, TV>(
    this State<TS, TV> @this,
    Func<TS, TS> f
) => new(@this.CurrentState, f(@this.CurrentState));
```

下例展示了它的用法：

```
var result = 10.ToState(10)
    .Bind((s, x) => s * x)
    .Bind((s, x) => x - s)  // s = 10, x = 90
    .Update(s => s - 5)     // s = 5, x = 90
    .Bind((s, x) => x / 5); // s = 5, x = 18
```

使用这个技术，我们能创建带有少量状态的箭头函数，这些状态将在不同的
Bind() 操作之间传递，甚至可以根据需要对其进行更新。如此一来，就不再
需要将原本整洁的箭头函数转变成带有大括号的完整函数，也不再需要在每个
Bind() 之间传递包含只读数据的笨重元组。

这种实现方式与 Haskell 语言中的实现有所区别。在 Haskell 语言中，通常需要
先定义一个完整的 Bind() 函数链，然后才提供初始状态值。我认为，在 C# 语
言编程环境中，本书介绍的方法不仅更加实用，而且在编码过程中也更为简便。

7.5　Maybe 单子与 State 单子

你可能已经注意到，前面的代码示例无法像使用 Maybe 那样通过 Bind() 函数
来捕获错误和空值。那么，能否将 Maybe 和 Reader 合并成一个单子，使其既
能持续维护一个 State 对象，又能处理错误？

答案是肯定的，可以通过几种方式实现这一点，具体取决于计划具体如何使用
单子。接下来介绍我偏好的一种解决方案。首先调整 State 类，使其不再直接
存储一个值，而是存储一个包含该值的 Maybe 对象：

```
public class State<TS, TV>
{
    public TS CurrentState { get; init; }
    public Maybe<TV> CurrentValue { get; init; }
    public State(TS s, TV v)
    {
        CurrentValue = new Something<TV>(v);
        CurrentState = s;
    }
}
```

接着对 Bind() 函数进行调整，使其能处理 Maybe 类型，但不更改函数的签名：

```
public static State<TS, TNew> Bind<TS, TOld, TNew>(
    this State<TS, TOld> @this, Func<TS, TOld, TNew> f) =>
    new(@this.CurrentState, @this.CurrentValue.Bind(
        x => f(@this.CurrentState, x))
    );
```

用法几乎完全一样，只是现在 Value 的类型是 Maybe<T> 而不是简单的 T。这只影响容器函数的返回值：

```
public Maybe<IEnumerable<Order>> MakeOrderReport(string userName) =>
    this.connFactory.MakeDbConnection().ToState(userName)
    .Bind((s, x) => this.customerRepo.GetCustomer(s, x))
    .Bind((s, x) => this.orderRepo.GetCustomerOrders(s, x.Id))
```

是否需要以这种方式合并 Maybe 单子和 State 单子，则完全取决于你。如果选择采用这种方式，那么只需记得在某一处使用 switch 表达式将 Maybe 转换为一个具体的值即可。

最后要记住一点，State 单子的 CurrentValue 对象不一定是数据；它还可以是一个 Func 委托，让我们可以在 Bind() 调用之间传递一些特定的功能性。

下一节将展示你在 C# 语言中可能已经用过的单子类型。

7.6 示例：你可能已经用过的单子

也许平时没有意识到，但假如已经用 C# 语言做过一段时间的开发了，那么很可能已在不知不觉中用过单子了。下面来看几个例子。

7.6.1 可枚举对象

尽管可枚举对象（enumerable）可能不是标准的单子，但它和单子非常相似，尤其是在与基于函数式概念开发的 LINQ 结合使用的时候。

可枚举对象的 Select() 方法作用于可枚举对象中的单个元素，但它仍然遵循单子的左恒等律。

```
var op = x => x * 2;
var input = new [] { 100 };

var enumerableResult = input.Select(op);
var directResult = new [] { op(input.First()) };
// 两者的值相同 - { 200 }
```

可枚举对象还遵循右恒等律：

```
var op = x => x;
var input = new [] { 100 };

var enumerableResult = input.Select(op);
var directResult = new [] { op(input.First()) };
// 两者的值相同 - { 100 }
```

要想真正满足单子的定义，还需要遵循结合律。那么，可枚举对象是否遵循这一定律呢？答案是肯定的，它通过 SelectMany() 方法做到了这一点。

请看以下代码：

```
var createEnumerable = (int x) => Enumerable.Range(0, x);
var input = new [] { 100, 200 }
var output = input.SelectMany(createEnumerable);
// 输出是一个包含 300 个元素的一维数组
```

嵌套的可枚举对象被输出为单一的可枚举对象，这正体现了结合律。因此，可以断定，可枚举对象是一种单子。

7.6.2　Task

那么，Task 呢？它们也是单子吗？我敢和你赌上一杯啤酒，它们绝对是单子，而且我可以证明给你看 [11]。让我们再次回顾一下单子的定律。

根据左恒等律，使用 Task 进行的函数调用应该与直接调用该函数产生相同的结果。这有点难证明，因为异步方法总是返回 Task 或 Task<T> 类型的一个对象，这在许多方面与 Maybe<T> 相似。它本质上是一个也许能解析为实际数据的类型包装器。但是，如果回到更高一层的抽象，我们仍然可以证明它遵守了这一定律：

```
public Func<int> op = x => x * 2;
public async Task<int> asyncOp(int x) => await Task.FromResult(op(x));
var taskResult = await asyncOp(100);
var nonTaskResult = op(100);
// 结果相同，均为 200
```

虽然这段代码有点粗糙，但它至少证明了一个关键点：无论是否通过异步包装方法调用 op，最终结果都是一样的。这证明了左恒等律成立。那么右恒等律呢？实际上，可以用差不多相同的代码来证明：

```
// 注意，这次函数只是原封不动地返回 x
public Func<int> op = x => x;
public async Task<int> asyncOp(int x) => await Task.FromResult(op(x));
```

---

[11] 我个人偏爱黑啤酒和欧式拉格啤酒，产自美国明尼苏达州的烈性啤酒同样令人赞叹。

```
var taskResult = await asyncOp(100);
var nonTaskResult = op(100);
// 结果与初始输入相同，仍为 100
```

两个恒等律都得到了证明。那么，同样重要的结合律呢？实际上，可以通过 Task 来证明这一点：

```
async Task<int> op1(int x) => await Task.FromResult(10 * x);
async Task<int> pp2() => await Task.FromResult(100);
var result = await op1(await pp2());
// result = 1,000
```

在这个例子中，一个 Task<int> 作为参数传递给了另一个 Task<int>，但通过嵌套调用 await，这个过程最终可以扁平化为一个简单的 int，也就是 result 的实际类型。

希望这可以为我赢下那杯啤酒。一品脱[12] 就可以，谢谢。或者公制的半升啤酒也可以。

7.7　其他结构

如果觉得前面对 Maybe 单子的解释已经足够，不想再做进一步的研究，那么可以直接跳到第 8 章。Maybe 足以实现你想要的大部分功能。接下来，我将介绍一些存在于更广泛的函数式编程语言中的其他类型的单子，可以考虑在 C# 语言中实现它们。

如果想要从 C# 代码中彻底消除非函数式编程的痕迹，那么这些单子可能会引起你的兴趣。另外，这些单子从理论角度来看也非常有趣。不过，是否要进一步探索和实现这些类型完全取决于你。

严格来说，我在本章以及第 6 章构建的 Maybe 单子实际上是两种单子的结合。真正的 Maybe 单子只包含两种状态：Something（或 Just）和 Nothing（或 Empty）。仅此而已。

用于处理错误状态的单子是 Either（又名 Result）单子。它包含两种状态：Left 和 Right。Right 代表"快乐"路径，在这个路径上，传递给 Bind() 方法的每个函数都能顺利执行。Left 是"不快乐"路径，在这个路径上，某种错误发生了，并且错误被包含在 Left 中。

Left 和 Right 的命名可能源自许多文化中的一种普遍观念，即左代表邪恶，右代表善良。这种观念甚至在一些语言中都有所体现，例如，拉丁语中，用 sinister

---

⑫　也就是 568 毫升。我知道其他许多国家使用的是不同的容量单位。

来表示左。不过，在这个开明的现代社会，我们已经不会像以前那样把左撇子赶出家门了[13]。

这里不会详细说明这个实现，你可以使用我提供的 Maybe 实现并移除 Nothing 类来实现类似的功能。

类似地，可以通过移除 Error 类来创建纯粹的 Maybe——尽管我必须指出，结合使用这两者，我们能处理与外部资源交互时可能遇到的几乎所有情况。

我的方法是否属于纯函数式编程？也不尽然。它在生产代码中是否有用？答案是百分之百有用。

除了 Maybe 和 Either，还有其他许多类型的单子，如果使用像 Haskell 这样的编程语言，你可能会频繁使用它们。下面是一些示例。

- Identity：这是一种简单返回输入的值的单子。在更纯粹的函数式语言中深入研究函数式理论时，这种单子非常有用，但它在 C# 语言中几乎没有什么应用场景。

- IO：这种单子用于在不引入非纯函数[14]的场景，用来实现与外部资源的交互。在 C# 语言中，我们可以通过采用控制反转（Inversion-of-Control，IoC）模式（即依赖注入）来解决测试等方面的问题。[15]

- Writer：这种单子允许在传递给单子的每个 Bind() 操作中生成类似日志条目的输出。然而，我不确定在 C# 语言中实现它有什么特别的好处。

如你所见，函数式编程世界还有其他许多类型的单子，但我认为其中绝大多数都没有实质性的帮助。归根结底，C# 语言是一种融合函数式和面向对象编程特性的混合式语言。虽然它为支持函数式编程概念而做了一些扩展，但它永远不会成为一种纯函数式语言，我们也没有必要将其视为纯函数式语言。

---

[13] 我的兄弟马克就是一个左撇子。"嗨，马克！你的名字出现在了一本介绍编程的书里！真好奇你能不能发现这件事。"

[14] 译注：纯函数的定义请参见第 1 章。IO 单子的作用是将预期产生副作用的操作（如输入输出）封装在一个纯函数的上下文中。这样就可以在保持函数式编程的纯净性的同时，处理与外部世界的交互。

[15] 译注：控制反转（IoC）是一种软件工程设计原则，其控制流程与传统编程相反。在传统编程中，自定义代码控制流程并调用可重用的库。而在 IoC 中，可重用代码（通常是框架）控制流程并调用自定义的、特定于应用程序的代码。实现 IoC 最常见的方法是依赖注入（DI）。通过 DI，依赖关系从外部被"注入"到组件中。

我很推荐尝试 Maybe 单子或 Either 单子，但除此之外，不建议在其他类型的单子上面投入过多精力——除非是出于探索精神，想要测试函数式编程在 C# 语言中的极限。但是，这不一定适合你的生产环境。

本章最后一节将提供一个完整的示例，展示如何在应用程序中使用单子。

7.8　工作示例

好的，让我们开始吧。我们将把所有内容整合成一个宏伟且具有史诗色彩的函数式编程和单子的集合。本书之前已经探讨了一个旅游团的例子。这一次，我们将关注如何前往机场的问题。这涉及一系列数据查询和转换，如果采用传统的面向对象编程方法，这些操作通常都涉及错误处理和逻辑分支。不过，运用函数式技术和单子，我们可以编写出更优雅的代码。

首先要定义接口。本节不打算编写代码的每一个依赖项，只定义所需的接口：

```
public interface IMappingSystem
{
    Maybe<Address> GetAddress(Location l);
}

public interface IRoutePlanner
{
    Task<Maybe<Route>> DetermineRoute(Address a, Address b);
}

public interface ITrafficMonitor
{
    Maybe<TrafficAdvice> GetAdvice(Route r);
}

public interface IPricingCalculator
{
    decimal PriceRoute(Route r);
}
```

接下来，我们将使用这些接口编写代码。设定的背景是不远的未来，无人驾驶汽车已经普及。大多数人不再购买私家车，而是在需要用车时通过手机应用将一辆无人驾驶汽车直接预约到家门口。

具体的流程如下。

1. 初始输入是由用户提供的起点和目的地。

2. 在地图系统中查找这些地点，并将其转换成正确的地址。

3. 从内部数据存储获取用户的账户信息。

4. 通过交通服务检查当前路线的可行性。

5. 通过定价服务确定旅程的费用。

6. 将价格返回给用户。

这个流程可以用以下代码来实现：

```
public Maybe<decimal> DeterminePrice(Location from, Location to)
{
    var addresses = this.mapping.GetAddress(from).Bind(x =>
        (From: x, To: this.mapping.GetAddress(to))
    );

    var route = await addresses.BindAsync(async x =>
        await this.router.DetermineRoute(x.From, x.To)
    );

    var trafficInfo = route.Bind(x => this.trafficAdvisor.GetAdvice(x));

    var hasRoadWorks = trafficInfo is Something<TrafficAdvice> s &&
        s.Value.RoadworksOnRoute;

    var price = route.Bind(x => this.pricing.PriceRoute(x));

    var finalPrice = route.Bind(x => hasRoadWorks ? x *= 1.1m : x);

    return finalPrice;
}
```

是不是很简洁？在结束这一章的讨论之前，我想详细解释一下这个代码示例中的一些细节。

首先，代码中没有任何错误处理。任何外部依赖都可能导致异常的抛出，或者报告无法在相应的数据存储中找到所需的信息。单子的 Bind() 函数负责处理所有这些逻辑。例如，如果路线规划器无法规划出一条路线（可能是因为网络错误），那么 Maybe 对象将被设置为 Error<Route>，后续操作将不会被执行。最终的返回类型将是 Error<decimal>，因为 Error 类在每一步都会被重新实例化，但实际的 Exception 会在实例之间传递。当外部环境接收到最终返回的值后，会负责检查这个值是 Something<decimal> 还是某种错误状态，并相应做出处理。然后，接收方可以决定如何将这些信息传达给终端用户。

如果以面向对象编程的方式来编写这段代码，函数的体量很可能会增加两到三倍，这是因为必须添加 **try/catch** 块对每个对象进行有效性检查。

为了构建一组输入，我采用了元组的方式。以 Address 对象为例，如果未能找到第一个地址，那么系统不会继续尝试查找第二个地址。这也意味着执行第二个函数所需的两个输入参数都可以在同一个位置找到，可以通过后续的 Bind() 调用来获取这些输入（前提是地址查找返回了有效的值）。

虽然最后几步不涉及对外部依赖的调用，但通过继续使用 Bind() 函数，可以保证其参数（一个 lambda 表达式）处理的是一个有效的值。因为假如不是有效的值，这个 lambda 表达式根本不会执行。

就这样，我们得到了一段功能完备的 C# 代码，希望你会喜欢。

7.9 小结

本章探讨了一个让许多资深开发者闻风丧胆的函数式编程概念——单子。如果一切顺利，单子现在对你来说应该不再是一个难题了。

本章展示了如何实现以下目标：

- 大幅减少所需的代码量；
- 引入隐式的错误处理系统。

通过使用和创建 Maybe 单子，你已经成功实现了这些目标。

下一章将简要介绍柯里化（currying）这个概念。

第 8 章

柯里化和偏函数

柯里化（currying）和**偏函数**（partial application）是源自经典数学论文的两个重要函数式编程概念。首先要澄清一点：柯里化和某种知名的印度美食无关。[①] 实际上，这一概念是以美国数学家哈斯凯尔·布鲁克斯·柯里（Haskell Brooks Curry）的名字命名的，值得一提的是，有多达三种编程语言以他的名字命名。[②]

如第 1 章所述，柯里化源自柯里在组合逻辑领域的研究，这些研究为现代函数式编程奠定了理论基础。本章不会讲解枯燥的正式定义，而是通过示例来阐释这个概念。下面是 **Add( )** 函数的一个伪代码示例：

```
public interface ICurriedFunctions
{
    decimal Add(decimal a, decimal b);
}

var curry = // 获取接口实现的逻辑
var answer = curry.Add(100, 200);
```

在这个例子中，我们预期的结果是 300（即 100 + 200），实际结果也确实符合预期。

但是，如果只传递一个参数，结果会怎样呢？如下所示：

```
public interface ICurriedFunctions
{
    decimal Add(decimal a, decimal b);
}
var curry = // 获取接口实现的逻辑
var answer = curry.Add(100); // 这会得到什么？
```

---

① curry 在英语中也有"咖哩"的意思。顺便提供一个美食小贴士：如果有机会去孟买，不妨去希瓦吉公园的 Tibb's Frankie 餐厅吃一顿，相信我，你不会后悔的！

② 除了众所周知的 Haskell 语言，还有 Brook 和 Curry 这两种相对不那么知名的语言。

在这种情况下，如果这是一个柯里化的函数，你认为返回的 answer 会是什么？

如第 1 章所述，函数式编程有一个经验法则——对于遇到的任何问题，答案都很可能是"函数"。在当前场景中，这个经验法则同样适用。

如果这是一个柯里化的函数，那么 answer 变量将是一个函数。具体来说，它将是原始 Add() 函数的一个变体，其中第一个参数被固定为100，这使得该函数转变成了一个新的函数，它能将 100 加到我们提供的任何数值之上。

可以像下面这样使用该函数：

```
public interface ICurriedFunctions
{
    decimal Add(decimal a, decimal b);
}

var curry = // 获取接口实现的逻辑

var add100 = curry.Add(100); // Func<decimal, decimal>, 将 100 加到输入上

var answerA = add100(200);   // 300 -> 200+100
var answerB = add100(0);     // 100 -> 0+100
var answerC = add100(900);   // 1000 -> 900+100
```

这段代码主要展示了一种技术：从一个多参数的函数开始，创建该函数的多个更具体的版本。一个基础函数可以变成多个不同的函数。如果愿意，可以把它想象为面向对象编程中的继承。但是，它们的工作原理实际上并不一样。

在柯里化中，真正拥有逻辑的只有那一个基础函数——其他所有函数本质上都是对该基础函数的引用，它们随时准备将自己携带的参数传递给基础函数。

那么，柯里化究竟有什么意义呢？应该如何使用它？下一节会具体进行说明。

8.1　柯里化和大型函数

之前的 Add() 示例只有一对参数，所以在进行柯里化时，只有两个选项：

- 提供第一个参数并得到一个函数；
- 提供两个参数并得到一个值。

如果函数具有多个参数，该如何进行柯里化呢？下面用一个简单的 CSV 解析器示例来阐释这一点。这个 CSV 解析器接收一个 CSV 格式的文本文件，按行将其拆分为多条记录，然后使用分隔符（通常是逗号）将每条记录中的属性拆分出来。

假设为书籍数据的加载编写了一个解析器函数，如下所示：

```
// 输入格式如下:
//
// title,author,publicationDate（标题行，包含以下列标题：书名、作者、出版日期）
// The Hitch-Hiker's Guide to the Galaxy,Douglas Adams,1979
// Dimension of Miracles,Robert Sheckley,1968
// The Stainless Steel Rat,Harry Harrison,1957
// The Unorthodox Engineers,Colin Kapp,1979

public IEnumerable<Book> ParseBooks(string fileName) =>
    File.ReadAllText(fileName)
        .Split("\r\n")
        .Skip(1) // 跳过标题行
        .Select(x => x.Split(",").ToArray())
        .Select(x => new Book
        {
            Title = x[0],
            Author = x[1],
            PublicationDate = x[2]
        });

var bookData = ParseBooks("books.csv");
```

这很好，但问题是接下来的两批书籍使用了不同的格式。books2.csv 文件使用竖线符号而不是逗号来分隔字段，而 books3.csv 来自 Linux 环境，它使用的换行符是 \n，而不是 Windows 风格的 \r\n。

可以通过创建三个相差无几的函数来解决这个问题。但我不喜欢不必要的重复，因为这会给未来维护代码库的开发者带来额外的负担。

一个更合理的解决方案为所有可能变化的因素定义额外的参数：

```
public IEnumerable<Book> ParseBooks(
    string lineBreak, // 换行符
    bool skipHeader,
    string fieldDelimiter, // 字段（域）分隔符
    string fileName
) =>
    File.ReadAllText(fileName)
        .Split(lineBreak)
        .Skip(skipHeader ? 1 : 0)
        .Select(x => x.Split(fieldDelimiter).ToArray())
        .Select(x => new Book
        {
            Title = x[0],
            Author = x[1],
            PublicationDate = x[2]
        });

var bookData = ParseBooks(Environment.NewLine, true, ",", "books.csv");
```

如果不按函数式编程方式来使用这个函数，就不得不为每一种可能的 CSV 文件格式填写所有参数，如下所示：

```
var bookData1 = ParseBooks(Environment.NewLine, true, ",", "books.csv");
var bookData2 = ParseBooks(Environment.NewLine, true, "|", "books2.csv");
var bookData3 = ParseBooks("\n", false, ",", "books3.csv");
```

柯里化的核心思想是一次只提供一个参数。每次调用柯里化的函数时，可能发生的情况有两种：（1）生成一个新函数，它需要的参数比之前少一个；（2）如果已经为基础函数提供了所有必需的参数，就直接返回一个具体的值。

在之前的代码示例中，使用完整参数集进行的调用可以用以下代码替换：

```
// 首先是一些使 parseBooks 函数柯里化的魔法，
// 稍后将会讲解实现细节，现在先探索一下理论。

var curriedParseBooks = ParseBooks.Curry();

// 这两个函数接受 3 个参数: string, string, string
var parseSkipHeader = curriedParseBooks(true);
var parseNoHeader = curriedParseBooks(false);

// 2 个参数
var parseSkipHeaderEnvNl = parseSkipHeader(Environment.NewLine);
var parseNoHeaderLinux = parseNoHeader("\n");

// 每个函数接受 1 个参数
var parseSkipHeaderEnvNlCommarDel = parseSkipHeaderEnvNl(",");
var parseSkipHeaderEnvNlPipeDel = parseSkipHeaderEnvNl("|");
var parseNoHeaderLinuxCommarDel = parseNoHeaderLinux(",");

// 实际的数据，包含书籍数据的可枚举对象
var bookData1 = parseSkipHeaderEnvNlCommarDel("books.csv");
var bookData2 = parseSkipHeaderEnvNlPipeDel("books2.csv");
var bookData3 = parseNoHeaderLinuxCommarDel("books3.csv");
```

这里的关键在于，柯里化将一个具有 x 个参数的函数转变为一系列共 x 个函数，每个函数都接受单个参数，并由最后一个函数返回最终结果。

甚至可以像下面这样重写之前的函数调用（如果真的有必要的话）：[3]

③ 译注：假定有一个原始函数 f(x, y, z)，在经过柯里化后，它可能变成如下形式：curry(x)(y)(z)。这里，curry(x) 是一个函数，它返回另一个函数 Func<Y, Func<Z, TResult>>。这个返回的函数再接收 y，返回另一个处理 z 的函数。在这个结构中，每个 Func 委托都相当于一个层级，它们之间形成一个链。在这个链中，每个函数的调用都依赖于前一个函数的输出。

```
var bookData1 = parseBooks(true)(Environment.NewLine)(",")("books.csv");
var bookData2 = parseBooks(true)(Environment.NewLine)("|")("books2.csv");
var bookData3 = parseBooks(true)("\n")(",")("books3.csv");
```

第一个柯里化示例的关键在于，我们逐步构建了一个只接收文件名作为参数的
特定版本的函数。同时，我们保留了所有中间版本的函数，以便在构建其他函
数时重用。

可以把这个过程比作用乐高积木搭建一堵墙，每块积木都代表一个函数。或者，
从另一个角度来看，我们是在构建一个函数的家族树，每个决策点都会在家族
树上形成新的分支，如图 8-1 所示。

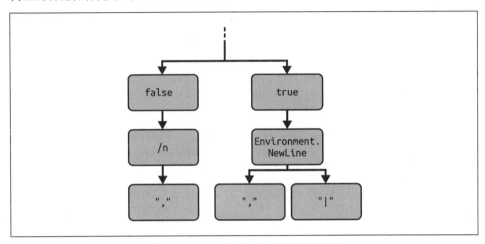

图 8-1　parseBooks() 函数的家族树

另一个在生产环境中比较常见的例子是将日志记录函数拆分为多个更具体的
函数：

```
// 本例中的参数包括一个枚举（日志类型 - 警告、错误、信息等）
// 和一个字符串，其中包含要存储在日志文件中的消息
var logger = getLoggerFunction();
var curriedLogger = logger.Curry();
var logInfo = curriedLogger(LogLevel.Info);
var logWarning = curriedLogger(LogLevel.Warning);
var logError = curriedLogger(LogLevel.Error);

// 然后，可以像下面这样使用它们：
logInfo("This currying lark works a treat!");
```

这个技术具有几个实用的特性。

- 我们最终只创建了一个函数，但通过它，至少能派生出三个只需要文件名就能使用的函数变体。这将代码的可重用性提升到了一个新的水平！
- 所有中间步骤产生的函数也都是可用的。它们既可以直接使用，也可以被用作创建新函数的基础。

C# 语言中还有柯里化的另一个应用场景，下一节将具体讨论。

8.2 柯里化和高阶函数

假设需要利用柯里化来创建一些在摄氏度和华氏度之间进行转换的函数。首先，我们需要为每个基本的算术运算创建柯里化的版本，如下所示：

```
// 重申一下，当前暂时省略了柯里化的实现过程。
// 若想了解具体的实现，请继续阅读。
var add = ((x, y) => x + y).Curry();
var subtract = ((x, y) => y - x).Curry();
var multiply = ((x, y) => x * y).Curry();
var divide = ((x, y) => y / x).Curry();
```

利用这一技术，再结合第 7 章介绍的 map 函数，可以定义一组相当简洁的函数，如下所示：

```
var celsiusToFahrenheit = x =>
    x.Map(multiply(9))
     .Map(divide(5))
     .Map(add(32));

var fahrenheitToCelsius = x =>
    x.Map(subtract(32))
     .Map(multiply(5))
     .Map(divide(9));
```

这些技术的实用性在很大程度上取决于具体的使用场景，包括具体的目标是什么以及柯里化是否适合这一目标。如你所见，可以在 C# 语言中进行柯里化——前提是能在 C# 语言中找到实现它的方法。

8.3　在 .NET 中使用柯里化

一些更偏向函数式编程的语言提供了对柯里化的原生支持，但在 .NET 中又如何呢？

简短的回答是"比较难"。更详细的回答是"在某种程度上可以"。在 .NET 中进行柯里化并不像在函数式编程语言（例如 F#）中那样优雅，因为那些语言对柯里化提供了全面的原生支持。在 .NET 中，则可能需要通过硬编码、创建静态类或者对语言做一些额外的处理才能实现柯里化。

硬编码的方式假定我们将始终以柯里化的形式使用函数，如下所示：

```
var Add = (decimal x) => (decimal y) => x + y;
var Subtract = (decimal x) => (decimal y) => y - x;
var Multiply = (decimal x) => (decimal y) => x * y;
var Divide = (decimal x) => (decimal y) => y / x;
```

注意，每个函数都有两组箭头，这意味着我们定义了一个 Func 委托，它返回另一个 Func 委托 —— 也就是说，具体的类型是 Func<decimal, Func<decimal, decimal>>。如果使用 C# 10 或更新版本，那么可以借助 var 关键词来实现隐式类型推断，如前述代码所示。较旧的 C# 版本则可能需要在代码中显式指定委托类型。

第二个选项是创建一个可以在代码库中任何地方引用的静态类。可以随意命名这个类，我选择把它命名为"F"以表示"Functional"（函数式）：

```
public static class F
{
    public static Func<T1, Func<T2, TOut>> Curry<T1, T2, TOut>(
      Func<T1, T2, TOut> functionToCurry) =>
        (T1 x) => (T2 y) => functionToCurry(x, y);

    public static Func<T1, Func<T2, Func<T3, TOut>>> Curry<T1, T2, T3, TOut>(
      Func<T1, T2, T3, TOut> functionToCurry) =>
        (T1 x) => (T2 y) => (T3 z) => functionToCurry(x, y, z);

    public static Func<T1, Func<T2, Func<T3, Func<T4, TOut>>>>
      Curry<T1, T2, T3, T4, TOut>(
      Func<T1, T2, T3, T4, TOut> functionToCurry) =>
        (T1 x) => (T2 y) => (T3 z) => (T4 a) => functionToCurry(x, y, z, a);
}
```

这实际是在被柯里化的最终函数调用和使用该函数的代码区域之间放置了多层 Func 委托。

它的缺点在于，必须为每一种可能的参数数量创建一个 `Curry()` 方法。本例涵盖了具有 2 个、3 个以及 4 个参数的函数。但是，如果函数的参数数量超过 4 个，就必须按相同的模式创建新的 `Curry()` 方法。

另一个问题是，Visual Studio 无法隐式推断传入函数的类型，因此，在调用 `F.Curry()` 时，必须显式指定每个参数的类型，如下所示：

```
var Add = F.Curry((decimal x, decimal y) => x + y);
var Subtract = F.Curry((decimal x, decimal y) => y - x);
var Multiply = F.Curry((decimal x, decimal y) => x * y);
var Divide = F.Curry((decimal y, decimal y) => y / x);
```

最后一个选项——也是我最推荐的选项——是使用扩展方法来减少所需的样板代码。对于具有 2 个、3 个和 4 个参数的函数，可以像下面这样定义：

```
public static class Ext
{
    public static Func<T1,Func<T2, T3>> Curry<T1,T2,T3>(
        this Func<T1,T2,T3> @this) =>
            (T1 x) => (T2 y) => @this(x, y);

    public static Func<T1,Func<T2,Func<T3,T4>>>Curry<T1,T2,T3,T4>(
        this Func<T1,T2,T3,T4> @this) =>
            (T1 x) => (T2 y) => (T3 z) => @this(x, y, z);

    public static Func<T1,Func<T2,Func<T3,Func<T4,T5>>>>Curry<T1,T2,T3,T4,T5>(
        this Func<T1,T2,T3,T4,T5> @this) =>
            (T1 x) => (T2 y) => (T3 z) => (T4 a) => @this(x, y, z, a);
}
```

很不优雅，对吧？好消息是，可以把它放在代码库中某个隐蔽的角落，然后基本就不用管它了。下面展示了它的用法：

```
// 专门在一行中定义函数，以提高可读性。
// 另外，函数必须作为 Func 委托存储，而不能作为 Lambda 表达式。
var Add = (decimal x, decimal y) => x + y;
var CurriedAdd = Add.Curry();

var add10 = CurriedAdd(10);
var answer = add10(100);
// answer = 110
```

现在，你应该对柯里化的概念有一定的了解了。细心的读者可能已经发现，本章的标题是"柯里化和偏函数"。

那么，什么是偏函数呢？既然你这么礼貌地问到了这个问题……

8.4 偏函数

偏函数（partial application）[④] 在功能上与柯里化类似，但两者之间存在细微的差异。这两个术语经常被（错误地）互换使用。

柯里化专注于将一个多参数的函数转换为一系列只接受一个参数的函数调用（也就是所谓的一元函数）。偏函数则允许一次性为函数提供任意数量的参数。在传入所有参数后，它才会执行并生成结果。

再次回顾一下之前提到的解析函数示例，我们要处理的文件格式如下。

- books1：Windows 换行符，包含列标题，字段以逗号分隔。
- books2：Windows 换行符，包含列标题，字段以竖线分隔。
- books3：Linux 换行符，无列标题，字段以逗号分隔。

在柯里化的情况下，我们创建了一系列中间步骤来依次设置 books3 的每个参数，即使它们仅在这一场景下才有用。还对 books1 和 books2 采取了同样的做法，尽管它们的 SkipHeader（是否跳过列表标题）和 LineEndings（换行符是什么）参数是一样的。

可以使用如下所示的代码来节省一定的编码量：

```
var curriedParseBooks = parseBooks.Curry();

var parseNoHeaderLinuxCommaDel = curriedParseBooks(false)("\n")(",");

var parseWindowsHeader = curriedParseBooks(true)(Environment.NewLine);
var parseWindowsHeaderComma = parseWindowsHeader(",");
var parseWindowsHeaderPipe = parseWindowsHeader("|");

// 实际数据，即包含书籍数据的可枚举对象
var bookData1 = parseWindowsHeaderComma("books.csv");
var bookData2 = parseWindowsHeaderPipe("books2.csv");
var bookData3 = parseNoHeaderLinuxCommaDel("books3.csv");
```

但如果能使用偏函数来设置相同的两个参数，代码会变得更加简洁明了，如下所示：

```
// 使用名为 Partial 的扩展方法来设置参数，
// 具体的实现请参见下一节。
```

---

④ 译注：根据英文，偏函数也可以称为“部分应用”，它是指固定多元（多参数）函数的一部分参数，并返回一个可以接受剩余部分参数的函数的转换过程。相比之前，“柯里化”每个中间函数只接收一个参数。简单地说，偏函数更灵活，可以一次固定多个参数。柯里化更规范，每个中间函数都只接收一个参数。

```
var parseNoHeaderLinuxCommarDel = ParseBooks.Partial(false,"\n",",");
var parseWindowsHeader =
curriedParseBooks.Partial(true, Environment.NewLine);
var parseWindowsHeaderComma = parseWindowsHeader.Partial(",");
var parseWindowsHeaderPipe = parseWindowsHeader.Partial("|");

// 实际数据，即包含书籍数据的可枚举对象
var bookData1 = parseWindowsHeaderComma("books.csv");
var bookData2 = parseWindowsHeaderPipe("books2.csv");
var bookData3 = parseNoHeaderLinuxCommarDel("books3.csv");
```

这个解决方案非常优雅，它仍然只有一个基础函数，但允许在需要时重用中间
函数。下一节将具体解释如何实现。

8.5 在 .NET 中实现偏函数

坏消息是，几乎不可能在 C# 语言中优雅地实现偏函数。我们将不得不为传入
和传出参数数量的每一种组合创建一个扩展方法。

以之前的例子为例，我们需要以下几个扩展方法。

- 从 4 个参数减少到 1 个的方法，用于 parseNoHeaderLinuxCommaDel。

- 从 4 个参数减少到 2 个的方法，用于 parseWindowsHeader。

- 从 2 个参数减少到 1 个的方法，用于 parseWindowsHeaderComma 和
  parseWindowsHeaderPipe。

下面是这些方法的具体实现：

```
public static class PartialApplicationExtensions
{
    // 4 个参数变为 1 个
    public static Func<T4,TOut> Partial<T1,T2,T3,T4,TOut>(
        this Func<T1,T2,T3,T4,TOut> f,
        T1 one, T2 two, T3 three) => (T4 four) => f(one, two, three, four);

    // 4 个参数变为 2 个
    public static Func<T3,T4,TOut>Partial<T1,T2,T3,T4,TOut>(
        this Func<T1,T2,T3,T4,TOut> f,
        T1 one, T2 two) => (T3 three, T4 four) => f(one, two, three, four);

    // 2 个参数变为 1 个
    public static Func<T2, TOut> Partial<T1,T2,TOut>(
        this Func<T1,T2,TOut> f, T1 one) =>
        (T2 two) => f(one, two);
}
```

如果打算采用偏函数，可以根据需要将偏函数逐步地添加到代码库中，也可以专门安排一段时间，一次性创建出未来可能需要的所有偏函数。

8.6　小结

柯里化与偏函数是函数式编程领域中的两个相互关联的重要概念。遗憾的是，C# 语言并没有为它们提供原生支持，未来也不太可能提供。

可以通过静态类或扩展方法来实现这些技术，但这会引入一些额外的样板代码，这实际上有些讽刺，因为使用这些技术的部分原因是我们想要减少对样板代码的需求。

鉴于 C# 语言不像 F# 和其他函数式语言那样支持高阶函数，C# 语言不能像其他语言那样自然地传递函数，除非将函数转换为 Func 委托。

即使函数被转换为 Func，Roslyn 编译器也不一定能正确判断参数类型。因此，这些技术在 C# 语言环境中的实用性可能永远赶不上其他语言。尽管如此，它们在减少样板代码和提升代码可重用性方面仍然很有帮助。

是否使用这些技术取决于个人偏好。虽然我认为它们对于函数式 C# 语言来说并不是必需的，但它们仍然值得开发者去探索和了解。

下一章将进一步探索函数式 C# 语言中不定循环（indefinite loop）的秘密，以及所谓的尾调用优化（tail call optimization）究竟是什么。

第 9 章

不定循环

前面介绍了函数式编程如何使用像 Select() 或 Aggregate() 这样的 LINQ 函数来替代 for 循环和 foreach 循环。这些方法非常有效，前提是处理的是一个固定长度的数组，或者一个能自行决定何时结束迭代的可枚举对象。

但是，如果不确定需要迭代多长时间，或是需要在满足某个条件前不定地迭代呢？

本章首先介绍一个古老的印度棋盘游戏——蛇梯棋的非函数式实现。[①] 没有体验过这款经典棋盘游戏的朋友，请先看看这个游戏的规则。

- 整个棋盘是一个"监狱"，由 100 个方格组成。玩家从第 1 格出发，目标是到达第 100 格，此时就"出狱"了。

- 玩家轮流投掷骰子，按照骰子的点数前进相应的格数。

- 当棋子落在梯子底部时，它可以直接向上"爬"到梯子的顶部，靠近第 100 格，推进进度。

- 当棋子落在蛇头上时，它将直接"滑"到蛇尾，远离第 100 格，进度倒退。

- 玩家掷出 6 点可以再次掷骰。

- 最先到达第 100 格的玩家获胜。

---

① 这款游戏在美国被称为 Chutes and Ladders（溜滑梯与爬楼梯）。

这个游戏有很多变体，但我选择了这些相对简单的基本规则。每个版本的游戏都以不同的方式放置蛇和梯子。我们将在 20 世纪初期发布的一个版本（参见图 9-1）的基础上制作该游戏。

实际上，没有必要将蛇和梯子的逻辑分开处理，因为它们的功能是一样的——玩家落在某个特定的方格上时，立即将其移动到另一个指定的方格。两者之间唯一的区别是玩家的棋子是向上爬还是向下滑。因此，从逻辑上讲，可以将它们看作是同一种机制。

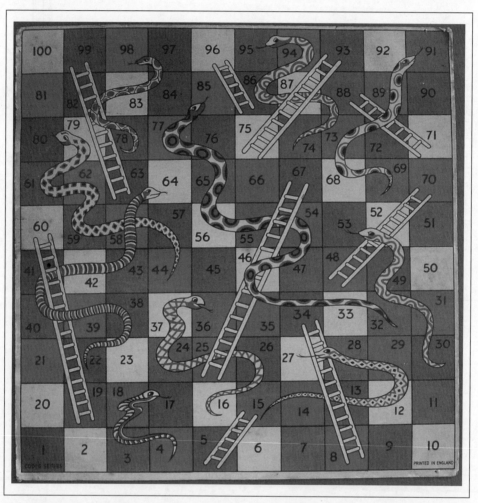

图 9-1　蛇梯棋棋盘（图片来源：奥克兰博物馆；遵循 CC BY 4.0 使用许可协议，https://oreil.ly/L_Z0A）

首先，这里有一个包含所有蛇和梯子的起始点与终点的 Dictionary：

```
private static readonly Dictionary<int, int> SnakesAndLadders = new Dictionary
<int, int>
{
    { 5, 15 }, { 8, 34 }, { 17, 4 }, { 19, 60 }, { 25, 67 }, { 27, 15 },
    { 36, 16 }, { 48, 70 }, { 53, 30 }, { 63, 99 }, { 64, 22 }, { 71, 88 },
    { 75, 93 }, { 80, 44 }, { 86, 96 }, { 91, 69 }, { 95, 74 }, { 98, 78 }
};
```

以下是采用命令式编程方法的解决方案：

```
public int PlaySnakesAndLaddersImperative(int noPlayers, IDieRoll die)
{
    var currentPlayer = 1;
    var playerPositions = new Dictionary<int, int>();
    for (var i = 1; i <= noPlayers; i++)
    {
        playerPositions.Add(i, 1);
    }

    while (!playerPositions.Any(x => x.Value >= 100))
    {
        var dieRoll = die.Roll();
        playerPositions[currentPlayer] += dieRoll;
        if (SnakesAndLadders.ContainsKey(playerPositions[currentPlayer]))
            playerPositions[currentPlayer] =
                SnakesAndLadders[playerPositions[currentPlayer]];
        // 如果玩家掷出 6，则再次掷骰
        if (dieRoll == 6) continue;
            currentPlayer += 1;
        if (currentPlayer > noPlayers)
            currentPlayer = 1;
    }

    return currentPlayer;

}
```

这个功能无法用 Select() 语句实现。我们无法预知何时能满足条件，只能不断地在 while 循环中进行迭代，直到满足条件为止。

那么，如何以函数式的方法来处理这个问题呢？ while 循环是一种语句（具体地说是控制流语句），函数式编程语言通常不鼓励使用此类语句。

有几种选择，我将逐一介绍它们。但这是一个需要权衡的问题，每个选择都不完美，我会尽力阐明它们的利弊。

前方高能预警，请系好安全带，我们要出发了！

9.1 递归

处理不定循环的经典函数式方法是使用递归。简单来说，递归指的是一个函数调用自身的过程。在递归过程中，通常会有一些条件来判断是要进行下一轮迭代，还是应该返回结果数据。

如果这种判断是在递归函数的末尾进行的，那就被称为**尾递归**（tail recursion）。

蛇梯棋的函数式递归实现可能是下面这样的：

```
public record Player
{
    public int Position { get; set; }
    public int Number { get; set; }
}

public record GameState
{
    public IEnumerable<Player> Players { get; set; }
    public int CurrentPlayer { get; set; }
    public int NumberOfPlayers { get; set; }
}

private static Player UpdatePlayer(Player player, int roll)
{
    var afterDieRoll = player with { Position = player.Position + roll };
    var afterSnakeOrLadder = afterDieRoll with
    {
        Position = SnakesAndLadders.ContainsKey(afterDieRoll.Position)
            ? SnakesAndLadders[afterDieRoll.Position]
            : afterDieRoll.Position
    };
    return afterSnakeOrLadder;
}

private static GameState PlaySnakesAndLaddersRecursive(
    GameState state,
    IDieRoll die)
{
    var roll = die.Roll();
    var newState = state with
    {
        CurrentPlayer = roll == 6
            ? state.CurrentPlayer
            : state.CurrentPlayer == state.NumberOfPlayers
                ? 1
                : state.CurrentPlayer + 1,
```

```
            Players = state.Players.Select(x =>
                x.Number == state.CurrentPlayer
                    ? UpdatePlayer(x, roll)
                    : x
                ).ToArray()
        };

        return newState.Players.Any(x => x.Position >= 100)
            ? newState
            : PlaySnakesAndLaddersRecursive(newState, die);
    }

    public int PlaySnakesAndLaddersRecursive(int noPlayers, IDieRoll die)
    {
        var state = new GameState
        {
            CurrentPlayer = 1,
            Players = Enumerable.Range(1, noPlayers)
                .Select(x => (x, 1))
                .Select(x => new Player
                {
                    Number = x.Item1,
                    Position = x.Item2
                }),
            NumberOfPlayers = noPlayers
        };

        var finalState = PlaySnakesAndLaddersRecursive(state, die);
        return finalState.Players.First(x => x.Position >= 100).Number;
    }
```

任务完成了……吗？嗯，实际上并没有那么简单。在使用这样的递归函数之前，最好仔细考虑一下。在 .NET 运行时环境中，函数每一次被嵌套调用时都会向调用栈添加一个新的条目，所以如果代码中包含大量的递归调用，不仅可能对性能产生不利影响，还可能导致应用程序因栈溢出异常而崩溃。

如果能保证只进行少数几次迭代，递归方法本质上并没有什么问题。然而，如果代码在将来有了重大的变化或扩展，那么必须重新评估这个决策。一些当前很少使用的、只有几次迭代的函数未来可能会变成一个高频使用的、有数百次迭代的函数。如果这种情况真的发生了，可能会导致原本表现良好的应用程序突然出现严重的性能问题。

因此，就像我之前说的那样，在 C# 语言中使用递归算法之前需要仔细考虑。递归算法的优势在于相对简单，不需要编写额外的样板代码。

F# 语言和其他许多更接近函数式的语言都支持"尾调用优化"这一特性，这使得编写递归函数时可以避免栈溢出的问题。然而，C# 语言并不支持这个特性，而且目前也没有引入它的计划。根据情况，F# 语言中的尾递归优化要么会创建带有 while(true) 循环的 IL（intermediate language，中间语言）代码，要么会使用一种叫 goto 的 IL 命令，使执行指针回到循环的起点。

我曾尝试从 F# 引入一个通用的尾递归优化调用，并通过编译的 DLL 使其在 C# 语言中可用，但这种方法会引入性能问题，因此不太可行。

我在网上看到过另一种可能的解决方案：通过添加一个 build 后事件（post-build event）来直接修改 C# 语言编译成的 .NET IL，使得 C# 语言能够间接地利用 F# 的尾调用优化特性。这是个很聪明的想法，但我觉得有些麻烦，而且可能会增加维护工作量。

在下一节中，我将介绍一种在 C# 语言中模拟尾调用优化的技术。

9.2　什么是 Trampolining

我不太确定 Trampolining（蹦床）这个术语的来源，但它在 .NET 出现之前早就已经存在了。我所找到的最早提及这个术语的文献是上世纪 90 年代的一些学术论文，这些论文讨论了如何在 C 语言中实现 LISP 语言的一些特性，所以这个术语的诞生应该比这些论文更早一些。

Trampolining 的核心思想是，我们使用一个函数，它接受一个 thunk（一个存储在变量中的代码块）作为参数。在 C# 语言中，thunk 通常通过 Func 或 Action 委托来实现。获得了 thunk 后，就用 while(true) 来创建一个不定循环，并设置某种条件判断机制来决定何时终止循环。这个条件判断可以通过一个返回布尔值的额外的 Func 委托完成，也可以通过某种需要在每次迭代中由 thunk 更新的包装器对象来完成。

但说到底，本质上这是在代码库后藏了一个 while 循环。虽然 while 循环并不完全符合函数式编程的标准，但在某些情况下，我们不得不做出妥协。归根结底，C# 语言是一种同时支持面向对象编程和函数式编程范式的混合式语言。它在有些地方没办法做到像 F# 那样，而 Trampolining 就是其中一个例子。

虽然可以通过多种方式实现 Trampolining，但我最倾向于采用以下方式：

```
public static class FunctionalExtensions
{
    public static T IterateUntil<T>(
        this T @this,
        Func<T, T> updateFunction,
        Func<T, bool> endCondition)
    {
        var currentThis = @this;
        while (!endCondition(currentThis))
        {
            currentThis = updateFunction(currentThis);
        }

        return currentThis;
    }
}
```

将这个扩展方法附加到泛型类型 T 上，就相当于附加到 C# 代码库中的所有类型上。它接受两个 Func 委托作为参数：第一个 Func 委托根据外部定义的规则更新 T 代表的类型；第二个则返回一个决定循环何时终止的条件。

由于这个 while 循环比较简单，所以栈的大小并不会成为问题。这段代码做了一些妥协，它不完全符合函数式编程的原则，但至少这个 while 循环隐藏在代码库深处。说不定将来某一天微软会推出一个新特性，允许以某种方式实现标准的尾调用优化。届时，可以重新实现这个函数，使得代码在保持原有功能的同时，减少对命令式编程特性的依赖：

```
public int PlaySnakesAndLaddersTrampolining(int noPlayers, IDieRoll die)
{
    var state = new GameState
    {
        CurrentPlayer = 1,
        Players = Enumerable.Range(1, noPlayers)
            .Select(x => (x, 1))
            .Select(x => new Player
            {
                Number = x.Item1,
                Position = x.Item2
            }),
        NumberOfPlayers = noPlayers
    };

    var finalState = state.IterateUntil(x =>
    {
        var roll = die.Roll();
        var newState = state with
        {
            CurrentPlayer = roll == 6
```

```
                    ? state.CurrentPlayer
                    : state.CurrentPlayer == state.NumberOfPlayers
                        ? 1
                        : state.CurrentPlayer + 1,
                Players = state.Players.Select(x =>
                    x.Number == state.CurrentPlayer
                        ? UpdatePlayer(x, roll)
                        : x
                ).ToArray()
            };

            return newState;
        }, x => x.Players.Any(y => y.Position >= 100));

        return finalState.Players.First(x => x.Position >= 100).Number;
    }
```

还有一种方式可以实现 Trampolining，从功能上来看，它和隐藏的 while 循环
表现相似，并且在性能上也差不多。

我不太确定这种方法是否能带来额外的好处，而且在我看来，它的代码可读
性可能不如 while 循环。但它可能更符合函数式编程范式，因为它没有使用
while 语句。如果乐意的话，可以选择使用这种 Trampolining 的变体，但在我
看来，这主要是个人偏好的问题。

这个变体是通过 goto 命令实现的，在其他几乎所有情况下，我都会建议你不
要使用这个命令。这个命令自 BASIC 时代起就已经存在，至今仍以某种形式存
在于编程中。

在 BASIC 中，可以通过使用 goto 命令跳转到代码中的任何一行。这是 BASIC
实现循环的一种方式。但在 C# 语言中，我们需要先定义标签，然后 goto 只能
跳转到这些预定义的标签。

以下代码使用两个标签重新实现了 IterateUntil() 方法。一个标签命名
为 LoopBeginning，它类似于 while 循环的开始大括号 {；另一个标签名为
LoopEnding，相当于 while 循环的闭合大括号 }：

```
public static T IterateUntil<T>(
    this T @this,
    Func<T, T> updateFunction,
    Func<T, bool> endCondition)
{
    var currentThis = @this;

    LoopBeginning:
```

```
        currentThis = updateFunction(currentThis);
        if(endCondition(currentThis))
            goto LoopEnding;
        goto LoopBeginning;

        LoopEnding:

        return currentThis;
    }
```

可以根据自己的偏好来选择要使用的版本。这两个版本在功能上是等效的。

无论选择哪种方式，除非你完全、绝对、确定以及肯定地知道自己在做什么，并且确信没有更好的替代方案，否则不要在代码的其他任何地方使用 goto 命令。就像《哈利波特》中某位对蛇情有独钟、没有鼻子的邪恶巫师[②]一样，goto 命令虽然非常强大，但如果使用不当，可能会带来灾难性的后果。

goto 命令的强大之处在于，它提供了一种无可匹敌的方式来创造特定效果和提高效率（在某些情况下），但它同时也很危险，因为它使得操作的顺序变得无法预测了——在执行过程中，程序的执行指针可以跳转到代码库中的任意位置，不管这样做是否合理。如果使用不当，你可能会遇到难以解释、难以调试的问题。

总之，使用 goto 语句时请格外小心。

接下来将要介绍的第三个选项虽然需要编写更多样板代码，但它的可读性比前两个选项更好。请继续阅读下一节，看看你会怎么认为。

9.3　自定义迭代器

第三个选项是对 IEnumerable 接口和 IEnumerator 接口进行一些特殊处理。IEnumerable 本质上并不是数组；它只是提供了一个访问当前的数据项的方式，以及一个定义了如何获取下一个数据项的指令。基于这个特性，可以创建一个具有自定义行为的 IEnumerable 接口实现。

以蛇梯棋游戏为例，我们需要一个 IEnumerable，它将持续迭代，直到一名玩家达到第 100 格并赢得比赛为止。我们首先实现的是 IEnumerable 接口，这只需要实现一个函数：GetEnumerator()。IEnumerator 类负责在后台处理数据的枚举过程，这是之后要讨论的内容。

---

② 译注：《哈利·波特》中的伏地魔，大反派，食死徒的领袖，极端排斥麻瓜、麻瓜出身的巫师（泥巴种）和不能施展魔法的巫师后裔（哑炮），两次巫师大战的发起者。

9.3.1　理解枚举器的结构

IEnumerator 接口的基本构成如下（它从其他接口继承了一些函数，因此有两个函数是为了满足继承要求而存在的[3]）：

```
public interface IEnumerator<T>
{
    object Current { get; }
    object IEnumerator.Current { get; }
    void Dispose();
    bool MoveNext();
    void Reset();
}
```

这些函数各自承担着特定的职责，如表 9-1 所示。

表 9-1　组成 IEnumerator 的函数

函数	行为	返回值
Current	获取当前数据项	返回当前数据项，若迭代尚未开始，则返回 null
IEnumerator. Current	获取当前数据项，与 Current 相同，是对 IEnumerator 接口的显式实现，确保即使在使用非泛型版本的迭代器时也能正确获取当前元素	返回值与 Current 相同
Dispose()	清理 IEnumerable 中的所有内容以实现 IEnumerator	void（无返回值）
MoveNext()	移至下一个数据项	如果存在下一数据项，则返回 true；如果枚举过程已完成，则返回 false
Reset()	回到数据集的起始位置	void（无返回值）

在大多数情况下，IEnumerable 都被用于遍历数组。它在这种情况下的实现**大致**是下面这样的：

```
public class ArrayEnumerable<T> : IEnumerator<T>
{
    public readonly T[] _data;
    public int pos = -1;

    public ArrayEnumerable(T[] data)
```

---

[3] 译注：IEnumerator.Current 函数和 Dispose() 函数。

```
        {
            this._data = data;
        }

        private T GetCurrent() => this.pos > -1 ? _data[this.pos] : default;

        T IEnumerator<T>.Current => GetCurrent();

        object IEnumerator.Current => GetCurrent();

        public void Dispose()
        {
            // 快！快逃！
            // 别被垃圾回收器抓到了！
        }

        public bool MoveNext()
        {
            this.pos++;
            return this.pos < this._data.Length;
        }

        public void Reset()
        {
            this.pos = -1;
        }
    }
```

我猜微软的实际代码会更复杂——很可能包含更多的错误处理和参数检查机制。不过，这个简化版的实现应该能帮助你理解 **IEnumerator** 所扮演的角色。

9.3.2　实现自定义枚举器

一旦理解了枚举过程背后的工作原理，就会发现 **IEnumerable** 可以实现任何你想要的行为。为了展示这种技术有多强大，我将创建一个 **IEnumerable** 实现，该实现只会遍历数组中偶数位置的元素。为此，只需要在 MoveNext() 中添加以下代码：

```
public bool MoveNext()
{
    pos += 2;
    return this.pos < this._data.Length;
}
// 这会将 { 1, 2, 3, 4 } 变为 { 2, 4 }
```

或者，可以创建在枚举时为每一项创建一个副本的 **IEnumerable**，相当于遍历每一项两次，如下所示：

```
public bool IsCopy = false;
```

```
public bool MoveNext()
{
    if(this.IsCopy)
    {
        this.pos = this.pos + 1;
    }
    this.IsCopy = !this.IsCopy;
    return this.pos < this._data.Length;
}
// 这会将 { 1, 2, 3 } 变为 { 1, 1, 2, 2, 3, 3 }
```

或者可以创建从最后一个元素开始向前迭代的完整枚举器实现。首先要为枚举器创建一个外层的包装器，如下所示：

```
public class BackwardsEnumerator<T> : IEnumerable<T>
{

    private readonly T[] data;
    public BackwardsEnumerator(IEnumerable<T> data)
    {
        this.data = data.ToArray();
    }

    public IEnumerator<T> GetEnumerator()
    {
        return new BackwardsArrayEnumerable<T>(this.data);
    }

    IEnumerator IEnumerable.GetEnumerator() => GetEnumerator();
}
```

然后需要创建真正负责管理反向遍历的 **IEnumerable**，如下所示：

```
public class BackwardsArrayEnumerable<T> : IEnumerator<T>
{
    public readonly T[] _data;

    public int pos;

    public BackwardsArrayEnumerable(T[] data)
    {
        this._data = data ?? new T[0];
        this.pos = this._data.Length;
    }

    <T>.Current => (this._data != null && this._data.Length > 0 &&
        this.pos >= 0 && this.pos < this._data.Length)
        ? _data[pos] : default;

    object IEnumerator.Current => this.Current;
```

```
        T IEnumerator<T>.Current => this.Current;

        public void Dispose()
        {
            // 没有什么需要清理的
        }

        public bool MoveNext()
        {
            this.pos = this.pos - 1;
            return this.pos >= 0;
        }

        public void Reset()
        {
            this.pos = this._data.Length;
        }
    }
```

这种反向枚举器的使用方式与标准枚举器几乎完全相同：

```
var data = new[] { 1, 2, 3, 4, 5, 6, 7, 8 };
var backwardsEnumerator = new BackwardsEnumerator<int>(data);
var list = new List<int>();
foreach(var d in backwardsEnumerator)
{
    list.Add(d);
}

// list = { 8, 7, 6, 5, 4, 3, 2, 1 }
```

从中可以看出，可以简单地根据需要来创建具有自定义行为的 IEnumerable，既然如此，制作一个迭代次数不定的 IEnumerable 想必也不会太难。

9.3.3　循环次数不定的可枚举对象

试着快速念 10 次本小节的标题！

如上一节所述，IEnumerable 并不是必须从开头一直遍历到结尾。可以让它按照我们的心意采取行动。

在这个示例中，我们不是传入一个数组，而是传入一个状态对象和一些用于判断是否继续循环的代码（即一个 thunk 或 Func 委托）。

这次将调换一下顺序，首先创建一个 IEnumerator。这是一个完全定制的枚举过程，我们并不打算让它变得通用。这种逻辑只有在特定的游戏状态对象中才有意义。

```
public class SnakesAndLaddersEnumerator : IEnumerator<GameState>
{
    // 这个初始状态是为了重新开始游戏而准备的
    private GameState StartState;

    // 旧游戏状态 -> 新游戏状态
    private readonly Func<GameState, GameState> iterator;
    // 需要一些巧妙的逻辑来确保最终的游戏状态被迭代。
    // 通常的逻辑是，如果 MoveNext 函数返回 false，则没有从
    // Current 中拉取的内容，循环就此终止。
    private bool stopIterating = false;

    public SnakesAndLaddersEnumerator(
        Func<GameState, GameState> iterator,
        GameState state)
    {
        this.StartState = state;
        this.Current = state;
        this.iterator = iterator;
    }

    public GameState Current { get; private set; }

    object IEnumerator.Current => Current;

    public void Dispose()
    {
        // 没有需要清理的资源
    }

    public bool MoveNext()
    {
        var newState = this.iterator(this.Current);
        // 这里不完全是函数式的，但有的时候，就是要做出一些妥协
        this.Current = newState;

        // 是否达成了结束条件，完成了最后一次迭代？
        if (stopIterating)
            return false;
        var endConditionMet = this.Current.Players.Any(x => x.Position >= 100);
        var lastIteration = !this.stopIterating && endConditionMet;
        this.stopIterating = endConditionMet;
        return !this.stopIterating || lastIteration;
    }

    public void Reset()
    {
        // 恢复初始状态
        this.Current = this.StartState;
    }
}
```

啊哈！最难的部分已经搞定了！现在有了一个底层引擎，它允许我们对一系列状态进行迭代，直到达成定义的结束条件为止。

接下来需要创建一个 **IEnumerable** 来运行 **IEnumerator**，实现起来很简单，如下所示：

```
public class SnakesAndLaddersIterator : IEnumerable<GameState>
{
    private readonly GameState _startState;
    private readonly Func<GameState, GameState> _iterator;

    public SnakesAndLaddersIterator(
        GameState startState,
        Func<GameState, GameState> iterator)
    {
        this._startState = startState;
        this._iterator = iterator;
    }

    public IEnumerator<GameState> GetEnumerator() =>
        new SnakesAndLaddersEnumerator(this._iterator, this._startState);

    IEnumerator IEnumerable.GetEnumerator() => GetEnumerator();
}
```

至此，进行自定义迭代所需要的一切都已经准备就绪。接下来只需要创建自定义逻辑并设置迭代器：

```
var state = new GameState
{
    CurrentPlayer = 1,
    Players = Enumerable.Range(1, noPlayers)
        .Select(x => (x, 1))
        .Select(x => new Player
        {
            Number = x.Item1,
            Position = x.Item2
        }),
    NumberOfPlayers = noPlayers
};

var update = (GameState g) =>
{
    var roll = die.Roll();

    var newState = g with
    {
        CurrentPlayer = roll == 6
            ? g.CurrentPlayer
            : g.CurrentPlayer == g.NumberOfPlayers
```

```
                              ? 1
                              : g.CurrentPlayer + 1,
              Players = g.Players.Select(x =>
                  x.Number == g.CurrentPlayer
                      ? UpdatePlayer(x, roll)
                      : x
              ).ToArray()
          };

          return newState;
      };

      var salIterator = new SnakesAndLaddersIterator(state, update);
```

可以选择两种方式处理迭代本身。接下来，我将花点时间来详细探讨每一种
方式。

9.3.4　使用不定迭代器

严格来说，作为一个全功能的迭代器，可以向它应用任何 LINQ 操作，也可以
使用标准的 foreach 循环。

使用 foreach 可能是最简单的处理方式，但它并不完全符合函数式编程的原则。
你需要进行权衡，判断是要做出妥协，在有限的范围内添加命令式语句，还是
寻找更加纯粹的函数式替代方案。如果决定使用 foreach 循环，代码可能会是
下面这样的：

```
      foreach(var g in salIterator)
      {
          // 在循环外部存储更新后的状态。
          playerState = g;

          // 在这里可以使用任何想要的逻辑来向玩家提供反馈，
          // 在屏幕上显示一条消息或其他任何实用的内容，
          // 以提示玩家执行另一个操作。
      }

      // 循环结束到此，玩家现在已经出狱了，
      // 游戏可以使用更新后的 playerState 继续运行
```

老实说，这段代码在生产环境不会给我带来太大的困扰。但问题在于，这样做
就否定了我们之前为了从代码库中去除非函数式代码的所做的一切努力。

如果不使用 foreach 循环，我们就需要使用 LINQ。作为一个全功能的
IEnumerable，可以向 salIterator 应用任何 LINQ 操作。但是，哪些操作最
合适呢？

从 Select() 开始可能是个不错的选择，但它的行为可能并不完全符合你的预期。它的用法与标准的 Select() 列表操作相同：

```
var gameStates = salIterator.Select(x => x);
```

这里的关键在于，我们将 gameIterator 视作一个数组，因此对其进行 Select() 操作将得到一个包含游戏状态的数组。这个数组记录了用户经历的每一个中间步骤，数组中的最后一个元素就是最终状态。

如果想简化这个过程，直接获取最终状态，那么可以用 Last() 替换 Select()：

```
var endState = salIterator.Last();
```

当然了，这么做的前提是你对中间步骤不感兴趣。如果想在每次状态更新向用户发送消息，那么可能需要选择每个状态，然后对其进行转换：

```
var messages = salIterator.Select(x =>
    "Player " + x.CurrentPlayer + "'s turn." +
    "The current winner is: " +
    x.Players.Single(y => y.Number == x.Players.Max(z => z.Position))
);
```

但这样做会消除实际的游戏状态，因此 Aggregate() 可能是一个更好的选择：

```
var stateAndMessages = (
    Messages: Enumerable.Empty<string>(),
    State: state
);

var result = salIterator.Aggregate(stateAndMessages, (agg, x) =>
{
    return (
        agg.Messages.Append("Player " + x.CurrentPlayer + "'s turn." +
        "The current winner is: " +
        x.Players.First(y =>
        y.Position == x.Players.Max(z =>
        z.Position)).Number),
        x
    );
});
```

在 Aggregate() 函数的每次迭代中，x 都代表更新后的游戏状态，代码会继续执行聚合操作，直到满足预设的结束条件为止。每一次迭代都会向列表中添加一条消息，最终，我们将得到一个元组，其中包含字符串数组（其中的字符串是发送给玩家的消息）和游戏的最终状态。

请记住，如果使用任何可能以某种方式提前终止迭代的 LINQ 语句（比如 First 或 Take），那么也会过早地结束这一迭代过程。在本例中，它们可能会导致玩家还在监狱中。当然了，这种效果可能正是你想要的！例如，我们可能想限制玩家在每回合中的行动次数。利用这种技术，可以根据需求设计出各种各样的游戏逻辑。

9.4　小结

现在，你已经学会了如何在 C# 语言中使用 foreach 语句实现不定迭代，这可以使代码更加简洁，并减少执行过程中可能产生的副作用。

严格来说，使用纯函数式方法做到这一点是不可能的。虽然有几种可能的方案，但它们或多或少都在函数式编程范式上做出了妥协。在 C# 语言中，这种妥协是难免的。具体选择使用哪一种方案完全取决于你的个人偏好以及项目的约束。

在大多数情况下，我倾向于使用 Trampolining。它不像递归那样危险，也没有自定义迭代器那样麻烦。但还是那句话，具体选择哪种方案取决于你想要完成的任务。项目的需求和约束将指导你选出最合适的方案。

使用递归时务必小心。它是一种纯函数式的、迭代速度极快的方法，但如果使用不当，它可能会在内存使用方面导致严重的性能问题。

下一章将介绍一种利用纯函数来提升算法性能的妙方。

第 10 章

记忆化

纯函数的优势并非仅仅是能够提供可预测的结果。后者确实是一个重要的优点，但完全可以进一步利用纯函数的特性来获得其他方面的优势。

记忆化（memoization）有点类似于缓存技术（caching），特别像来自 `MemoryCache` 类[①] 的 `GetOrAdd()` 函数。记忆化接受某个键作为输入，如果这个键已经存在于缓存中，它就返回相应的对象。如果键不存在，则需要传入一个函数来生成所需的值。与标准缓存技术不同，在使用记忆化技术时，不需要担心缓存失效或者已存储的值被更新的问题。记忆化通常会在执行较大的计算任务的过程中保存值，然后在计算结束后清除存储的所有内容。

记忆化的工作原理与标准缓存技术完全相同，只是它的作用范围可能仅限于单个工作单元（比如单次计算）。因此，它并不能替代标准的缓存技术。

记忆化在多步计算中非常有用，这种计算可能涉及递归，或者处于某种原因需要反复执行相同的计算。让我们通过一个例子来解释这一点。

10.1 贝肯数

如果你想寻找一个有趣的方法来消磨一两个下午的时间，可以尝试了解一下**贝肯数**（Bacon numbers）。这个概念建立在一个有趣的假设上：凯文·贝肯（Kevin Bacon）是演艺界的核心人物，联系着其他所有演员。正所谓条条大路通罗马，所以每位演员都能通过某些途径与贝肯联系起来。演员的贝肯数指的是这位演员需要通过多少层电影合作关系才能与凯文·贝肯建立起联系。

- 凯文·贝肯（Kevin Bacon）

很简单。他的贝肯数为 0，因为他就是大名鼎鼎的贝肯本人。

---

① 译注：该类位于 `System.Runtime.Caching` 命名空间。

- 汤姆·汉克斯（Tom Hanks）

贝肯数为1。他和贝肯一起出演了我最喜欢的一部电影《阿波罗13号》。经常与汉克斯合作的梅格·瑞恩（Meg Ryan）的贝肯数也是1，因为她和贝肯一起出演了《凶线第六感》（*In The Cut*）。

- 大卫·田纳特（David Tennant）

贝肯数为2。他在《新乌龙女校2》（*St. Trinian's 2*）中与科林·费尔斯（Colin Firth）合作过，而科林·费尔斯在《何处寻真相》中与贝肯合作过。我们通过两部电影把他们联系了起来，所以贝肯数为2。你可能会很惊讶，但玛丽莲·梦露（Marilyn Monroe）的贝肯数也是2，因为贝肯在《刺杀肯尼迪》（*JFK*）中与杰克·莱蒙（Jack Lemmon）合作过，而杰克在《热情如火》（*Some Like It Hot*）中与梦露合作过。

- 阿米尔·汗（Aamir Khan）

这位宝莱坞巨星的贝肯数为3。他在与传奇巨星阿米塔布·巴强（Amitabh Bachchan）合作出演了《孟买之音》（*Bombay Talkies*）。阿米塔布在《了不起的盖茨比》（*The Great Gatsby*）中与托比·马奎尔（Tobey Maguire）合作过，而马奎尔在《超越边界》（*Beyond All Boundaries*）中与贝肯合作过。

我的贝肯数是无限大！ 因为我从未演过任何电影。[2] 我所知道的贝肯数最高的人是威廉·鲁弗斯·沙夫特（William Rufus Shafter），他是美国内战期间的一名将军，曾在1898年的一部纪录片中出过镜。他的贝肯数高达10！

好了，希望你已经理解了贝肯数的规则。假设需要以编程的方式算出上述演员中谁的贝肯数最低，那么可能写如下所示的代码：

```
var actors = new []
{
    "Tom Hanks",
    "Meg Ryan",
    "David Tennant",
    "Marilyn Monroe",
    "Aamir Khan"
};

var actorsWithBaconNumber = actors.Select(x => (a: x, b: GetBaconNumber(x)));

var report = string.Join("\r\n", actorsWithBaconNumber.Select(x =>
    x.a + ": " + x.b));
```

---

② 但是，我不会拒绝出演电影的机会。有没有哪位好心的导演想"捞"一个上了年纪、体重超标的英国技术宅男演电影？虽然我可能不适合扮演詹姆斯·邦德，但试试又不至于要我的小命！

以上代码用于计算给定演员列表中每位演员的贝肯数，并生成一个报告，显示每位演员的贝肯数。`GetBaconNumber()` 可以通过多种方式计算——最可能的方式是使用某个电影数据库的 Web API[③]。尽管存在更高级的"最短路径"算法，但为了简单起见，可以采用以下步骤。

1. 获取凯文·贝肯出演的所有电影。将这些电影中的所有演员的贝肯数设为 1。如果目标演员（例如汤姆·汉克斯）是这些演员中的一员，则返回贝肯数 1；否则，继续下一步。
2. 获取上一步中的演员（除贝肯外）参演过的其他所有电影，为所有出演了这些电影且尚未拥有贝肯数的演员分配 2 作为贝肯数。
3. 以迭代的方式继续这个过程，每次迭代为新的一批演员分配的贝肯数都会递增 1，直至最终找到目标演员并返回他们的贝肯数。

由于是使用 API 来计算这些数字，所以下载每个演员的电影作品列表或每部电影的演员表都相当耗时。此外，由于这些演员及其电影之间存在大量重叠，所以如果不采取一些措施，将被迫多次查看同一部电影。

一个解决方案是创建专门传递给 `Aggregate()` 函数的状态对象。由于这个过程涉及不定循环，所以需要在函数式编程原则上做出一些妥协。具体的代码可能是下面这样的：

```
public int CalculateBaconNumber(string actor)
{
    var initialState = (
        checkedActors: new Dictionary<string, int>(),
        actorsToCheck: new[] { "Kevin Bacon" },
        baconNumber: 0
    );

    var answer = initialState.IterateUntil(
        x => x.checkedActors.ContainsKey(actor),
        acc =>{
            var filmsToCheck =
            acc.actorsToCheck.SelectMany(GetAllActorsFilms);
            var newActorsFound = filmsToCheck.SelectMany(x => x.ActorList)
                .Distinct()
                .ToArray();

            return (
                checkedActors: acc.checkedActors.Concat(
                    acc.actorsToCheck
                        .Where(x => !acc.checkedActors.ContainsKey(x))
                        .Select(x =>
```

---

③ 译注：IMDB 和豆瓣均有提供。

```
        new KeyValuePair<string, int>(x, acc.baconNumber))
    )
    .ToArray()
    .ToDictionary(x => x.Key, x => x.Value),

    actorsToCheck: newActorsFound.SelectMany(GetAllActorsFilms)
                    .SelectMany(x => x.ActorList)
                    .ToArray(),
    baconNumber: acc.baconNumber + 1
);
        }
    );

    return answer.checkedActors[actor];
}
```

这里的 Web API 是我虚构的，所以你将无法运行这段代码，除非自己先创建一个 API！

当前代码虽然可用，但仍有改进的空间。代码中包含大量用于跟踪演员是否已经被查看的样板代码，例如，代码中频繁使用了 `Distinct()` 方法。

通过使用记忆化技术，我们可以实现一个类似于缓存的通用查看机制。这种机制只在当前正在执行的计算的范围内有效，不会一直存在。

如果需要在多次函数调用之间保留计算结果，那么 `MemoryCache` 可能是一个更好的选择。

以下代码创建了一个记忆化函数，用于获取之前列出的演员的参演电影列表：

```
var getAllActorsFilms = (String a) => this._filmGetter.GetAllActorsFilms(a);
var getAllFilmsMemoized = getAllActorsFilms.Memoize();

var kb1 = getAllFilmsMemoized("Kevin Bacon");
var kb2 = getAllFilmsMemoized("Kevin Bacon");
var kb3 = getAllFilmsMemoized("Kevin Bacon");
var kb4 = getAllFilmsMemoized("Kevin Bacon");
```

这个函数被调用了 4 次，理论上它应该访问 4 次电影数据库来获取数据的最新副本。但实际上，该函数仅在填充 **kb1** 时获取了一次数据。自那以后，每次返回的都是相同数据的副本。

注意，记忆化版本和原始版本的代码分别位于不同的行。这是 C# 语言的一个不足：不能在函数上直接调用扩展方法，只能在 Func 委托上调用，而箭头函数只有在被存储为变量后才能被视为 Func 委托。

顺带一提，虽然很多函数式语言都内置了对记忆化的支持，但奇怪的是 F# 并没有提供对它的支持。

使用记忆化特性的新版贝肯数计算方法如下所示：

```
public int CalculateBaconNumber2(string actor)
{
    var initialState = (
        checkedActors: new Dictionary<string, int>(),
        actorsToCheck: new[] { "Kevin Bacon" },
        baconNumber: 0
    );

    var getActorsFilms = GetAllActorsFilms();
    var getActorsFilmsMem = getActorsFilms.Memoize();

    var answer = initialState.IterateUntil(
        x => x.checkedActors.ContainsKey(actor),
        acc => {
            var filmsToCheck = acc.actorsToCheck.SelectMany(getActorsFilmsMem);
            var newActorsFound = filmsToCheck.SelectMany(x => x.ActorList)
                .Distinct()
                .ToArray();

            return (
                acc.checkedActors.Concat(acc.actorsToCheck
                    .Where(x => !acc.checkedActors.ContainsKey(x))
                    .Select(x =>
                        new KeyValuePair<string, int>(x, acc.baconNumber)))
                    .ToArray()
                    .ToDictionary(x => x.Key, x => x.Value),

                newActorsFound.SelectMany(getActorsFilmsMem)
                    .SelectMany(x => x.ActorList).ToArray(),

                acc.baconNumber + 1
            );
        });
    return answer.checkedActors[actor];
}
```

这个版本与之前版本的唯一区别在于，我们创建了一个本地版本的函数来从远程资源获取电影数据，然后对这个函数进行记忆化处理，之后的所有引用都指向了这个经过记忆化的版本。这样做可以确保不会因为重复请求相同的数据而造成资源浪费。

10.2　在 C# 语言中实现记忆化

掌握一些基础知识后，现在来看如何为一个简单的单参数函数创建记忆化函数：

```
public static Func<T1, TOut> Memoize<T1, TOut>(this Func<T1, TOut> @this)
{
    var dict = new Dictionary<T1, TOut>();
    return x =>
    {
        if (!dict.ContainsKey(x))
            dict.Add(x, @this(x));
        return dict[x];
    };
}
```

这个版本的记忆化函数假设传入的实时数据函数只有一个参数，该参数可以是任何类型。如果需要处理更多参数，就必须创建更多的 Memoize() 扩展方法，如下所示：

```
public static Func<T1, T2, TOut> Memoize<T1, T2, TOut>(
    this Func<T1, T2, TOut> @this)
{
    var dict = new Dictionary<string, TOut>();
    return (x, y) =>
    {
        var key = $"{x},{y}";
        if (!dict.ContainsKey(key))
            dict.Add(key, @this(x, y));
        return dict[key];
    };
}
```

为了使这种记忆化机制有效，我们假设 ToString() 返回的是有意义的内容，这通常意味着参数必须是基元类型（例如，string 或 int）。这是因为对于类对象，ToString() 方法默认情况下往往只返回类的类型描述而非其属性的具体值。

如果需要记忆作为参数传递的类对象，就需要发挥一些创造力。最简单的能保持其通用性的方法可能是在 Memoize() 函数中增加参数，要求开发者提供自定义的 ToString() 方法：

```
public static Func<T1, TOut> Memoize<T1, TOut>(
    this Func<T1, TOut> @this,
    Func<T1, string> keyGenerator)
{
    var dict = new Dictionary<string, TOut>();
    return x =>
```

```
    {
        var key = keyGenerator(x);
        if (!dict.ContainsKey(key))
            dict.Add(key, @this(x));
        return dict[key];
    };
}

public static Func<T1, T2, TOut> Memoize<T1, T2, TOut>(
    this Func<T1, T2, TOut> @this,
    Func<T1, T2, string> keyGenerator)
{
    var dict = new Dictionary<string, TOut>();
    return (x, y) =>
    {
        var key = keyGenerator(x, y);
        if (!dict.ContainsKey(key))
            dict.Add(key, @this(x, y));
        return dict[key];
    };
}
```

可以这样调用它：

```
var getCastForFilm = (Film x) => this.castRepo.GetCast(x.FilmId);
var getCastForFilm = getCastForFilm.Memoize(x => x.Id.ToString());
```

为了有效地实现记忆化，我们需要保持函数为纯函数。如果 Func 委托中存在任何类型的副作用，那么可能无法得到预期的结果（具体取决于副作用的性质）。

若使用缓存版本获取数据，它不会记录对 API 的调用，但这种情况通常是可以接受的。在你要记忆化的函数内部嵌入一个次要操作，并期望每次都调用它，这不仅可能是糟糕编码实践的一个例子，而且在进行记忆化时也不会发生。

例如，如果希望在所生成的类的每个实例中都独立计算某些属性，那么可能需要对系统的不同领域进行更细致的划分，确保有一个专门的函数负责从 API 获取数据，还有一个函数以及 / 或者类负责将数据转换成应用程序的其余部分能够理解的格式。

在某些情况下，我们可能希望在多次调用之间保留通过 Memoize() 扩展方法获得的结果。在这种情况下，需要向 Memoize() 函数提供一个外部的 MemoryCache 实例或类似的缓存机制。

如果愿意，甚至可以编写一个利用数据库在应用程序实例之间对结果进行"持久化"的版本。虽然这可能完全违背了我们使用 Memoize() 的初衷，但假如被记忆化的函数需要消耗大量资源，还是可以考虑一下这种方法的。我遇到过一些需要执行半个小时之久的函数，在这种情况下，将这些结果通过记忆化技术保存并持久化到存储系统或许是一个好主意。或者，也可以考虑使用更"正统"的缓存解决方案。一如既往，选择权在你。本书提供的所有建议都只是建议，不是强制性的。

10.3　小结

本章探讨了记忆化的概念和实现方式，作为一种轻量级的缓存替代方案，记忆化能显著减少完成复杂计算的时间，尤其是在涉及大量重复元素的情况下。

理论部分就到此为止！这不仅标志着本章的结束，也标志着第 II 部分的结束。第 I 部分展示了如何利用函数式编程的理念和标准 C# 语言来改善我们的日常编码工作。第 II 部分深入探讨了函数式编程的理论基础和一些创造性的实现方法。接下来的第 III 部分更具有哲学色彩，还会解释如何进一步运用前面所学的所有知识。

如果准备好了，就勇敢地进入第 III 部分吧！

走出迷雾

现在，最难的部分已经结束了。本书对函数式编程的理论介绍到此为止。如果想进一步探索这方面的知识，可以研究一下范畴论[①]或学习像 Haskell 这样的纯函数式编程语言。

你已经从学徒期毕业，出师了。你已经掌握了足够多的函数式编程知识。接下来，你将踏上一段更长、更深入的学习之旅，逐步成长为一个真正的大师。

这段旅程并不会随着本书的结束而终止，你需要独立走完它。我会提供一些可供参考的方向，但之后的探索要由你来进行。虽然软件开发领域中有没有真正的"大师"是一个有待商榷的问题，但我认为即使永远无法成为真正的大师，也是一个值得追求的目标。不想成为大师的程序员有吗？

第 11 章将探讨性能优化的问题，并探索更多与 C# 语言相关的函数式编程技巧。

[①] 译注：被认为是"数学的数学"，是数学中的一个高度抽象的分支，为多种数学概念和结构提供了一个统一的框架。最初由塞缪尔·艾伦伯格和桑德斯·麦克莱恩在 20 世纪 40 年代发展而来，起初用来更深入的理解拓扑学中的结构，后来发现它在数学领域中普遍有用。

第 11 章

实用函数式 C# 语言

我并不是只有长得帅这一个长处。[1] 除了每天在 IT 领域的前线辛勤工作，我还有幸在各种活动上就 C# 函数式编程的主题发表演讲。在这些讲座中，有几个问题经常有人提到。

我最常被问到的是："为什么不直接使用 F#？"本书第 1 章中的"F# 怎么样？是否有必要学习？"小节给出了我对这个问题的回答。在我所出席的每次活动中，都会有人提出这个问题，所以我要在本书中给出详尽的解答。

让我比较惊讶的是，第二个常见的问题与单子的定义有关（第 7 章已经详细解释过）。希望读到这里的你已经对单子有了深入的了解。

第三个最常被问到的问题是性能问题。人们普遍认为，在生产环境中使用 C# 语言进行函数式编程的效率低于面向对象编程。本章首先讨论性能问题，并分析在日常工作——或至少涉及 .NET 的日常工作——中采用函数式 C# 语言之前（就我个人而言，.NET 和函数式 C# 语言之间有着不小的交集），有没有必要关注性能问题。

11.1 函数式 C# 语言与性能

首先研究一下函数式 C# 语言的性能。为此，需要用一段代码来进行测试，以便比较传统的命令式编程（即 OOP 范式）和各种风格的函数式 C# 语言的性能。

一直以来，我都是 Advent of Code 编程活动（https://adventofcode.com）[2] 的忠实粉丝。该活动在 2015 年首次举办时发布的第一道挑战题是个很好的例子，我经常用它来展示函数式思维的独特优势。接下来让我们探索一下这道题。

---

[1] 好吧，我可能并没有这个长处，但请不要戳穿我的幻想，谢谢！
[2] Advent of Code 每天有两个编程挑战，连续 24 天直到圣诞节。我从未真正坚持到第 14 天，但这些都是极有意思的难题，我会在今年余下的时间中继续研究它们。

这道题的输入是一个仅由字符 '(' 和 ')' 组成的字符串，这些字符代表电梯的移动，字符 '(' 表示电梯向上移动一层，而 ')' 则表示电梯向下移动一层。我们以 1 楼作为起点，并用数字 0 而不是字母"G"③ 来表示它。这意味着可以仅用一个整数值来表示当前楼层，并用负数则代表地下楼层。从这道题的输入数据来看，这栋建筑似乎有相当多的地下楼层，几乎都要延伸到地心去了。但没关系，这只是一个趣味题，不是什么建筑蓝图。

这个挑战分为两个部分，非常适合用来进行性能测试。第一部分是执行一系列指令，并计算出最终的楼层位置。第二部分则是找出输入字符串中的哪个字符会使得电梯到达 -1 楼（也就是地下 1 层）。

下面通过一个例子来说明。假设输入字符串为 ((()))))((((，我们首先上升三层（+3），接着下降五层（-5），最后再上升四层（+4）。对于这道题的第一部分，答案是所有楼层变化之和，即 3 - 5 + 4，最终结果为 2，这就是电梯在执行了输入字符串中所有指令后所到达的楼层。

而为了完成第二部分，我们需要找出输入字符串中的哪个字符首次使电梯停在地下一层。通过表 11-1，可以逐一跟踪每条指令及其对应的楼层变化。

表 11-1　电梯的指令及相应的楼层结果

序号	指令	楼层	备注
0	(	1	
1	(	2	
2	(	3	
3	)	2	
4	)	1	
5	)	0	
6	)	-1	首次停在 -1 层
7	)	-2	
8	(	-1	再次停在 -1 层，但只有第一次算数
9	(	0	
10	(	1	
11	(	2	

③ 译注：在许多国家和地区，电梯里的 1 楼按钮常常用字母 G 来表示，代表 Ground（地面层）。

因此，对于挑战的第二部分，正确答案是 6：第 7 个字符是第一个使电梯停在地下一层的字符，但它在数组中的索引是 6，因为数组索引从 0 开始计数。

这两个谜题是确定循环（definite loop）和不定循环（indefinite loop）的绝佳例子，而且提供的输入数据比较大（超过 7 000 个字符），足以使代码运行一段时间，使我们有机会收集一些有关性能的统计数据。

如果不想被剧透，请先访问这道题的主页（https://oreil.ly/uvtu-），并尝试自行求解。这里只是提醒一下，如果采用函数式编程的方法，只需一行代码就可以解决这个问题！

好吧，让我正式给出一个剧透警告：在这一节结束之后，我就要开始剧透 8 年前的这个谜题之全套解决方案了。

11.1.1　基线：命令式解决方案

在深入探讨我准备的各种函数式解决方案的性能之前，先来看看命令式解决方案的性能。这有点像科学实验，为了确保实验的严谨性，我们需要一个对照组——也就是能与所有函数式结果进行比较的一个基线。

为了衡量性能，我采用了 Benchmark.NET 工具，并在 .NET 7 环境下进行测试。这个工具在某些方面类似于单元测试，但它主要用来比较同一代码的不同版本的性能。这个工具会多次执行同一段代码，以获取运行时间和内存使用量等指标的平均值。

如果在其他 .NET 版本中进行测试，性能水平可能会有所不同，因为微软一直在对 .NET 进行性能优化。

以下是完全采用命令式编程风格编写的两个谜题的解决方案：

```
// 确定循环
public int GetFinalFloorNumber(string input)
{
    var floor = 0;
    foreach (var i in input)
    {
        if (i == '(')
            floor++;
```

```
        else
            i--;
    }
    return floor;
}

// 不定循环
public int WhichCharacterEntersBasement(string input)
{
    var floor = 0;
    var charNo = 0;
    foreach (var i in input)
    {
        charNo++;
        if (i == '(')
            floor++;
        else
            floor--;

        if (floor == -1)
            return charNo;
    }
}
```

虽然可能更好的解决方案，但这个已经够用了。

11.1.2　性能结果

注意，以下测试结果是我在自己的开发用笔记本电脑上针对一个包含 7 000 个字符的输入获得的。因此，当你尝试重现这个实验时，实际得到的数据可能有所不同。在接下来的几节中，我们的主要目标是对比相同测试配置下的性能结果。

基线：命令式解决结果

表 11-2 展示了这个命令式解决方案的性能。

表 11-2　面向对象编程的性能测试结果

循环类型	平均耗时	耗时标准差	分配的内存
确定循环	10.59 μs[4]	0.108 μs	24 字节
不定循环	2.226 μs	0.0141 μs	24 字节

---

④ 译注：μs 代表"微秒"，即百万分之一秒。

尽管任务的规模比较大，但耗时很短。性能还不错。不定循环相对更快一些，这是预料之中的，因为它无需遍历整个输入字符串。

接下来的小节将介绍每种循环类型的几种函数式实现，并分析它们对性能有何影响。

11.1.3 确定循环的解决方案

我之前说过，可以用一行代码解决这个问题，对吧？虽然这行代码有点长，但确实是一行，如下所示：

```
public int GetFinalFloorNumber(string input) =>
    input.Sum(x => x switch
    {
        '(' => 1,
        _ => -1
    });
```

我添加了一些换行符来提高代码的可读性，但其实就是一行！

这段代码执行了一个 Sum() 聚合方法，在每次迭代中根据当前字符加 1 或减 1。记住，在 C# 语言中，字符串既是一段文本，也是一个数组，这就是为什么可以像这样对其应用 LINQ 操作。

表 11-3 展示了它对性能的影响。

表 11-3　Sum() 聚合方法的性能测试结果

解决方案	平均耗时	耗时标准差	分配的内存
9 点	10.59 μs[4]	0.108 μs	24 字节
不定循环	2.226 μs	0.0141 μs	24 字节

不可否认，Sum() 聚合方法的性能确实更差。这里使用的是标准 LINQ，所以即便利用了微软提供的工具，代码的执行速度还是比不上命令式版本。

你怎么看？是不是应该放弃了？答案是否定的，还有更多提升性能的思路可以尝试。如果将 char 到 int 的转换分成两个独立的步骤，效果会怎样？

```
public int GetFinalFloorNumber(string input) =>
    input.Select(x => x == '(' ? 1 : -1).Sum();
```

这样做是否会影响性能？让我们通过表 11-4 来一探究竟。

表 11-4　先 Select( ) 再 Sum( ) 聚合的性能测试结果

解决方案	平均耗时	耗时标准差	分配的内存
命令式基线	10.59 μs	0.108 μs	24 字节
Select/sum 聚合	84.89 μs	0.38 μs	112 字节

好吧，结果更糟糕了。再换个思路，如果尝试把它转换为另一种数据结构，比如读取速度非常快的字典，会怎样？

```
public int GetFinalFloorNumber(string input)
{
  var grouped = input.GroupBy(x => x).ToDictionary(x => x.Key, x => x.Count());
  var answer = grouped['('] - grouped[')'];
  return answer;
}
```

我们这次创建了一个 **IGrouping**，其中每个可能的 char 值都是一个单独的 **Group**。本例有两个 Group，它们的键分别是 '(' 和 ')'。获得分组情况后，就可以从一个组的大小中减去另一个组的大小，从而获得最终楼层（也就是说，在电梯上升的总层数中减去电梯下降的总层数）。

如表 11-5 所示，这种方法不仅性能更差，分配的内存也大得非常惊人。

表 11-5　先分组再插入字典的性能测试结果

解决方案	平均耗时	耗时标准差	分配的内存
命令式基线	10.59 μs	0.108 μs	24 字节
分组 / 字典聚合	93.86 μs	0.333 μs	33.18 千字节

在对这些实验的意义进行归纳之前，我还想试试不定循环和其他一些性能提升思路。就目前来说，我认为情况没有表面上那么糟，请继续读下去，你会明白我的意思的。

11.1.4　不定循环的解决方案

接下来探索如何用不定循环来解决问题，找出输入字符串中的哪个字符最先让电梯停在地下一楼。我们无法确定这会在哪个字符发生，因此需要持续循环，直到条件得到满足为止。

首先，一个很常见的说法是，如果关心栈的使用情况，那么在 C# 语言中使用递归可能是个坏主意。来看看情况究竟会有多糟糕吧。下面是该问题的递归解决方案：

```
public int WhichCharacterEntersBasement(string input)
{
    int GetBasementFloor(string s, int currentFloor = 0, int currentChar = 0) =>
        currentFloor == -1
            ? currentChar
            : GetBasementFloor(s[1..], s[0] ==
                '(' ? currentFloor + 1 : currentFloor - 1, currentChar + 1);

    return GetBasementFloor(input);

}
```

这段代码简洁而紧凑。表 11-6 展示了它的性能。

表 11-6　递归循环的性能测试结果

解决方案	平均耗时	耗时标准差	分配的内存
命令式基线	2.226 μs	0.0141 μs	24 字节
递归循环	1030 ms	4.4733 μs	20.7 兆字节

这样的结果实在是令人震惊。注意，这里显示的耗时以毫秒而不是微秒为单位。和基线相比，性能差距太大，达到了近 50 万倍！此外，这种方法使用的内存也大得惊人。

上述性能测试结果证明了在 C# 语言中使用递归确实是个非常糟糕的主意。除非非常确定自己在做什么，否则最好不要使用它。

那么，非递归的函数式解决方案表现如何呢？嗯，这些解决方案通常需要我们做出某种妥协。下面先从 第 9 章的 9.2 节中提到的 IterateUntil() 函数开始，看看它的性能如何。代码如下：

```
public int WhichCharacterEntersBasement(string input)
{
    var startingInput = new FloorState
    {
        InputString = input,
        CurrentChar = 0,
        CurrentFloor = 0
    };
```

```
        var returnValue = startingInput.IterateUntil(x => x with
        {
            CurrentChar = x.CurrentChar + 1,
            CurrentFloor = x.InputString[x.CurrentChar] ==
                '(' ? x.CurrentFloor + 1 : x.CurrentFloor - 1
        }
        , x => x.CurrentFloor == -1);
        return returnValue.CurrentChar;
    }

    public record FloorState
    {
        public string InputString { get; set; }
        public int CurrentFloor { get; set; }
        public int CurrentChar { get; set; }
    }
```

这一次需要一种方式来跟踪状态变化。我们尝试使用了 record 类型，因为它们对函数式代码提供了更多支持。表 11-7 展示了测试结果。

表 11-7　Trampolining 的性能测试结果

解决方案	平均耗时	耗时标准差	分配的内存
命令式基线	2.226 µs	0.0141 µs	24 字节
Trampolining	24.050 µs	0.3215 µs	55.6 千字节

虽然这一次的结果不是特别夸张，但性能仍然比命令式版本差，并且在操作过程中仍然占用了大量内存。

如果将 record 替换成微软更早开始提供的函数式结构——元组，性能会有所提升吗？让我们来探究一下：

```
    public int WhichCharacterEntersBasement(string input)
    {
        var startingInput = (InputString: input, CurrentFloor: 0, CurrentChar: 0);

        var (_, _, currentChar) = startingInput.IterateUntil(x =>
        (
            x.InputString,
            x.InputString[x.CurrentChar] ==
            '(' ? x.CurrentFloor + 1 : x.CurrentFloor - 1,
            x.CurrentChar + 1
        ), x => x.CurrentFloor == -1);

        return currentChar;
    }
```

遗憾的是，代码看起来不太直观——至少对习惯于面向对象编程的开发者来说。我喜欢 record 带来的"语法糖"。但是，如果追求的是性能，那么难免要在可读性和可维护性方面做出一些妥协。

表 11-8 展示了使用元组时的性能测试结果。

表 11-8　使用元组来进行 Trampolining 的性能测试结果

解决方案	平均耗时	耗时标准差	分配的内存
命令式基线	2.226 μs	0.0141 μs	24 字节
使用元组的 Trampolining	17.132 μs	0.0584 μs	24 字节

性能明显提升了。尽管耗时仍然比较长，但内存资源的消耗完全相同！

要做的最后一个测试是第 9 章的 9.3 节所展示的自定义 IEnumerable 选项。我们来看看它与使用元组的 Trampolining 相比如何：

```
public class LiftEnumerable : IEnumerable<int>
{
    private readonly string _input;

    public LiftEnumerable(string input)
    {
        this._input = input;
    }

    public IEnumerator<int> GetEnumerator() => new LifeEnumerator(this._input);

    IEnumerator IEnumerable.GetEnumerator() => GetEnumerator();
}

public class LifeEnumerator : IEnumerator<int>
{
    private int _currentFloorNumber = 0;
    private int _currentCharacter = -1;
    private readonly string input;

    public LifeEnumerator(string input)
    {
        this.input = input;
    }

    public bool MoveNext()
    {
        var startingFloorNumber = this._currentFloorNumber;
```

```
            this._currentCharacter++;
            this._currentFloorNumber = startingFloorNumber == -1
                ? -1
                : this.input[this._currentCharacter]

            return startingFloorNumber != -1;
        }
        public void Reset()
        {
            this._currentCharacter = -1;
            this._currentFloorNumber = 0;
        }
        public int Current => this._currentCharacter + 1;

        object IEnumerator.Current => Current;

        public void Dispose()
        {
        }
    }

    // 实际的代码调用
    public int WhichCharacterEntersBasement(string input)
    {
        var result = new LiftEnumerable(input).Select(x => x);
        return result.Last();
    }
```

相当多的代码，但它会更快吗？表 11-9 展示了性能测试结果。

表 11-9　自定义可枚举对象的性能测试结果

解决方案	平均耗时	耗时标准差	分配的内存
命令式基线	2.226 μs	0.0141 μs	24 字节
自定义可枚举对象	24.033 μs	0.1072 μs	136 字节

这个版本的耗时基本与使用 record 类型的 Trampolining 示例相同，但占用的内存更少。结果其实不算太坏，与递归版本相比，它的性能有很大的提升。

另一种选择是尝试在 C# 项目中引用 F# 项目（称为互操作，即 interop），以确保在 C# 语言无法提供支持的情况下，我们仍然可以保证代码的函数式特性。下面就来看看这种方法的性能表现。

11.1.4.1　与 F# 互操作的性能表现

在 F# 项目中编写的代码可以被 C# 项目引用，这和引用其他任何标准的 .NET

库是一样的。整个过程相当简单，我将引导你一步一步地完成。

在 Visual Studio 解决方案中新建一个项目，不要选择 C# 语言库，而是从下拉选项中找到 F#。

C# 代码中可以引用 F# 项目，但要注意的是，除非单独编译 F# 项目，否则你编写的 F# 代码在 C# 语言中是不可见的，因为 F# 使用的编译器与 C# 语言不同。

由于这是一本介绍 C# 语言的书籍，所以我不打算讲解如何编写 F#，但这种不受C#语言函数式编程限制纯粹的函数式代码的性能表现还是很值得探究的。

如果感兴趣的话，这里有一个示例 F# 解决方案。不理解这段代码也没关系，我之所以在这里展示它，更多的是满足你的好奇心，而不是要求你深入学习：⑤

```fsharp
module Advent =
    let calculateFinalFloor start input =
        input
        |> Seq.fold (fun acc c ->
            match c with
            | '(' -> acc + 1
            | ')' -> acc - 1
            | _ -> acc) start

    let whichStepIsTheBasement start input =
        input
        |> Seq.scan (fun acc c ->
            match c with
            | '(' -> acc + 1
            | ')' -> acc - 1
            | _ -> acc) start
        |> Seq.findIndex (fun i -> i = -1)
```

这段代码是纯函数式的。**Seq** 相当于 C# 语言中的 **IEnumerable**，两者的惰性加载特性使得这里的代码非常高效。

鉴于这本书介绍 C# 语言的，所以我们主要关注 C# 项目的性能。F# 代码在 F# 项目中能非常高效地处理这些场景，但这不在本书的讨论范围内。现在，我们来看看如何实现 F# 代码与 C# 语言的互操作。

这具体是什么意思呢？实际上，F# 语言和 C# 语言最终都会被编译成同一种 .NET 中间语言（IL），这意味着它们编译后的代码不仅在结构上是一致的，还能相互引用。从 C# 语言的角度来看，F# 编写的代码可以作为静态函数出现在 C# 代码中。

---

⑤ 再次向F# 大师伊恩·罗素（Ian Russell）表示感谢，感谢他提供了这段示例代码。

那么，这种方案的性能表现如何？F# 语言的高效率在通过 C# 项目引用后，是否会有所折损呢？让我们通过表 11-10 来一探究竟。

表 11-10　F# 互操作的性能测试结果

循环类型	解决方案	平均耗时	耗时标准差	分配的内存
确定	命令式基线	10.59 μs	0.108 μs	24 字节
确定	F# 互操作	63.63 μs	0.551 μs	326 字节
不定	命令式基线	2.226 μs	0.0141 μs	24 字节
不定	F# 互操作	32.873 μs	0.1002 μs	216 字节

结果表明，情况仍然不理想。虽然这种方案不是之前尝试过的所有解决方案中最差的，但性能还是差强人意。不定循环的性能和命令式版本相差 15 倍。即使能接受性能上的折损，编写这种解决方案也需要先学习 F#，而这已经超出了本书的范围。如果非常喜欢 C# 语言的函数式风格，并希望进一步探索，那么未来可以考虑学习 F# 语言。不过，要想充分利用 F# 语言的优势，可能需要开发一个纯 F# 项目。如你所见，它在与 C# 语言进行互操作时难免会出现性能问题。

11.1.4.2　外部因素与性能

或许你觉得难以置信，但只要 C# 代码涉及与外部世界的交互，目前讨论的所有内容都显得微不足道。

为了说明这一点，在下一个实验中，我们将修改原有的面向对象基准函数和最高效的函数式方案（即使用元组的那个），使它们不是从输入字符串获取数据，而是从本地 Windows 文件系统读取数据。因此，输入和输出其实是一样的，只是加入了文件操作（file operation）。

这会带来怎样的差异呢？表 11-11 提供了答案。

表 11-11　涉及文件处理的性能测试结果

循环类型	解决方案	平均耗时	耗时标准差	分配的内存
确定	命令式基线	10.59 μs	0.108 μs	24 字节
确定	涉及文件操作的命令式	380.21 μs	15.187 μs	37.8 千字节
确定	涉及文件操作的命令式	450.28 μs	9.169 μs	37.9 千字节
不定	命令式基线	2.226 μs	0.0141 μs	24 字节
不定	涉及文件操作的命令式	326.006 μs	1.7735 μs	37.8 千字节
不定	涉及文件操作的函数式	366.010 μs	2.2281 μs	93.22 千字节

函数式解决方案所需的时间仍然更长，但差异缩小了很多。在完全在内存中执行的情况下，使用确定循环和元组的函数式方案与命令式方案的性能差异非常大，函数式版本的执行时间约为命令式版本的 8.5 倍。而在涉及了文件加载操作后，两者的性能差异仅约为 1.2 倍，这几乎可以忽略不计。

如果涉及到对 Web API 的 HTTP 请求或者通过网络建立的数据库连接，情况又会怎样呢？我可以肯定地告诉你，实际所需的时间远远超过这里观察到的结果。

接下来，请跟我一起进入下个小节，我会开始总结从上述实验中得出的结论。

11.2 这一切意味着什么

一个无法回避的事实是，与结构良好的面向对象代码相比，函数式 C# 语言在效率上确实存在劣势。这无可否认。这就是现实。当然了，无论是哪种编程语言或范式，如果代码写得不好，性能都会很差。

我们还发现，尽可能精简的纯 LINQ 操作在所有函数式特性中是最高效的。如果需要某种状态对象，那么使用元组是目前最好的选择。但这基于一个假设：性能是代码所追求的首要目标。但是，性能真的总是那么重要吗？这完全取决于项目的目标和客户的需求。

如果你打算开发一个包含高清 3D 图形的复杂 VR 应用程序，那么最好不要使用函数式解决方案。在这类项目中，需要不遗余力地提高代码的性能。

但在其他情况下呢？我先后就职于多家公司，而在几乎所有这些公司里，性能都不是开发工作的核心驱动力。在我的职业生涯中，我主要负责开发供内部员工使用的定制 Web 应用，这些应用用于支持他们的日常业务流程。通常情况下，当我接到一个新的需求时，快速完成并将其部署到生产环境比优化性能重要得多。

我之前在书中提到，相比面向对象编程，函数式编程更容易学习。现在，无论你是否同意这个观点，我想你至少会赞同下面这个说法：在掌握了函数式编程之后，用这种方式来构建应用通常会比编写纯面向对象风格的代码要快。

即使应用程序因编程风格而运行缓慢，在当今这个时代，扩充服务器的虚拟 RAM 容量也非常简单，只需在 Azure 或 AWS 上点击一个按钮就可以了。这个时候可能有人会问："但是，增加 RAM 会给企业带来额外的成本，不是吗？"

是，但那又怎样？这么想吧，假设我所言非虚，函数式编程风格的代码确实更简洁、更健壮、编写起来更快，那么就能更快地完成更改并将其部署到生产环境中，而且更有可能一次性运行成功。对公司而言，哪种选择的成本更高？是采购更多内存条，还是为了额外的开发工作和解决那些本可以避免、最终却出现在生产环境中的不必要 bug 所付出的时间成本？

话又说回来，尽管我提到了增加 RAM 的可能，但真的需要这么做吗？通过本章之前的实验可知，尽管函数式解决方案的耗时超过了面向对象方案，但在涉及到文件操作时，它们之间的差异并不大，几乎可以忽略不计。

图 11-1 展示了使用文件作为输入的两种解决方案的性能测试结果。每个饼图的两个部分分别代表加载文件所需要的时间和处理加载的数据所需要的时间。

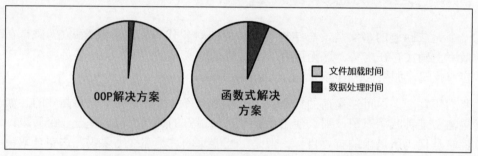

图 11-1　涉及文件操作的解决方案的性能测试结果对比

这样看来，性能差异似乎并没有想象中那么严重，除非你的项目不能容忍哪怕一丝一毫的性能损失。此外，函数式代码的无状态、无副作用的特性为并行处理提供了强有力的支持。它能更轻松地通过增加应用程序的实例数量来加速处理过程，而这是面向对象编程不支持的。

如果不是一心追求性能，而是更倾向于编写易于维护的优雅代码，那么为了能够使用这种编程风格，我认为牺牲一点性能是值得的。毕竟在代码的生命周期中，维护和阅读的时间远远超过了最初编写代码的时间。采用函数式编程风格能够得到更清晰、更不容易出错的代码，这是一个实实在在的好处。

还是那句话，选择权在你手里——需要根据个人偏好、工作环境、所在团队以及项目类型来自己做出决定。你已经是成年人了[6]，而我并不了解你所在组织的具体业务驱动因素，所以我会让你自己决定。

---

[6]　应该是吧？如果你还没有成年，但依然读到了这里，那么我要为你的求知欲点赞，未来的你一定大有作为！

下一节将探讨生产环境中对函数式 C# 语言的一些常见的担忧，并说明我对这些问题的个人意见。

11.3 对函数式 C# 语言的担忧和疑问

好了，没有时间可以浪费了。让我们直入正题。首先，第一个问题！

11.3.1 函数式代码应该在代码库中占多大比例

函数式 C# 语言的魅力之一在于，它并不依赖于任何特定框架。可以根据需要来决定在多大程度上采用函数式编程，这个比例可以根据你的意愿灵活调整。

可以选择将整个代码库转换为函数式风格，也可以只在某个项目、某个类、某个函数，甚至某一行代码中实现。另外，完全可以在同一个函数中融合函数式和非函数式编程。这完全取决于个人偏好——虽然我个人可能不会这么做，但重点是你有选择的自由。

我不是一个纯粹主义者。我明白在生产环境中需要考虑的因素有很多，很难完全按照自己的理想方式编程。

采用函数式编程时，不仅要考虑应该在哪些方面应用它，还要考虑应用到何种程度。你打算全力以赴，运用偏函数、单子、可区分联合（DU）等所有高级技术吗？还是只想广泛地使用 LINQ 来替换 while 循环？不管怎样选择都没有关系，按照自己的心意来，这没有什么绝对的对错之分。

此外，还需要考虑你的同事对函数式编程的接受程度。毕竟，无论你的函数式代码写得有多么优雅，它仍然需要团队成员来维护。虽然我认为单子的概念并不复杂，但要让团队成员能够维护包含单子的代码，你仍然需要设法说服他们学习这个概念——即使这对他们有利无害。毕竟，心动才能行动。

正如我经常强调的，归根结底，你需要经常扪心自问："我究竟想要实现什么目标？"诚实地回答了这个问题之后，就能更加轻松地做出决策了。

可以把这本书随意放在办公室里，看看会怎样。我不确定你什么时候会读到这本书，但我很有可能还活跃在这个领域中。如果你的团队成员有任何疑问，欢迎随时联系我。

11.3.2　应该如何构建函数式 C# 语言解决方案

在构建函数式 C# 语言解决方案时，应该采用与现有的面向对象编程 C# 项目大致相同的类和文件夹结构。严格来说，类不属于函数式编程的概念。如果看一看 F# 项目，你会发现它们可能根本不使用类。

在 F# 中，可以将所有代码封装在模块中，但这和类不是一回事。模块是 F# 开发者用来组织代码的一种便捷方式，它们更像是 C# 语言中的命名空间，并不具有功能性。

另一方面，类在 C# 语言中是不可或缺的。因此，我们仍然需要使用类来构建解决方案。

在纯函数式风格的 C# 语言编程中，你可能会考虑将所有类和函数定义为静态的。但这种做法很可能会导致在实际开发中遇到问题，尤其是在需要与 NuGet 包中的非函数式类或微软内置类进行交互的时候。

此外，缺乏依赖注入也会使单元测试变得更加麻烦。像 Haskell 这样的函数式语言会通过使用不同类型的单子来解决这个问题。然而在 C# 语言中，我建议你不要把事情复杂化，老老实实地使用标准类和 IoC[7] 容器就可以了。

还可以考虑使用一种折中方案，即"函数式核心，命令式外壳"。这种方法中，外层采用命令式结构来处理所有依赖注入，而内核则完全采用函数式设计，所有依赖项都通过参数传递。

11.3.3　如何在不同应用程序之间共享函数式方法

我维护着一系列函数式编程库，库中包含丰富的类和扩展方法，为我提供了我想在代码中使用的所有单子、可区分联合和其他有用的扩展方法的实现。我通常会在解决方案中创建一个名为 Common 的独立项目，把所有通用代码片段存放在那里。如此一来，Common 项目就可以在代码库的任何位置调用，而我平时则可以专注于其他工作，无需反复查看它。

目前，我的做法是将 Common 项目的代码从一个解决方案手动复制到另一个解决方案中。我计划在未来的某个时点建立自己的本地 NuGet 服务器。这样一来，就可以把 Common 项目配置为一个可用的 NuGet 包。这将极大地简化 bug

---

[7] 译注：控制反转（IoC）是一种软件工程设计原则，其控制流程与传统编程相反。在传统编程中，自定义代码控制流程并调用可重用的库。而在 IoC 中，可重用代码（通常是框架）控制流程并调用自定义的、特定于应用程序的代码。实现 IoC 最常见的方法是依赖注入（DI）。通过 DI，依赖关系从外部被"注入"到组件中。

修复、改进和新功能的分发过程。就目前而言，手动复制的方式基本上足以满足需求。

11.3.4　这个披萨是你点的吗

呃，我不确定。披萨上面好像有凤尾鱼，所以可能不是我点的，我点的是肉宴披萨。我去问问莱亚姆，这可能是他点的。给我 5 秒钟，我马上回来。

11.3.5　如何说服团队成员也这么做

这是个好问题。当你找到这个问题的答案时，请务必与我分享。

我针对函数式编程发表过很多次演讲，并总结出听众的反应大致可以分为以下几类：

- 哇！这是软件开发的终极解决方案！我想深入了解！
- 听起来不错。我不打算完全转向函数式编程，但我会采纳其中一些很实用的部分。
- 虽然还算有趣，但我还是想按照自己习惯的方式进行开发，谢谢。
- 这太糟糕了，反对！

虽然我无法提供每个类别具体有多少人的确切统计数据，但直觉告诉我，第一类和第四类的人比较少，绝大多数人都属于中间两类。

在这种情况下，作为函数式编程的倡导者，我们的任务是尽力向他人证明改变编程方式的好处。要记住，大多数人都安于现状，除非有充分的理由，否则他们通常都不愿意超出舒适区，大幅改变自己的日常工作方式。

说服他人的方式还取决于你的工作地点和项目的限制条件。如果开发的是对内存要求极高的移动应用程序，或者为 VR 设备创建 3D 图形系统，代码中不能存在丝毫效率损失，那么可能很难说服别人接受函数式编程。

不过，如果你的工作不涉及这些高要求的领域，那么完全可以通过分享函数式编程的益处来说服他人。但是，不要无休无止地谈论函数式编程，否则可能会让人感到厌烦。如果发现自己的推广工作并没有得到预期的响应，那么不妨暂退一步，通过消耗战而不是正面强攻来赢下这场持久战。

我一般聚焦于函数式编程的以下几个优势（按重要性降序排列）。

- 可靠性：函数式风格的应用程序旨在实现一致、可预测的结果且不产生任何副作用，它们往往更加健壮，因此出错的概率更低。函数式编程还极大地简化了单元测试的过程。因此，采用这种范式，我们可以交付质量更高、故障率更低的最终产品，显著减少公司在解决生产环境中的缺陷上花费的时间和金钱。

- 开发速度：掌握了函数式范式后，可以更快、更简单地用它来编写代码，并且由于函数式代码的结构特点，添加新功能也更加轻松，同时引入的缺陷也更少。我一般会着重强调，这种范式不仅能在初始开发阶段节省时间和精力，而且在产品发布后也不会有很多需要修复的错误，而这在面向对象编程中是难以避免的。

- 领域驱动设计：虽然函数式编程并不是专门为领域驱动设计（domain-driven design，DDD）而打造的，但与面向对象编程相比，函数式风格的代码往往更契合领域驱动设计风格的架构。如果团队考虑采用领域驱动设计，那么函数式编程可能是个不错的选择。

- 微软的支持：支持函数式编程是 .NET 团队的明确目标。我们可以强调，这种编程风格并不是在滥用 .NET，它完全符合 .NET 最初的设计意图（至少大部分情况下是这样）。

- 易于学习：在读到这里的时候，我希望你已经对这一点有所体会和感悟。一旦抛开那些晦涩的定义和术语，就会发现学习函数式编程实际上比面向对象编程更简单。对于刚接触编程的人来说，掌握函数式编程所需要学习的理论远远少于面向对象编程。如果觉得面向对象编程更易于理解，那可能是因为你已经在这一领域积累了丰富的经验。如果学习函数式编程，那么只需要花费更短的时间就可以达到与面向对象编程相同的熟练程度。我一般会向其他人保证，学习这种编程方式的过程并不复杂。

- 选择性采用：还需要强调的一点是，函数式编程范式是可以选择性采纳的。不需要抛弃现有代码库并整体转移到全新的代码库。相反，可以选择从小处着手，重构单个函数，或者只重构大型函数的一小部分，甚至可以不使用单子，尽管它确实非常实用。

- 函数式编程的历史：最后一件值得谈论的事情是函数式范式的历史。许多公司对于引入新技术持保守态度，担心这些技术无法经受住时间的考验，不值得投资。这种担忧是合理的。但事实上，函数式编程早在 20 世纪 60 年代就被引入软件开发领域，而且它背后的理论甚至可以追溯到 19 世纪末期。此外，它已经在生产环境无数次证明了自己的价值。

最好不要急于深入到单子、可区分联合以及柯里化等概念。尽量让你的讨论重点贴近团队成员现有的知识储备。

除了自己向团队成员讲述函数式编程的概念以外，还有包括本书在内的许多优秀的书籍可以作为他们的学习资源。我以后会推荐一些我个人非常喜爱的书籍。

11.3.6　是否应该在解决方案中包含 F# 项目

这完全取决于你。据我所知，就性能而言，这么做并不会引起任何显著问题。

F# 尤其适合用来处理代码中较为复杂的、基于规则的部分，例如根据业务规则转换数据格式的函数。F# 可以让这部分代码更加简洁、健壮和高效。此外，F# 为函数式编程范式提供了全面的支持，而这是 C# 语言不可企及的。

唯一要考虑的是你的团队是否接受 F#。如果接受，那就大胆地去做。如果团队意见不一，那就和大家一起商讨一下，共同做出最终决定。

即使团队还是不接受 F# 也没关系，因为 C# 语言支持的函数式编程特性已经够用了。

11.3.7　函数式编程能解决所有问题吗

虽然函数式编程可能无法提高你的打牌水平、为你讲睡前故事或者给你泡咖啡，但它确实能显著提高代码库的质量。部署到生产环境中的代码将更易于维护，出现的问题更少，新加入的团队成员也能更快上手。

不过，即使采用了函数式编程，也难以避免糟糕的编程习惯或粗心大意所造成的错误。地球上没有任何东西能阻止这些错误发生。[8] 我们只能通过自动化测试、代码审查和手动质量检查等传统方法来尽量减少它们。

---

⑧　说不定地球以外的地方都没法阻止这种情况发生，但谁知道呢！

好消息是，函数式编程的简洁性让我们能轻松发现代码中的问题。我们能一眼看出函数的目的，并查看它是否真正实现了相应的功能。

正如前文所述，函数式不一定是解决编码问题最高效的选择，但除非对性能有极高的要求，否则它通常足以满足需求。

此外，函数式编程并不能帮助解决项目管理中的常见问题，比如需求不清晰等等。对于这类问题，你需要通过与业务分析师沟通来解决。

不过，函数式编程会让你变得很"酷"。走在街上时，路过的小孩甚至可能都会向你竖起大拇指。函数式编程的街头信誉（street cred）就是这么高。真的！

11.3.8　说到 007，你更喜欢康纳利、摩尔还是克雷格

以上都不是，我最喜欢的是蒂莫西·道尔顿（Timothy Dalton）。他的演绎值得更多关注。

11.3.9　如何以函数式思维解决问题

解决问题的函数式方法并不是唯一的，正如开发软件没有固定的模式一样。但如果对你有帮助的话，我可以分享一下我的思考过程。

在准备编写代码时，我会先思考这段代码的逻辑步骤，并尝试将它们表述出来："首先要做 X，接着做 Y，然后做 Z。"虽然这种方法并不适合面向对象编程，但它是拆解函数式代码的最佳方式。

然后，我会根据这些步骤来编写每个函数式代码片段。

如有可能，最好将当前正在开发的部分构建成某种形式的 IEnumerable，无论是原始数据、复杂对象还是 Func 委托。在运行基于列表的操作（如在 T-SQL 中）时，函数式编程往往是最有效的。

个人建议不要创建太长的函数链。在开发期间，应确保有机会检查复杂计算的每个阶段，以便确保一切进展顺利。通过拆分复杂的函数链，可以为每个变量赋予有意义的名称，使得代码更加清晰易懂。

函数式编程非常支持单元测试，因此建议尽可能地将整个流程拆分成更小的函数单元，并确保对它们进行彻底的测试。如果能从逻辑上拆分步骤，就应该充分利用这个优势。

11.3.10 如果完全不能通过函数式编程风格的代码实现我想要的高性能，怎么办

伙计，不要那么死板。可以用命令式风格编写那部分代码。推荐你读一读史蒂夫·戈登（Steve Gordon）那篇介绍如何编写高性能 C# 语言的文章（https://oreil.ly/mLFRu）。归根结底，务实是最重要的。我很喜欢函数式风格的代码，它为项目带来了很多好处。但是，如果存在某个每秒被调用数千次的业务关键型功能，并且它的性能水平需要达到最高，那么就用最合适的方式实现它。我不会告诉别人的。

11.4 小结

本章可以分为两个部分。

在第一部分中，讨论了关于函数式代码性能不佳的误解，并在一定程度上澄清了一些误解。我们发现函数式编程的性能差距确实存在，但与代码中的任何输入 / 输出操作相比，这种差距几乎可以忽略不计。

在第二部分中，探讨了函数式编程在工作环境中的一些更深奥、更具哲学性的问题。

函数式编程将在《007 之雷霆谷》（*you only live twice*）[9] 第 12 章中回归，我将介绍如何利用 NuGet 上的第三方包来实现函数式编程。

---

[9] 译注：几乎每部《007》的片尾都有 James Bond will Return 这句话。

NuGet 中的现有函数式编程库

虽然这可能会让你感到惊讶，但我其实并不是世界上第一个提倡函数式 C# 语言的人。完全不是这样的。在我之前已经有很多先驱，他们甚至开发了许多实用的库，使我们能便捷地编写函数式风格的代码。

本章将逐一介绍 NuGet 中提供了函数式特性的库，包括它们的使用方法以及我个人对它们的看法。请注意，这些库都不是我创建的，我只是写了这本书。

我想简单说明一下这些 NuGet 库的情况。这些库中的大部分都不是大公司为了向客户交付产品而雇员工开发的。实际上，大部分库都是那些充满热情、才华横溢的开发者在业余时间创建的。在生产环境中使用这些包的优势与劣势并存，需要仔细权衡。

一个很明显的优势是，在许多情况下，这些库都遥遥领先于大公司开发的库。这些库的开发者不受职场政治和特定大客户的需求的束缚，无需支付员工薪水，也无需面对不合理的截止期限，完全凭借自己的满腔激情在开发这些库。

然而，这种方式的缺点在于，这些库未必能够得到长期支持。生活总是充满了变数。说不准哪天，开发者就会因为某种变故而停止维护他创建的库，举例来说，他可能有了小孩、获得了一个需要投入更多时间的新职位，或是因为中了彩票大奖而决定提前退休，去某个热带小岛享受生活。这些库或许还能继续运行几年，但随着技术的发展，比如 .NET 主要版本的更新，这些库终将变得不再适用。

虽然这种情况不一定会发生，但在考虑把某个库的功能集成到代码库中的时候，需要把这些潜在的不确定因素放在心上。查看相关的 GitHub 页面，看看这个库的支持程度如何。试着判断它是否得到了企业的赞助，至少，它应该有一个积极的维护团队和活跃的社区。

如果社区支持足够强大，即使是停止维护的开源项目也能被复活。开源的另一个好处是，如果官方不再提供支持，你可以直接获取源代码并维护自己的版本。

以 Vue.js 为例，它最初只是一位开发者发起的开源项目，而如今已经在全球范围内得到了广泛的应用。

至于是应该从 NuGet 选择一个开源项目，还是应该创建自己的函数式工具，我无法帮助你做出决定。这是一个必须由你、团队（如果有的话）和组织（如果你隶属于某个组织的话）做出的决定，并且需要考虑到你所参与的项目的特定需求。

在本章中，我精心挑选了一些得到良好支持的项目，这些项目的管理者不仅对他们的产品很上心，而且在积极维护相关社区。然而，开源世界瞬息万变，为了确保情况自从我撰写这本书以来没有发生变化，你最好自己先做一些调查。

12.1 OneOf 库

OneOf 库（https://oreil.ly/JxPSy）由哈里·麦金泰尔（Harry McIntyre）开发。它似乎是目前最出色的函数式编程库之一，许多和我交流过的开发者都特别推荐这个库。

它的宗旨是在 C# 语言中提供"类 F#"（F#-like）的可区分联合（DU）。为了测试它的功能，我用 OneOf 重写了第 6 章的所有代码示例，以便进行比较。

首先，`CustomerOffering` 联合类型看起来是这样的：

```
var customerOffering = new OneOf<Holiday, HolidayWithMeals, DayTrip>();
```

注意，这里并没有使用抽象基类。利用这个库创建的所有可区分联合都是 `OneOf<T, T, T>` 形式的，其中的 `T` 数量不定，可以是任意多个不同的类型[10]。这使我们能更轻松地声明联合类型，而不必像之前那样编写复杂的代码基础设施。

然而，由于没有抽象基类，所以我们需要利用 OneOf 库中内置的 `Match()` 函数来将这些可区分联合简化成具体的类型。以下代码修改了第 6 章判断应该调用哪种格式化方法的函数：

---

[10] 实际上，最多可以有 32 种类型。

```
public string formatCustomerOffering(
    OneOf<Holiday, HolidayWithMeals, DayTrip> c) =>
    c.Match(
        x => this.formatHoliday(x),
        x => formatHolidayWithMeals(x),
        x => formatDayTrip(x)
    );
```

这段代码非常简洁明了，但在将其与之前的版本进行比较时，有几点需要牢记。

- 不存在默认匹配项，因此必须为联合中的每一个成员类型都提供一个匹配的 switch 表达式。如果想确保每个类型都有专门的处理程序，那么这通常不是问题。

- 不能使用 switch 表达式中的 when 关键字来查看正在处理的类型的属性值。相应的逻辑需要以某种方式整合到 Match 函数中。

- 每个匹配项都必须返回相同类型的值，除非将返回值转换成另一种联合类型。如果只是想向终端用户提供反馈消息，那么这通常不是问题。

为了从联合类型中提取出一个具体的、真实的对象，可以利用一系列的函数来识别实际的类型，然后做相应的转换：

```
var offering = GetCustomerOffering();
if(offering.IsT0)
{
    var holiday = offering.AsT0;
    // 对 holiday 类型（不包餐）进行一些处理
}
if(offering.IsT1)
{
    var holidayWithMeals = offering.AsT1;
    // 对 HolidayWithMeals（包餐）类型进行一些处理
}
if(offering.IsT2)
{
    var dayTrip = offering.AsT2;
    // 对 DayTrip 类型（一日游）进行一些处理
}
```

注意，这是按通用方式处理的，因此这些类型被简单地称为 T1、T2 等。这些类型在可区分联合定义中的排列顺序决定了每个编号对应的类型。

这个库还有很多内置的类，可以在联合中使用。这些类的名称包括 Some、None、Yes、No 和 Maybe 等。尽管名称很相似，但不能用它们创建第 7 章的 Something<T> 类，这些类仅用于在没有返回值时向外界提供描述性信息。

如果想在 OneOf 中实现一个真正的 Maybe 类型，我们需要自己定义，如下
所示：

```
public class Something<T>
{
    public T Value { get; set; }
}
public OneOf<Something<Holiday>, None> GetHoliday() { }
```

这里的 None 类来自 OneOf 库。它的唯一用途就是表示没有找到数据，因此它
很适合用在这里。OneOf 库的类不支持 Bind() 和 Map() 这两个函数，这些类
纯粹是为了实现可区分联合而存在的，这意味着 OneOf 实例不能被用作单子。

不过，我们完全可以自己实现一个 Bind() 方法，将 OneOf 的可区分联合扩展
成一个真正的单子，如下所示：

```
public static OneOf<Something<TOut>, None> Bind<TIn, TOut>(
    this OneOf<Something<TIn>, None> @this,
    Func<TIn, TOut> f)
{
    if (!@this.IsT0) return new None();
    var sth = @this.AsT0;
    var returnValue = f(sth.Value);
    return new Something<TOut>
    {
        Value = returnValue
    };
}
```

OneOf 显然是一款用户友好、易于上手的轻量级的库。虽然与创建自定义联合
相比，使用 OneOf 会降低一些灵活性，但如果认为这是可以接受的，那么它会
是代码库的一个有力补充。如果我的团队成员提议在项目中使用 OneOf，我不
会有任何异议。

12.2　LanguageExt 库

LanguageExt 库由保罗·劳斯（Paul Louth）开发，你可以在 NuGet 中找到它，
名为 LanguageExt.Core。这个库致力于在 C# 语言 中实现尽可能多的函数式编
程范式。LanguageExt（https://oreil.ly/beFuq）是一个庞大而全面的库，包含众
多类、静态函数和其他特性。如果要逐一介绍它的全部内容，花上整整一章的
篇幅可能都说不完。因此，这里只介绍与本书之前讨论的函数式编程方法相
关的特性，希望能让你对 LanguageExt 有一个大致的印象。

在深入讨论之前，我想强调的是，LanguageExt 中大多数的函数和类型都封装在

一个名为 Prelude 的大型**分部类**（partial class）中。所以在全局 using 声明文件中添加以下代码可能会很有帮助：

```
using static LanguageExt.Prelude;
```

完成这一步后，就可以通过简单的函数调用构建大多数单子和其他结构了。

12.2.1　Option

LanguageExt 库实现了 Maybe 的概念，尽管换了个名称 Option。另一个不同之处是，LanguageExt 专门定义了一些静态方法来实例化这种类型的对象。

下面展示了如何在 LanguageExt 中定义 MakeGreeting() 函数：

```
public static Option<string> MakeGreeting(int employeeId) =>
    employeeId.Bind(empRepo.GetById)
        .Map(x => "Hello " + x.Salutation + " " + x.Name);
```

这里有几点需要解释。严格来说，尽管经常互换使用，但 Map() 和 Bind() 是有区别的。Bind() 接受一个普通的 C# 语言对象或基元值，并将其传递给一个函数，后者返回一个"提升"（elevated）后的值——也就是说，不会直接返回一个 int 类型的值，而是返回一个 Maybe<int> 或其他类似的"提升"类型。

Map() 作用于这些"提升"值（例如 Maybe<int>），并允许将其中的值传递给另一个函数，而无需解包这个"提升"值。这与第 7 章使用的 Bind() 函数非常相似。

以上代码示例以一个未提升的 int 值（员工 ID）作为起点，并通过调用 Bind() 将其传递给员工信息存储库函数 GetById()，后者返回一个 Maybe<Employee> 类型的对象。紧接着的 Map() 函数只处理 GetById() 函数返回的 Employee 对象。在这个过程中，Maybe<int> 被解包为 int；然后，一旦传入的箭头函数执行完毕，它返回的字符串就会重新包装到一个 Maybe<string> 中。

Map() 在一些编程语言（如 JavaScript）中也被用来描述对数组执行的逐元素操作，这类似于 LINQ 中的 Select()。同时，Map() 也被用于吉米·博加德（Jimmy Bogard）的 AutoMapper 库（https://automapper.org），这是在 C# 语言中使用这一术语时需要格外小心的另一个原因。在编程世界中，Map 一词被滥用，这也是我倾向于避免使用它的原因。

顺便说一下，不能在 LanguageExt 库中使用 null，它使用专门的 None 类型来表示没有返回值的情况。这种方式确保了不返回任何值是开发者有意为之的决定，而不是依赖于数据类型的默认值。

可以像下面这样使用 Some 和 None 来定义函数。

```
public Option<Employee> GetById(int id)
{
    try
    {
        var emp = this.DbConnection.GetFromDb(id);
        return emp == null
            ? Option<Employee>.None
            : Option<Employee>.Some(emp);
    }
    catch(Exception e)
    {
        return Option<Employee>.None;
    }
}
```

无法使用 C# 语言 switch 表达式将 Option 转换为实际值。对此，LanguageExt
要求使用 Match() 函数，该函数接受两个箭头函数作为参数——一个在
Option 为 Some 时执行，另一个在为 None 时执行。

```
var result = empRepo.GetById(10);
var message = result.Match(s => "Hi there, " + s.Name,
    () => "I don't know who you are, but Hi all the same");
```

此外，LanguageExt 还包含了一系列函数来操作像 Maybe 这样的提升值。

- Iter()：类似于 Tap()，用于在 Option 为 Some 时执行只读操作。
  另外还有 ifSome() 和 IfNone() 等更具描述性的替代函数。

- MatchUnsafe()：类似于标准的 Match()，但允许在需要时返回
  null，这在某些时候可能很重要。

- Fold()：这是一个聚合函数，类似于 LINQ 中的 Aggregate()，但
  它能识别并正确处理 Option 类型，并且不会尝试对 None 类型执行
  操作。

- Filter()：类似于 LINQ 中的 Where()，但能识别并正确处理
  Option 类型。

12.2.2　Either

LanguageExt 库也支持 Either 单子。通常，Either 单子的左侧被用作包含错误
细节的"不快乐"（unhappy）路径，但我们事实上不一定要拘泥于这种用法。
也就是说，可以将 Either 单子用作可区分联合。

下面是第 6 章中姓名格式化函数的 LanguageExt 版本：

```
public string formatName(Either<ChineseName, BritishName> n) =>
    n.Match(
        // 当姓名是英文时，格式化为传统的西方姓名顺序
        // 例如，Mr. Simon John Painter
        bn => bn.Honorific + " " + bn.FirstName + " " +
            string.Join(" ", bn.MiddleNames) + " " + bn.LastName,
        // 当姓名是中文时，格式化为东方姓名顺序，姓氏在前，名字在后
        // 并在名字后面加上英文名作为昵称（courtesy name）
        // 例如，房仕龙先生 "Jackie"
        cn => cn.FamilyName + cn.GivenName +
            cn.Honorific + "\"" + cn.CourtesyName + "\"");

public string formatName(Either<ChineseName, BritishName> n) =>
    n.Match(
        bn => bn.Honorific + " " + bn.FirstName + " " +
            string.Join(" ", bn.MiddleNames) + " " + bn.LastName,
        cn => cn.FamilyName + cn.GivenName +
            cn.Honorific + "\"" + cn.CourtesyName + "\""
```

另外，在使用这种方法时，两个类之间无需存在继承关系。尽管如此，如果要使用 switch 表达式，唯一的办法就是将类作为 Object 类型来引用，因为没有其他机制将这些类关联起来。不过，LanguageExt 库的 Match() 函数可用作 switch 语句的替代。但需要注意的是，该库不支持在没有 switch 表达式的情况下对属性及子属性进行匹配。

总之，和其他所有技术选择一样，是否使用 LanguageExt 库取决于你想要达到什么目标和项目具体有哪些限制。

12.2.3　记忆化

LanguageExt 提供了一个类和一组扩展方法来实现记忆化（参见第 10 章）。遗憾的是，该库只支持对带有单个参数或不带参数的 Func 委托进行记忆化。所以，如果需要记忆化有多个参数的函数，可能需要为 LanguageExt 编写自定义的扩展方法。

我使用 LanguageExt 库重写了第 10 章的贝肯数示例。如你所见，这非常简单直接：

```
var getCastForFilm((Film x) => this.castRepo.GetCast(x.Filmid);
var getCastForFilmM = getCastForFilm.Memo(x => x.Id.ToString());
```

下面的简单示例证明了这种记忆化实现在原理上是有效的。这个示例使用 xUnit 作为单元测试框架，并利用 Fluent Assertions 库来提供断言。

```
[Fact]
public void memoized_functions_should_not_call_again_with_the_same_
parameter()
{
    var timesCalled = 0;
    var add10 = (int x) => { timesCalled++; return x * 10; };
    var add10M = add10.Memo();

    add10M(1);
    add10M(2);
    add10M(1);

    timesCalled.Should().Be(2);
}
```

在本例中，**add10M()** 函数被调用了三次，但它背后的 **add10** 委托实际只执行了两次。因为参数值为 **1** 时返回的值被缓存了，之后返回的是缓存中的值。

我在 **add10()** 函数里添加了一些代码来记录它的调用次数。虽然这明显违背了函数式编程的要求，但请不要对此太过苛责，我不会在生产环境中做这种事的。

12.2.4　Reader

在 LanguageExt 中，**Reader** 的实现显得更简洁。LanguageExt 使用了一种 **delegate** 类型，使函数能直接转换为 Reader，并且提供了一个包含大量辅助函数的 Prelude 对象，可以将该对象设置为全局静态。因此，相比第 7 章使用扩展方法的那个版本，使用 LanguageExt 可以更简单地实现 Reader 单子：

```
using static LanguageExt.Prelude;

var reader = Reader<int, int>(e => e * 100)
    .Map(x => x / 50)
    .Map(x => x.ToString());

var result = reader.Run(100);
```

LanguageExt 的 **Reader** 单子实现在用法上与第 7 章的版本相似，但做了一些优化，提高了代码的可读性。

12.2.5　State

要介绍的 LanguageExt 库的最后一个特性是 **State** 单子（第 7 章讲解了我们的版本）。

尽管与我们的版本相比，这个单子多了一些样板代码，但它们大体上是相同的：

```
var result1 = State<int, int>(x => (10, x))
    .Bind(x => State<int, int>(s => (x * s, s)))
    .Bind(x => State<int, int>(s => (x - s, s)))
    .Bind(x => State<int, int>(s => (x, s - 5)))
    .Bind(x => State<int, int>(s => (x / 5, s)));

var (finalValue, finalState, _) = result1(10);
// finalValue = 18
// finalState = 5
```

LanguageExt 的特性就介绍到这里，希望你现在已经对它的能力有了初步的认识。

12.2.6　LanguageExt 小结

总的来说，LanguageExt 是一个功能丰富且有深度的函数式编程库，几乎涵盖了你可能想在 C# 语言中实现的所有函数式编程范式。

本节介绍的 LanguageExt 特性只是冰山一角。实际上，它还囊括了其他许多的库，例如用于单元测试的流畅断言（fluent assertion）等。

至于是否应该在生产环境中使用 LanguageExt，则完全取决于你。就个人而言，我认为在 C# 语言中进行函数式编程并不复杂，大多数时候都只需要几行代码。这也意味着我可以坚持使用最适合自己的语法风格。因此，我一般不使用 LanguageExt 库，但这并不是说它不值得推荐。这是一个设计精良、功能丰富的库。

仔细考虑一下在代码库中采用这样一个大型库的后果。我自然希望 LanguageExt 库能持续存在很多年，它似乎也颇受欢迎，但假如有一天它不再被维护，而你的项目又高度依赖它，那么事情会变得很麻烦。

无论如何，需要评估风险效益并据此做出决定。如果最终还是决定使用 LanguageExt，欢迎和我分享你的使用体验。

12.3　Functional.Maybe 库

Functional.Maybe 库（https://oreil.ly/cLgZ4）目前由安德烈·茨维特科夫（Andrey Tsvetkov）负责维护，这个项目基于已停止维护的 Data.Maybe 项目开发，后者最初由威廉·卡萨林（William Casarin）创建。

这个项目提供了 Maybe 单子和 Either 单子的轻量级实现，如果只想在代码库中引入这两种单子，那么这个库将是一个不错的选择。

Functional.Maybe 库没有通过抽象基类来实现 Maybe 单子，而是将其实现为一个带有布尔属性的只读结构，可以用这个布尔属性来判断 Maybe 对象内部是否包含值。下面展示了使用 Functional.Maybe 实现的将华氏温度转换为摄氏温度的函数：

```
public string FahrenheitToCelsius(decimal input) =>
    input.ToMaybe()
        .Select(x => x - 32)
        .Select(x => x * 5)
        .Select(x => x / 9)
        .Select(x => Math.Round(x, 2))
        .Select(x => x.ToString())
        .Value;
```

为了更好地与现有的 .NET 的 LINQ 语法整合，`Bind()` 函数在此被命名为 `Select()`。一些人认为这样命名会引起混淆，但也有一些人会觉得熟悉的术语显得很亲切。

以下代码展示了如何在从外部数据源获取数据的函数中使用 Maybe 作为返回类型，以表示接收到数据存在不确定性：

```
public Maybe<Employee> GetById(int id)
{
    try
    {
        var e = this.DbConnection.GetFromDb(id);
        return e.ToMaybe();
    }
    catch (Exception e)
    {
        return Maybe<Employee>.Nothing;
    }
}
```

这段代码很直观。虽然也可以使用 `Maybe<T>` 提供的构造函数，但使用 `ToMaybe()` 函数能让语法更清晰。

它不涉及继承，也没有使用 `Match()` 扩展方法，因此，要从 Maybe 获取一个实际值，必须查看是否存在这个值，然后根据这个值来返回自己需要的内容：

```
var e = this.EmployeeRepo.GetById(24601);
var message = e.HasValue
    ? "Hello " + e.Value.Name
    : "I don't believe we've met, have we?";
```

这个库的 Maybe 实现还融入了一些额外的函数式编程理念。它提供了相当于 `Tap()` 函数的 `Do()` 函数。`Do()` 函数只在 Maybe 实际包含值时执行，因此它等同于第 7 章创建的 `OnSomething()` 函数。

```
var taxData = this.EmployeeRepo.GetById(24601)
    .Do(x => this.logger.LogInfo("got employee " + x.Id))
    .Select(x => this.payrollRepo.GetTaxInfo(x.TaxId))
    .Do(x => "Got his tax too!");
```

此外，这个库提供了一个好用的 Or() 函数，它的行为类似于 Alt 组合子（参见 5.5 节），但集成了单子流（monad flow）特性。

与我们的版本相比，一个重大的区别是这个库不要求提供一个包含了多个函数的参数列表（一个 Func 数组），而且要求提供给 Alt 组合子的每个函数都无参且返回 Maybe 类型。只要每个搜索特工 007 的函数都返回类似于 Maybe<SecretAgent> 的东西，那么第 5 章搜索詹姆斯·邦德的代码可以正常地运行，如下所示：

```
var jbId = "007";
var jamesBond = this.hotelService.ScanGuestsForSpies(jbId)
    .Or(() => this.airportService.CheckPassengersForSpies(jbId))
    .Or(() => this.barService.CheckGutterForDrunkSpies(jbId));

if (jamesBond.HasValue)
    this.deathTrapService.CauseHorribleDeath(jamesBond);
```

这段代码虽然要多做一些事情，但效果还是不错的。

另外值得一提的是，这个库为我最喜欢的 C# 语言特性——字典——提供了一个扩展方法。现在，可以不是从字典中获取一个键，而是从中获取一个 Maybe。我非常喜欢这个主意。

12.4 CsharpFunctionalExtensions 库

CSharpFunctionalExtensions 库（https://oreil.ly/SLDAr）由弗拉基米尔·霍里科夫（Vladimir Khorikov）维护，是他的 Pluralsight 课程"在 C# 语言 6 中应用函数式原则"（Applying Functional Principles in C# 语言 6）（https://oreil.ly/nBkno）的扩展。

虽然课程名称中有"C# 语言 6"字样，但在我撰写本书的时候，CSharpFunctionalExtensions 库除了支持 .NET 6.0，还支持之前的所有版本的 .NET，并且前几个月还进行了更新。可以看出，霍里科夫似乎在紧跟 .NET 的最新发展。我还在 .NET 7.0 环境下测试了这个库，一切都能良好运转。

12.4.1 Maybe 单子

我尝试使用 CSharpFunctionalExtensions 实现了基于 Maybe 单子的 MakeGreeting 函数，但由于这个库仅支持具有可空数据类型的 Maybe 单子，所以不能直接使用 int 作为参数。

一个简单的解决方案是将 employeeId 变量声明为可空类型。当然，也可以考虑使用其他替代方案，比如创建一个包含多个参数的复杂参数类，或者将 int 类型包装成 Maybe<int> 类型。但对于演示的目的来说，简单的解决方案就足够了。

最终得到的代码如下所示：

```
public static Maybe<string> MakeGreeting(int? employeeId) =>
    employeeId.AsMaybe().Map(empRepo.GetById)
        .Map(x => "Hello " + x.Salutation + " " + x.Name);
```

和我考察过的其他许多库一样，无法在这个库中通过 switch 表达式将 Maybe 简化成一个具体的值；取而代之的是一些内置的辅助函数：

```
var martyMcFly = MakeGreeting(1985);
var messageToUser = martyMcFly.HasValue
    ? martyMcFly.Value
    : "Intruder Alert!";
```

或者，也可以使用 Match() 函数：

```
var martyMcFly = MakeGreeting(1985);
var messageToUser = martyMcFly.Match(x => "Success: " + x,
    () => "Intruder Alert!");
```

这段代码没有什么问题。鉴于只有两种可能的值，所以用这种方式处理 Something/Nothing 的情况是完全合适的。

CSharpFunctionalExtensions 库内置了处理异步函数的一些我司，以及一些对 Maybe 中的内容执行逻辑操作的函数，如下所示：

```
public static Maybe<string> MakeMessage(int? employeeId) =>
    employeeId.AsMaybe().Map(empRepo.GetById)
        .Where(x => !x.Interests.Contains("Homer Simpson"))
        .Map(x => "Welcome, " + x.Name + "!")
        .Or(() => "This is the No Homers Club, be off with you!!");
```

我特别喜欢 Where() 方法和 Or() 方法，未来，我可能会将类似的方法引入自己的代码中。

12.4.2　Result

Result 在某些方面类似于第 7 章提到的 Either 单子。它像 Something 一样持有一个值，但除此之外，它还可以表现为两种形式之一：Success 或 Failure。它与 Maybe 的主要区别在于，无论结果如何，Result 都会持有一个值。

这个联合类型中的两个类用于传达操作是否成功的信息。库中包含一组流畅风格（fluent-style）的函数，可以用来定义最终结果是否应该被视为成功，如下所示：

```
public static Result<string> MakeMessage(int? employeeId) =>
    employeeId.AsMaybe()
        .Map(empRepo.GetById)
        .ToResult("Could not find the employee")
        .Ensure(x => x.Interests.Contains("Doctor Who"), "You don't like DW!")
        .Ensure(x => x.Name != "Homer Simpson",
            "I keep telling you Homer, this is our tree house!")
        .Tap(x => Logger.LogInformation("Processing " + x.Name))
        .Finally(
            x => x.IsSuccess
                ? "Welcome to the No Homers Club, " + x.Value.Name
                : "Couldn't sign up " + x.Value.Name + ": " + x.Error);
```

Ensure() 函数会返回一个 Result<T> 对象，如果传入的函数返回 true，状态将会是 Success；反之则为 Failure。

和 Maybe 类似，如果结果处于 Failure 状态，任何后续的 Ensure() 调用都不会被执行。

无论是 Success 还是 Failure，Finally() 函数最后都会执行，并把 Result 转换成一个实际的值。

12.4.3　Fluent Assertions

Fluent Assertions（流畅断言）是我最喜欢的 NuGet 库之一，它允许以更接近自然语言的形式来编写单元测试的断言。这个库的功能非常丰富，其中包括多种便利的断言类型，大大简化了单元测试的编写工作。

CSharpFunctionalExtensions 库还可以与另一个库 CSharpFunctionalExtensions. FluentAssertions 配合使用，后者专门在 Fluent Assertions 的基础上针对前者添加了更多断言。如果决定使用 CSharpFunctionalExtensions，那么强烈建议一并引入这个库。

12.4.4　CSharpFunctionalExtensions 小结

CSharpFunctionalExtensions 库只包含两种结构，相对没有 LanguageExt 那样全面。但这些结构的设计十分精良。这个库中的函数名称富有表达力，还让我们能够使用流畅风格的接口来编写复杂的功能，因此，它是一个值得考虑的选项。

12.5　F# 编程语言

拜托，你是在开玩笑吧！

虽然 F# 的确不是 NuGet 包，但可以在 C# 项目中引用使用 F# 编写的 .NET 项目。所以，从技术上来说……它和 NuGet 包确实有一些共同之处。不过，这个话题超出了本书的讨论范围。

12.6　小结

如果希望有人帮你完成函数式结构的初始创建，NuGet 上已经有不少可供选择的库了。其中既有功能全面的库（比如 LanguageExt），也有只提供部分函数式特性的库（比如 OneOf 和 Functional.Maybe 等）。

是否使用这些库，是使用其中的一部分还是全部，这完全取决于你。如果不使用这些库，那么需要自行开发函数式类和扩展方法，虽然这意味着更大的工作量，但好处是不会对第三方库产生依赖，并且可以根据自己的需求自定义类和方法。

使用这些库可以减少一些工作量，但同时意味着需要适应这些库的编程风格，并依赖库的开发团队持续进行更新和维护。

和其他所有决策一样，在决定是否使用这些库的时候，需要权衡风险和收益，看看天平会偏向哪一边。

这里无法直接给出建议，但可以坦诚地告诉你，我没有使用这些库。我开发了自己的自定义函数库，并且会视情况将自定义库完全或部分移植到不同的项目中。话虽如此，使用这些库也没什么不好的。我在本章列出的库都非常出色，如果决定采用它们，它们无疑会为你的项目带来巨大的帮助。

在第 13 章中，我会将所有这些概念整合到一起，指导你使用函数式风格的 C# 语言编写一个有趣的游戏。祝你玩得开心！

火星之旅

好了，朋友们，我们这段共同的旅程很快接近尾声了。希望你和我一样从这本书中获益良多。既然已经接近了这段旅程的尾声，我想我们可以用一种轻松而有趣的方式把所有知识整合起来，并展示一个完整的函数式 C# 应用程序应该是什么样子。

遥想当年，在我还骑着恐龙上学并把猛犸象肉排当作午餐的那段日子里，我通过一系列关于 BASIC[①] 的书籍学会了编程。这些由奥斯朋出版社出版的书籍有着类似于《电脑对战游戏》（*Computer Battlegames*）的书名，内含可供读者输入到计算机中的游戏源代码。如果感兴趣的话，可以在奥斯朋出版社的官方网站（https://oreil.ly/FpZkr）上找到这些书。这些游戏通常以科幻为主题，并且完全是基于文本的，虽然书中配有一些彩绘插图，但游戏内容往往与这些插图毫不相干。正是受到这些书籍的感召，我决定向这一独特的游戏流派奉上自己的一份贡献。

我的灵感来自《俄勒冈之旅》，该游戏由唐·罗维奇（Don Rawitsch）、比尔·海内曼（Bill Heinemann），保罗·迪伦伯格（Paul Dillenberger）于 1975 年使用 HP Time-Shared BASIC 开发。但我们的游戏只是受到了它的启发，并没有使用它的任何原始代码或文本。

13.1 故事

公元 2147 年，人类终于成功登陆火星，并如火如荼地展开了对这颗红色星球的殖民活动。新的城市、前哨基地和贸易站在火星各地迅速建立了起来。

[①] BASIC，即初学者通用符号指令代码（Beginner's All-purpose Symbolic Instruction Code），是一种在 20 世纪 70 年代和 80 年代广受欢迎的编程语言，但如今对它感兴趣的只剩下像我这样的老派编程爱好者了。

你和你的家人成为了最新一批抵达火星的定居者，你们的目的地是赫拉斯盆地（Hellas Basin）——一个巨大的撞击坑，也是最大的旅行枢纽。从地球到火星的时间虽然比过去快了许多，但仍然需要数周时间。在旅途中，你一直在筹划从赫拉斯盆地前往位于亚马逊平原（Amazonis Planitia）的定居点的路线，途中还需要穿越塔尔西斯高地（Tharsis Rise）。这将是一段漫长、艰辛且充满危险的旅程。

火星的环境异常严酷，所有人在地表活动时都需要全程穿戴宇航服，此外，火星上真的有火星人存在。20 世纪的科幻作家们天马行空，把火星人想象成小个子、绿皮肤、没有头发且头上长着天线的生物。令人惊讶的是，现实中的火星人与这些描述如出一辙。谁能想到呢？

大多数火星人都相当友好，不介意与新来的地球人进行交易。人类可以从他们那里学到很多东西。然而，也有一部分火星人将地球人视为入侵者，抱持敌视态度，他们是你旅途中需要警惕的对象。

在旅途中，你需要获取食物（旅程将持续数周，而玩家无法携带太多补给），你将有机会狩猎一种火星生物：弗洛里德（Vrolids）。这些生物矮小、结实、皮肤呈紫色，尽管气味不佳，但它们的味道却出奇地好。

为了赚钱，你可以尝试捕捉野生的洛弗罗（Lophroll），它们长而华丽的毛皮非常适合用来制作外套，或是用来制作 20 世纪 70 年代前卫摇滚风格的假发，这很受业余吉他手和长笛手的欢迎。值得一提的是，前卫摇滚在 2145 年再次流行了起来。现在，地球的首都 ② 甚至为摇滚之神伊恩·安德森（Ian Anderson）和史蒂夫·哈克特（Steve Hackett）建立了祭坛。此外，如果旅程顺利的话，你还有机会与沿途的交易站进行交易，以换取必要的补给。

要到达目的地，你需要乘坐悬浮驳船，历经数周的艰苦跋涉，跨越超过 16 000 千米漫漫征途。祝你好运！

13.2 技术细节

为了打造我们的火星旅行与生存游戏，需要准备一些基本组件。

首先，我们需要一个核心游戏引擎，如图 13-1 所示。为了保持简单，我准备以纯文本形式在控制台应用程序中实现这个游戏。你可以根据自己的喜好进行调

---

② 有趣的是，关于地球首都选址的争论非常激烈，在近 500 个提案被否决之后，大家最终默认选择了英国的海滨度假小镇博格诺里吉斯作为首都（译注：本书作者的居住地）。现在，人们可以在海滩上边吃雪糕边进行政治辩论了。

整，甚至可以添加一个图形界面。不过，图形界面不属于函数式编程的特性，因此本书不会涵盖这部分内容。

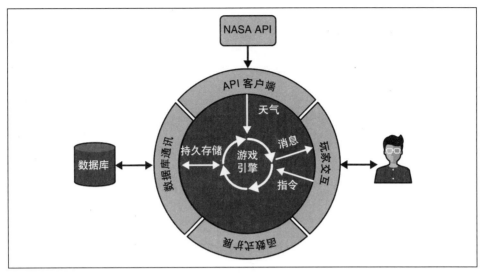

图 13-1 《火星之旅》游戏引擎的设计

游戏引擎本身将是某种不定循环。它会不断地提示玩家输入指令，然后对这些指令进行处理。

许多小型模块将围绕核心游戏引擎运行，根据玩家输入的指令执行各种任务。

这是系统的核心部分，完全采用函数式编程构建。围绕它的则是非函数式的"外壳"，后者提供了一些基础的非函数式扩展方法，并负责与外部世界进行通信。

这个游戏涉及一些外部交互，包括一个用于让玩家保存游戏进度的数据库，为了减少实现步骤，我计划将其简化成一个平面文件。此外，游戏还接入了一个用于查找火星环境信息的 NASA Web API，以增强游戏的真实感。

游戏从一个设置序列开始，其中，玩家需要花钱购买以下物品。

- 电池（Batteries）：用于存储太阳能。拥有的电池越多，每天前进的距离就越远。

- 食物（Food）：如果你不知道这是什么，我将很难想象你是如何平安长大的！

- 激光充能器（Laser charges）：用于为激光枪提供能量。

- 宇航服（Atmosphere suits）：要想在环境恶劣的火星地表生存下来，这个装备是不可或缺的。

- 医疗包（Medipacks）：Kornbluth 牌标准医疗包，几乎可以治愈任何疾病。通常装在黑色小包中。

- 地球信用点（Terran credits）[3]：可以轻松兑换成你选择的任何当地货币。火星人使用什么作为货币仍然是个未解之谜——也许他们的文明已经进化到了不需要货币的程度！

设定好初始装备清单后，游戏的回合将会按照以下顺序展开。

- 检查特殊状态并提示玩家采取行动。

- 显示当前回合可进行的操作并记录玩家的选择，这可能包括交易、狩猎食物、狩猎洛弗罗以售卖它的皮毛或者继续旅程。

- 更新已前进的公里数和食物的消耗量。

- 确定本回合发生的随机事件，并将事件结果告知玩家。

- 进行清理并为下一阶段做好准备。

这个过程会持续进行，直到玩家完成了 16 000 千米的旅程并抵达亚马逊平原，或者触发了游戏的结束条件（即玩家角色死亡）。

13.3　创建游戏

在接下来的小节中，我将引导你探索这个游戏的创建过程，并尽可能详细地说明我的设计思路和方法，以促进理解。我不会一一讲解每个步骤，但可以在我的 GitHub 账户上找到完整的源代码（https://oreil.ly/PxHQv）。

13.3.1　解决方案

正式开始之前，我们需要新建一个解决方案，并在其中添加一些子项目。

首先创建一个类型为"控制台应用"的解决方案，命名为"MartianTrail"。这就是我们的游戏。

---

[3] Terran credits（地球信用点）中的 Terra 在拉丁语中是"地球"的意思。许多经典科幻小说将我们人类称为 Terrans（地球人），我很喜欢这个称呼！

还需要创建一个单元测试项目，并将其命名为"MartianTrail.Tests"。我个人倾向于使用开源单元测试框架 xUnit。为此，请右击解决方案名称，选择"添加"|"新建项目"，在模板搜索框中输入"xUnit"，选择"xUnit 测试项目"。出于个人偏好，我通常会为测试项目安装以下 NuGet 依赖项：Fluent Assertions、Moq、AutoFixture 和 AutoFixture.AutoMoq。但这些依赖项并不是必须的，可以根据需要自行选择。

13.3.2 通信

在构建游戏时，首先需要实现的是玩家与游戏之间的交互。为此，我们需要新建一个文件夹，命名为"UserInteraction"，并在其中创建一个新的代码文件，该文件包含两个可区分联合（DU），用于表示玩家与游戏的交互以及可能的结果。

第一个 DU 是 UserInteraction。在这种交互中，用户要通过控制台来提供信息。这些信息有三种可能的状态。

- IntegerInput：玩家输入了一个数值。可以用它来确定玩家做出了什么选择，或者验证玩家花费了多少钱。
- TextInput：玩家输入了非数值文本。
- EmptyInput：玩家没有输入任何内容，直接按下了回车键。这是一种错误状态。
- UserInputError：控制台抛出了异常。

第二个 DU 是 Operation。在这种交互中，我们不期望来自用户的任何反馈。常见的例子是向控制台写入消息，而不期待用户输入任何内容。可能的状态如下。

- Success：操作顺利完成，没有错误。
- Failure：操作中出现了异常。这个对象捕获了异常。

若想查看如何实现这些可区分联合以及如何使用 ConsoleShim 和 UserInteraction 客户端类，请参见第 6 章。

现在，我们已经能在游戏和玩家之间双向交换数据了。接下来需要设计一些具体的游戏内容。

13.3.3 玩法说明

游戏加载后的第一个任务是询问玩家是否需要查看游戏玩法的说明。

为此，需要将接收玩家输入和发送消息的能力整合到一个函数中，并使这个函数计算并返回一个布尔值，用以决定是否应该发送消息。这样就不需要在代码库的纯函数式区域中使用 if 语句了。

将以下两个函数添加到 IPlayerInteraction 接口和实现该接口的 PlayerInteraction 类中：

```
public Operation WriteMessage(params string[] prompt) =>
    Console.WriteLine(prompt);

public Operation WriteMessageConditional(
    bool condition,
    params string[] prompt) =>
        condition ? WriteMessage(prompt) : new Success();
```

现在，回到项目的根目录并新建一个名为"Instruction"的文件夹，其中包含一个名为 IDisplayInstructions 的接口以及实现该接口的类文件 DisplayInstructions.cs。这些组件用于处理询问玩家是否需要查看玩法说明，并在玩家需要时将相应的消息显示在屏幕上。

接口的设计非常简单。我们不需要关心操作的具体执行结果。因此，使用 void 类型的返回值就足够了：

```
public interface IDisplayInstructions
{
    void DisplayInstructions();
}
```

由于游戏玩法说明很长，所以不打算在这里展示 DisplayInstructions 类的全部代码。相反，只会节选一些关键的代码片段。

首先需要通过构造函数注入 UserInteraction 实例，这使我们能够测试它。另外，还提供了一个与玩家进行交互的方法：

```
private readonly IPlayerInteraction userInteraction;

public DisplayInstructions(IPlayerInteraction userInteraction)
{
    this.userInteraction = userInteraction;
}
```

为了判断用户是否以某种形式表示肯定[④]，可以简单地采用基于集合的方法：

```
void IDisplayInstructions.DisplayInstructions()
{
    var displayInstructionsAnswer = this.userInteraction.GetInput(
        "Would you like to learn how to play this game?");

    var positiveResponses = new []
    {
        "YES",
        "Y",
        "YEAH",
        "SURE",
        "WHY NOT"
    };

    var displayInstructions = displayInstructionsAnswer switch
    {
        TextInput ti when positiveResponses.Contains(ti.TextFromUser.ToUpper()) =>
            true,
            _ => false
    };

    this.userInteraction.WriteMessageConditional(displayInstructions,
        "Martian Trail - Instructions",
        string.Empty,
        "Welcome to the Planet Mars, brave explorer. Here are the",
        "things you need to know in order to survive here, on your new",
        "homeworld...",
        // 在此处插入其余游戏玩法说明 ...
    );
}
```

现在，玩家应该已经知道自己该做什么了，接下来要做的是为他们提供初始资金，并要求他们为即将开始的旅程购买所需的物资。

虽然可以将 positiveResponses 逻辑放在某个共享类中，但由于代码库中没有其他部分需要这种逻辑，所以这个逻辑可以单独放在这里。

13.3.4　设置物品栏

为了编写一个用于设置玩家物品栏的函数，我们需要执行一系列嵌套循环。不仅需要一个循环来遍历物品栏中的各个物品，还需要在每个物品内部设置一个循环来验证玩家的输入。此外，还需要通过支配逻辑（overarching logic）来判定玩家是否超出了预算。

[④] 译注：代码中列举的都是表示肯定的英文输入，可以自行更改为可能的中文输入。

针对每个物品，我们都询问玩家要花费多少地球信用点在它上面。如果玩家的回答不符合要求，就要求他们重新输入，直到得到一个合理的回答为止。

玩家的初始资金是 1000 地球信用点。每次购买物品时，唯一的规则是支出必须大于等于 0 且不高于当前剩余的信用点数量。

在购买流程的最后，我们将向玩家展示他们的购物清单，并询问他们是否对自己的选择满意。如果满意，就继续下一步，反之则需要重新开始整个流程。

GameState 对象将包含一个物品栏部分，这部分有它自己的元数据（一个记录玩家是否对自己的选择满意的布尔值），但这些数据之后就没有用处了，因此我们将为这部分专门创建一个状态记录：

```
public record InventorySelectionState
{
    public int NumberOfBatteries { get; set; }
    public int Food { get; set; }
    public int LaserCharges { get; set; }
    public int AtmosphereSuits { get; set; }
    public int MediPacks { get; set; }
    public int Credits { get; set; }
    public bool PlayerIsHappyWithSelection { get; set; }
}
```

还需要一个跨应用程序域（Application Domain）的版本，它不包含额外的元数据，并且可以在模块之间传递：

```
public record InventoryState
{
    public int NumberOfBatteries { get; set; }
    public int Food { get; set; }
    public int LaserCharges { get; set; }
    public int AtmosphereSuits { get; set; }
    public int MediPacks { get; set; }
    public int Credits { get; set; }
}
```

接下来，我们将设置一个不定循环，这个循环将持续运行，直到玩家对自己的选择满意为止。严格的函数式编程不存在类的概念，但在 C# 语言的世界中，我们可以有几种选择。

如果想采用更加纯粹的函数式编程方式，那么可以创建一个名为 InventorySelection 的静态类，并在其中实现一个静态函数，在玩家做出最终选择后再返回 Inventory 记录。

但是，这样的实现不利于良好的单元测试，因为每一个涉及游戏主模块的单元测试都需要设置复杂的用户交互模拟。所以，虽然不符合纯函数式编程，但考虑现在是在使用 C# 语言，所以我更倾向于继续使用类和接口，以便更轻松地在单元测试中提供模拟对象。

下面是物品选择模块的接口：

```
public interface IInventorySelection
{
    InventoryState SelectInitialInventory(IPlayerInteraction playerInteraction);
}
```

接下来，需要将 InventorySelectionState 记录、这个接口及其实现一起放到项目的 InventorySelection 文件夹内，使代码的逻辑结构保持清晰。

这样做还为 InventorySelectionState 留下了后续扩展的余地。例如，以后对游戏进行改进时，如果需要添加额外的元数据，那么 InventorySelectionState 可以相应地进行扩展，而跨应用程序域的版本 InventoryState 可以保持原样，它不关心模块内部具体是如何实现的。

在 InventorySelection 文件夹中创建一个名为 SelectInitialInventory Client 的新类来实现 IInventorySelection 接口。

为了反映玩家的购买结果，我们将创建一个可区分联合，以涵盖所有可能的情况：

```
public InventoryState SelectInitialInventory(IPlayerInteraction pInteract)
{
    throw new NotImplementedException();
}
public abstract class InventorySelectionResult { }
public class InventorySelectionInvalidInput { }
public class InventorySelectionValueTooLow { }
public class InventorySelectionValueTooHigh { }
public class InventorySelectionValid
{
    public int QuantitySelected { get; set; }
    public int UpdatedCreditsAmount { get; set; }
}
```

我们在 SelectInitialInventoryClient 类中定义这个可区分联合，因为它不会在其他地方使用。可以使用更简洁的类名，我只是比较看重代码的描述性。

为了减少重复劳动，可以设计一个泛型函数来处理所有物品选择。只需向这个函数传递下面几个每次都可能改变的部分：

- 物品名称；

- InventorySelectionState 中发生更新的位置；

- 玩家购买该物品需要支付的信用点。

这个函数的实现如下：

```
private InventorySelectionState MakeInventorySelection(
    IPlayerInteraction playerInteraction,
    InventorySelectionState oldState,
    string name,
    int costPerItem,
    Func<int, InventorySelectionState, InventorySelectionState> updateFunc)
{
    var numberAffordable = oldState.Credits / costPerItem;
    var validateUserChoice = (int x) => x >= 0 && x <= numberAffordable;

    var userAttempt = playerInteraction.GetInput(
        name + " Selection. They cost " + costPerItem +
        " per item. How many would you like? " +
        "You can't afford more than " + numberAffordable);

    var validUserInput = userAttempt.IterateUntil(
        x =>
        {
            var userMessage = userAttempt switch
            {
                IntegerInput i when i.IntegerFromUser < 0 =>
                    "That was less than zero",
                IntegerInput i when
                    (i.IntegerFromUser * costPerItem) > oldState.Credits =>
                        "You can't afford that many!",
                IntegerInput _ => "Thank you",
                EmptyInput => "You have to enter a value",
                TextInput => "That wasn't an integer value",
                UserInputError e => "An error occurred: " + e.ExceptionRaised.Message,
            };

            playerInteraction.WriteMessage(userMessage);

            return x is IntegerInput ii && validateUserChoice(ii.IntegerFromUser)
                ? x
                : playerInteraction.GetInput("Please try again...");
        },
        x => x is IntegerInput ii && validateUserChoice(ii.IntegerFromUser));

    var numberOfItemsBought = (validUserInput as IntegerInput).IntegerFromUser;
    var updatedInventory = updateFunc(numberOfItemsBought, oldState) with
```

```
    {
        Credits = oldState.Credits - (numberOfItemsBought * costPerItem)
    };

    return updatedInventory;
}
```

接下来，让我们花几分钟时间分析一下这个函数的作用。

首先，为了保持代码的纯净性，需要的所有元素都在参数列表中。如果愿意的话，也可以选择在这个类的构造函数中包含一个 **IPlayerInteraction** 实例，并将其作为类的一个属性来引用。这样做可以减少一些代码噪音，而且没有什么副作用。具体如何选择取决于你。

接下来，我们尝试获取玩家的选择，并通过不定循环的方式不断迭代，直到确定这是一个有效的选择。我们采用了 **Func** 委托来封装验证物品购买数量的逻辑，这样就可以在不同的地方多次引用这段逻辑，不必重复编写相同的代码。

在不定循环中，我们会准确地识别玩家的输入，确定如何做出回应，并决定是否需要再次迭代。

图 13-2 图示了这个过程。

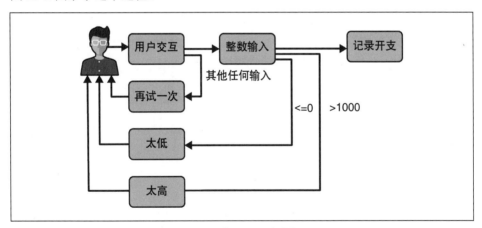

图 13-2　游戏开始时的购物流程

一个有趣的现象值得注意：在将 **validUserInput** 变量转换为 **IntegerInput** 类型时，Visual Studio 会警告这可能导致空引用异常——尽管从逻辑上来讲，这种情况永远不可能发生。我认为这是因为 Visual Studio 没有深入分析代码，所以看不出这里不会出现空值。在这种情况下，可以安全地忽略编译器警告。

遗憾的是，据我所知，至少截止 .NET 7，我们还不能在元组中使用 lambda 表达式。因此，可以创建一个简单的结构（**struct**）来封装物品栏配置：

```
public struct InventoryConfiguration
{
    public string Name { get; set; }
    public int CostPerItem { get; set; }
    public Func<int, InventorySelectionState, InventorySelectionState>
        UpdateFunc { get; set; }

    public InventoryConfiguration(string name, int costPerItem,
        Func<int, InventorySelectionState, InventorySelectionState> updateFunc)
    {
        Name = name;
        CostPerItem = costPerItem;
        UpdateFunc = updateFunc;
    }
}
```

下面是我设置物品栏配置的代码。我设定的价格比较随意。如果你想尝试自己开发这个游戏的话，可以自由地调整价格：

```
private readonly IEnumerable<InventoryConfiguration> _inventorySelections = new[]
{
    new InventoryConfiguration("Batteries", 50, (q, oldState) =>
        oldState with { NumberOfBatteries = q}),
    new InventoryConfiguration("Food Packs", 10, (q, oldState) =>
        oldState with { Food = q}),
    new InventoryConfiguration("Laser Charges ", 40, (q, oldState) =>
        oldState with { LaserCharges = q}),
    new InventoryConfiguration("Atmosphere Suits", 15, (q, oldState) =>
        oldState with { AtmosphereSuits = q}),
    new InventoryConfiguration("MediPacks", 30, (q, oldState) =>
        oldState with { MediPacks = q})
};
```

虽然可以利用反射技术，用几行简单的代码来代替整个数组，但这样做可能弊大于利。首先，这段代码不会频繁更新（甚至可能完全不会更新）。其次，使用反射不仅会有性能上的损失，而且如果在运行时出现不匹配的情况，还可能引发问题。下面是一个用来显示物品栏当前状态的函数：

```
private void DisplayInventory(IPlayerInteraction playerInteraction,
    InventorySelectionState state) =>
        playerInteraction.WriteMessage(
            "Batteries: " + state.NumberOfBatteries,
```

```
        "Food Packs: " + state.Food,
        "Laser Charges: " + state.LaserCharges,
        "Atmosphere Suits: " + state.AtmosphereSuits,
        "MediPacks: " + state.MediPacks,
        "Remaining Credits: " + state.Credits
    );
```

我们会频繁使用这个函数，以便玩家根据物品栏状态做出明智的选择。下面的代码用于询问玩家是否确定购买当前选择的物品。

```
private InventorySelectionState UpdateUserIsHappyStatus(
    IPlayerInteraction playerInteraction,
    InventorySelectionState oldState)
{
    var yes = new[]
    {
        "Y", "YES", "YEP", "WHY NOT",
    };

    var no = new[]
    {
        "N", "NO", "NOPE", "ARE YOU JOKING??!??",
    };

    this.DisplayInventory(playerInteraction, oldState);

    bool GetPlayerResponse(string message)
    {
        var playerResponse = playerInteraction.GetInput(message);
        var validatedPlayerResponse = playerResponse switch
        {
            TextInput ti when yes.Contains(ti.TextFromUser.ToUpper()) => true,
            TextInput ti when no.Contains(ti.TextFromUser.ToUpper()) => false,
            _ => GetPlayerResponse("Sorry, could you try again?")
        };
        return validatedPlayerResponse;
    };

    return (oldState with
    {
        PlayerIsHappyWithSelection = GetPlayerResponse(
            "Are you happy with these purchases?")
    }).Map(x => x with
    {
        Credits = x.PlayerIsHappyWithSelection ? x.Credits : 1000
    });
}
```

注意，这里使用了递归函数。在这种情况下，递归是一个更简单的解决方案，而且考虑到玩家在回答"是"或"否"时不太可能输入错误太多次，因此在这里使用递归是很安全的。最后，我们需要实现一个名为 `SelectInitialInventory()` 的公共函数，将上述所有内容整合到一起：

```
public InventoryState SelectInitialInventory(IPlayerInteraction playerInteract)
{
    var initialState = new InventorySelectionState
    {
        Credits = 1000
    };

    var finalState = initialState.IterateUntil(x =>
        this._inventorySelections.Aggregate(x, (acc, y) =>
            this.MakeInventorySelection(playerInteract, acc, y.Name,
            y.CostPerItem, y.UpdateFunc)
        ).Map(y => this.UpdateUserIsHappyStatus(playerInteract, y))
    , x => x.PlayerIsHappyWithSelection);

    var returnValue = new InventoryState
    {
        NumberOfBatteries = finalState.NumberOfBatteries,
        Food = finalState.Food,
        LaserCharges = finalState.LaserCharges,
        AtmosphereSuits = finalState.AtmosphereSuits,
        MediPacks = finalState.MediPacks,
        Credits = finalState.Credits
    };
    return returnValue;
}
```

现在，我们已经拥有了请求玩家选择想要购买的物品的所有代码，其中包含一系列的验证逻辑。通过一个支配循环，玩家能查看所有购买选择，并决定是否进入下一步。如果想快速测试一下这段代码，可以尝试像下面这样修改 program.cs 文件：

```
using MartianTrail.InventorySelection;
using MartianTrail.PlayerInteraction;

var inventory = new SelectInitialInventoryClient();
inventory.SelectInitialInventory(new PlayerInteractionClient(new ConsoleShim()));
```

这会创建一个为玩家创建初始物品栏的类，并传入它所依赖的所有接口的具体实现。考虑到这是个简单的小游戏，所以没有必要创建 IoC 容器——除非你特别想这么做。这是你的代码，所以完全可以按自己的心意来！

13.3.5 游戏循环

在建立了一些基本结构后,接着需要为游戏设置一个代表玩家回合的基本循环。在这些回合中,游戏需要显示消息,提示玩家做出选择,并显示玩家的选择所造成的后果。

需要一个在触发游戏结束条件前持续运行的不定循环。为此,我们还需要创建一个 GameState 记录,并为其添加两个属性,如下所示:

```
public record GameState
{
    public bool PlayerIsDead { get; set; }
    public bool ReachedDestination { get; set; }
}
```

为了驱动这个不定循环,我们使用了第 9 章介绍的 IterateUntil() 扩展方法,并将其放在 FunctionalExtensions.cs 源文件中。

最后,为了在定义游戏回合的流程时保持代码整洁,我们还想创建一个扩展方法来推动游戏进程,其中包含检查游戏是否结束的逻辑。这个方法受到了某些单子(monad)上的 Bind() 函数的启发:

```
public static GameState ContinueTurn(
    this GameState @this,
    Func<GameState, GameState> f) =>
    @this.ReachedDestination || @this.PlayerIsDead
        ? @this
        : f(@this);
```

如此一来,就可以将创建新 GameState 记录实例的多个函数链接到一起,而不需要在每次更新后都检查游戏是否已经结束。这个机制有点像一个具有两种状态的 Maybe 单子,只要游戏结束,就不会执行提供的任何函数。

之后的每个游戏模块都将采取函数的形式,它们接收当前的 GameState 记录实例作为输入,然后返回一个经过修改的新 GameState 实例。

实际上,可以简单地创建一个通用接口来代表游戏中的任何一个特定阶段,如下所示:

```
public interface IGamePhase
{
    GameState DoPhase(IPlayerInteraction playerInteraction, GameState oldState);
}
```

然后,驱动游戏引擎的核心循环可以用一段相当简洁的代码来实现,如下所示:

```
public class Game
{
    public GameState Play(GameState initialState,
      IPlayerInteraction playerInteraction, params IGamePhase[] gamePhases)
    {
        var gp = gamePhases.ToArray();

        var finalState = initialState.IterateUntil(x =>
            gp.Aggregate(x, (acc, y) => acc.ContinueTurn(z =>
                y.DoPhase(playerInteraction, z))),
            x => x.PlayerIsDead || x.ReachedDestination
        );

        return finalState;
    }
}
```

这个类接收游戏的初始状态以及一个包含所有游戏阶段的列表。我们使用
Aggregate() 方法逐一应用各个阶段。注意，这里使用了 **ContinueTurn()** 扩
展方法。该方法内置了类似单子的"短路"功能，一旦游戏结束就会停止执行
后续阶段。

这个无限循环将不断重复执行游戏的回合序列，直到玩家角色死亡或达到探险
的终点为止。这两种情况都会触发游戏结束条件。

下面让我们定义游戏的几个阶段。在此之后的最后一个任务就是在 program.cs
中引用 Game 类，并传入定义的所有阶段。

13.3.5.1　创建天气报告

我是英国人，正如我之前说过的那样，没有什么比日常聊天气更有英国范儿了。
所以，我选择用这个主题为作为游戏的开场——尽管游戏的背景设定在火星。
为了增添游戏的真实感，我计划引入真实的火星气象数据，这可以通过创建对
NASA 的火星 API 的 Web API 调用来实现。考虑到这是对外部系统的调用，所
以将使用 Maybe 来封装这一调用，以防出现任何问题。有关如何在 C# 语言中
实现 Maybe 单子的更多细节，请参见第 7 章。

我们将实现一组非常简单的类来提供从 Web API 端点下载数据的机制。取决
于自己的需要，这个实现可以变得更加复杂。但是，考虑到本章的重点并不是
Web 通信，所以我选择保持例子尽可能简单。

首先需要为内置的 HttpClient 类创建一个 shim（垫片）类，因为前者没有提
供一个可以用于依赖注入的接口。

```
public interface IHttpClient
{
    Task<HttpResponseMessage> GetAsync(string url);
}

public class HttpClientShim : IHttpClient
{
    private readonly HttpClient _httpClient;

    public HttpClientShim(HttpClient httpClient)
    {
        _httpClient = httpClient;
    }

    public Task<HttpResponseMessage> GetAsync(string url) =>
        _httpClient.GetAsync(url);
}
```

这里使用的是内置的 **HttpResponseMessage**，如果希望实现自定义逻辑，那么可能需要为 **HttpClient** 的各个子类提供自己的 shim 实现。

下面这个类使用 async 机制将多个 **HttpClient** 方法调用绑定到一起，最终将 URI 转换为可用的数据：

```
public interface IFetchWebApiData
{
    Task<Maybe<T>> FetchData<T>(string url);
}

public async Task<Maybe<T>> FetchData<T>(string url)
{
    try
    {
        var response = await this._httpClient.GetAsync(url);
        Maybe<string> data = response.IsSuccessStatusCode
            ? new Something<string>(await response.Content.ReadAsStringAsync())
            : new Nothing<string>();

        var contentStream = await data.BindAsync(x =>
            response.Content.ReadAsStreamAsync());

        var returnValue = await contentStream.BindAsync(x =>
            JsonSerializer.DeserializeAsync<T>(x));
        return returnValue;
    }
    catch (Exception e)
    {
        return new Error<T>(e);
    }
}
```

现在我们已经做好了准备，可以调用 NASA 的火星 API 来展示火星的实时天气了。火星日被称为 sol，一个火星日就是火星完成一次自转所需要的时间，它的一天比地球要多 40 分钟左右。一个火星年有 668 个火星日，这是火星绕太阳完成一次公转所需的时间。

NASA 的 API 调用会返回当前火星日的一组历史数据，以及之前许多个火星日的数据。在游戏中，我们将把火星日设为时间单位，因此我们将从记录中最早的火星日开始，每个回合递增 1，并使用游戏状态对象中的一个整数字段来跟踪玩家的时间进度。

天气信息不仅为游戏增添了一些真实感，也提供了在实际代码中使用 Maybe 单子的示例。

首先需要创建一个类来存储从 NASA API 获取的数据。虽然 API 能提供的数据远不止这些，但代码将只关注我们感兴趣的数据项。

```
public class NasaMarsData
{
    public IEnumerable<NasaSolData> soles { get; set; }
}

public class NasaSolData
{
    public string id { get; set; }
    public string sol { get; set; }
    public string max_temp { get; set; }
    public string min_temp { get; set; }
    public string local_uv_irradiance_index { get; set; }
}
```

创建一个名为 GamePhases（游戏阶段）的文件夹来存储我们即将编写的所有代码类。

以下代码显示火星当前的天气：

```
public class DisplayMartianWeather : IGamePhase
{
    private readonly IFetchWebApiData _webApiClient;

    public DisplayMartianWeather(IFetchWebApiData webApiClient)
    {
        _webApiClient = webApiClient;
    }
```

```
private string FormatMarsData(NasaSolData sol) =>
 "Mars Sol " + sol.sol + Environment.NewLine +
 "\tMin Temp: " + sol.min_temp + Environment.NewLine +
 "\tMax Temp: " + sol.max_temp + Environment.NewLine +
 "\tUV Irradiance Index: " + sol.local_uv_irradiance_index + Environment.NewLine;

public GameState DoPhase(
   IPlayerInteraction playerInteraction,
   GameState oldState)
{

   // 这里我调用了 Result 方法，从而强制同步。
   // 鉴于这不是一个 Web 应用且仅有一个用户，
   // 所以这种处理方式不会有什么问题。
   var data = this._webApiClient.FetchData<NasaMarsData>(
      "https://mars.nasa.gov/rss/api/?" +
      "feed=weather&category=msl&feedtype=json")
      .Result;

   var currentSolData = data.Bind(x => oldState.CurrentSol == 0
      ? x.soles.MaxBy(y => int.Parse(y.sol))
      : x.soles.SingleOrDefault(y =>
         y.sol == oldState.CurrentSol.ToString())
   );

   var formattedData = currentSolData.Bind(FormatMarsData);

   var message = formattedData switch
   {
      Something<string> s => s.Value,
      _ => string.Empty
   };

   playerInteraction.WriteMessage(message);

   return oldState with
   {
      CurrentSol = currentSolData is Something<NasaSolData> s1
         ? int.Parse(s1.Value.sol) + 1
         : 0
   };
 }
}
```

以上代码的目的是从 NASA 获取数据，其中包括近期的火星日列表和相应的天
气报告。如果已经确定了当前火星日并将其存储在 GameState 中，就会使用该
火星日；否则，我们将使用数据集里最早的火星日。

如果这是一个商业项目，那么可能还需要设计一个缓存机制，以避免每个游戏回合都从 NASA 获取全新的数据集。至于如何实现这一缓存功能，我将留给你去探索，因为这不是本书的重点。

现在，游戏的第一阶段已经完成了。下一个任务是判断当前可以采取的行动，并询问玩家他们具体想采取哪个行动。

13.3.5.2 选择本轮要做的事情

在这个游戏中，玩家可以探索的区域主要有两个：有建筑物和防御设施的定居点以及充满了未知的荒野。玩家可以采取的行动将根据他们当前是在荒野中还是定居点附近而有所不同。

每个回合中，玩家靠近定居点的概率大约为 33%，在荒野中的概率为 66%。如果想要增加游戏的多样性，可以根据玩家所在的火星区域调整这些概率，不过，为了保持游戏的简洁性，我们目前将保持这些概率不变。

首先需要的是从一系列选项中随机选择一个选项的能力。我们不能使用 .NET 内置的 Random 类，因为那会给函数引入不可预测的副作用，使函数失去纯净性。因此，我们需要注入某种形式的依赖。

在像 Haskell 这样更纯净的函数式编程语言中，这类任务通常可以从它的众多单子中选择一个来完成。在 C# 语言这样的混合式语言中，我们完全可以直接采用面向对象风格的依赖注入方法，并定义一个用接口规范了操作的 shim（垫片）类来实现这一功能：

```
public interface IRandomNumberGenerator
{
    int BetweenZeroAnd(int input);
}

public class RandomNumberGenerator : IRandomNumberGenerator
{
    public int BetweenZeroAnd(int input) => new Random().Next(0, input);
}
```

注入上述依赖后，就可以创建一个新的类来处理可供玩家选择的行动了。首先要定义一个包含各种行动的枚举（enum）。这些行动不仅用于选择，稍后还会用于计算玩家在当前火星日的移动距离：

```
public enum PlayerActions
{
    Unavailable,    // 不可用
    TradeAtOutpost, // 在贸易站交易
```

```
        HuntForFood,       // 狩猎食物
        HuntForFurs,       // 狩猎皮毛
        PushOn             // 继续行进
    }
```

接下来要构建一个新的游戏阶段，让玩家选择要采取的行动：

```
public class SelectAction : IGamePhase
{
    private readonly IRandomNumberGenerator _rnd;
    private readonly IPlayerInteraction _playerInteraction;

    public SelectAction(IRandomNumberGenerator rnd,
        IPlayerInteraction playerInteraction)
    {
        _rnd = rnd;
        _playerInteraction = playerInteraction;
    }

    public GameState DoPhase(IPlayerInteraction playerInteraction,
        GameState oldState)
    {
        // TODO
    }
}
```

其中，DoPhase() 函数负责执行这一阶段的具体逻辑，确定有哪些行动可供选择以及玩家具体想采取的行动。

我打算利用概率曲线来决定游戏中不同选项的出现频率。例如，在荒野地区，狩猎行动的概率较高；而在定居点附近，出现交易行动的可能性更大。

由于函数式编程的架构类似于解决数学问题时所需要的一系列独立步骤，其中没有 if 语句，也不能在变量创建后对其进行修改，所以可以通过一系列布尔标志（flag）来表示这部分的逻辑：

```
var isWilderness = this._rnd.BetweenZeroAnd(100) > 33;
var isTradingOutpost = this._rnd.BetweenZeroAnd(100) > (isWilderness ? 90 : 10);
var isHuntingArea = this._rnd.BetweenZeroAnd(100) > (isWilderness ? 10 : 20);

var canHuntForFurs = isHuntingArea && this._rnd.BetweenZeroAnd(100) > (33);
var canHuntForFood = isHuntingArea && this._rnd.BetweenZeroAnd(100) > (33);
```

为了在向玩家显示的消息中列出所有可选行动，我们需要构建一个包含当前火星日的所有可选行动的数组。我不喜欢使用嵌套 if 语句来向列表中添加元素，所以需要在一个 if 语句中完成。我的解决方案是采用类似三元条件操作符的逻辑结构：如果行动可用，则存储该选项；如果不可用，则存储一个表示不可用状态的值，我们随后可以根据这个状态进行筛选。

```
var options = new[]
{
    isTradingOutpost ? PlayerActions.TradeAtOutpost : PlayerActions.Unavailable,
    canHuntForFood ? PlayerActions.HuntForFood : PlayerActions.Unavailable,
    canHuntForFurs ? PlayerActions.HuntForFurs : PlayerActions.Unavailable,
    PlayerActions.PushOn
}.Where(x => x != PlayerActions.Unavailable)
.Select((x, i) => (Action: x, ChoiceNumber: i + 1))
.ToArray();
```

通过 Select 筛选后的可用选项列表进入一个元组，并使用数组的索引值作为每个选项的整数 ID，使用户可以通过输入数字来选择选项。这种方法的优势在于，选项列表和与它们关联的整数值都是在游戏运行时动态生成的。这为自定义行动列表提供了灵活性，同时也保证了玩家面对的是一个动态生成的、带有整数 ID 的选项列表。

接下来需要向玩家发送消息，并在其中添加一些旁白。这可以通过 string.join() 和 LINQ 中的 Concat() 来完成，后者可以将两个数组合并成一个：

```
var messageToPlayer = string.Join(Environment.NewLine,
new[]
{
    "The area you are passing through is " + (isWilderness
    ? " wilderness"
    : "a small settlement"),
    "Here are your options for what you can do:"
}.Concat(
    options.Select(x => "\t" + x.ChoiceNumber + " - " + x.Action switch
    {
        PlayerActions.TradeAtOutpost => "Trade at the nearby outpost",
        PlayerActions.HuntForFood => "Hunt for food",
        PlayerActions.HuntForFurs => "Hunt for Lophroll furs to sell later",
        PlayerActions.PushOn => "Just push on to travel faster"
    })
)
);

this._playerInteraction.WriteMessage(messageToPlayer);
```

还需要询问玩家想要采取什么行动，并通过一个不定循环来验证输入，以确保玩家输入了正确的指令。

```
var playerChoice = this._playerInteraction.GetInput(
    "What would you like to do? ");
var validatedPlayerChoice = playerChoice.IterateUntil(
    x => this._playerInteraction.GetInput(
    "That's not a valid choice. Please try again."),
    x => x is IntegerInput i && options.Any(y =>
```

```
y.ChoiceNumber == i.IntegerFromUser));

var playerChoiceInt = (validatedPlayerChoice as IntegerInput).IntegerFromUser;
var actionToDo = options.Single(
    x => x.ChoiceNumber == playerChoiceInt).Action;
```

现在，经过验证的玩家行动已经存储到了 enum 类型的变量中。接着可以选择这个类中的一系列私有函数来采取一个具体的行动（稍后就会创建这些函数）：

```
Func<GameState, GameState> actionFunc = actionToDo switch
{
    PlayerActions.TradeAtOutpost => DoTrading,
    PlayerActions.HuntForFood => DoHuntingForFood,
    PlayerActions.HuntForFurs => DoHuntingForFurs,
    PlayerActions.PushOn => DoPushOn
};

var updatedState = actionFunc(oldState);

return updatedState with
{
    UserActionSelectedThisTurn = actionToDo
};
```

先从最简单的行动开始：继续前进，不做其他任何事。这实际上意味着玩家没有采取行动，因此状态不会改变（但之后会以不同方式计算行进的里程）：

```
private GameState DoPushOn(GameState state) => state;
```

所有狩猎选项将一并处理。为此，我们需要一种方法来表示狩猎的难度。我的方法是要求玩家按顺序输入 4 个随机选定的字母，然后根据玩家输入这些字母的准确性和速度来计算狩猎的成功率。

然后，使用这个成功率来调整玩家的物品栏。成功率越高，玩家获得的收益就越多，损失就越少。

这个随机字母小游戏很可能会在此类事件发生时反复出现，因此，需要将它设计为一个独立的模块，与游戏的主要阶段分开。将这个模块的代码放入名为 MiniGame 的文件夹中。

接口定义如下所示：

```
namespace MartianTrail.MiniGame
{
    public interface IPlayMiniGame
    {
        decimal PlayMiniGameForSuccessFactor();
    }
}
```

下面是一个示例实现，它在构造函数中接收 **IRandomNumberGenerator** 和 **IPlayerInteraction**，同时还引入了一个新的 shim，这次用于封装对 **DateTime.Now** 的调用：

```
public interface ITimeService
{
    DateTime Now();
}

public class TimeService : ITimeService
{
    public DateTime Now() => DateTime.Now;
}
```

MiniGame 类有一个公共函数，用于生成 4 个随机字母并对玩家的表现进行评分（分数介于 1 到 0 之间）。评分基于以下两个因素。

- 文本准确率：玩家是否准确无误地输入了每个字符？每正确输入一个字符，玩家就获得 25% 的分数。如果输入文本的长度错误或者输入的不是文本，则得分为 0。如果控制台中出现错误，玩家将有机会重试。

- 时间准确率：起始分数为 1，每多用 1 秒，分数减少 10%（即 0.1）。

然后，将这两个因素相乘，以计算玩家的最终得分。这里有两个版本的计算。

假设玩家被要求输入文本 **CXTD**，并且在 4 秒内完全正确地完成了输入。那么这位玩家的文本准确率为 1，时间准确率为 1 - (0.1×4)，即 0.6。将这两个数值相乘（1 × 0.6），得出最终准确率为 0.6。

现在，假设玩家被要求输入文本 **EFSU**，但却错误地输入了 **EFSY** 并且用时 3 秒。那么这位玩家的文本准确率为 0.75（因为输入了 3 个正确的字母，每个正确字母计 0.25 分），时间准确率为 0.7（由 1 - (0.1 × 3) 计算得出），最终准确率为 0.525（通过将两个因数相乘得出，即 0.75 × 0.7）。

最后一个例子是，如果玩家惊慌失措，在没有输入任何文本的情况下按下了回车键，那么文本准确率将为 0。无论玩家用了多少时间，最终的准确率都将是 0，因为任何数与 0 相乘的结果都为 0。

```
private static decimal RateAccuracy(string expected, string actual)
{
    var charByCharComparison = expected.Zip(actual,
        (x, y) => char.ToUpper(x) == char.ToUpper(y));
    var numberCorrect = charByCharComparison.Sum(x => x ? 1 : 0);
    var accuracyScore = (decimal)numberCorrect / expected.Length;
    return accuracyarecScore;
}
```

```
public decimal PlayMiniGameForSuccessFactor()
{
    // 用户的输入并不重要，我们只是想让他们做好开始游戏的准备
    _ = this._playerInteraction.GetInput(
        "Get ready, the mini-game is about to begin.",
        "Press enter to begin...."
    );

    var lettersToSelect = Enumerable.Repeat(0, 4)
        .Select(_ => this._rnd.BetweenZeroAnd(25))
        .Select(x => (char)('A' + x))
        .ToArray();

    var textToSelect = string.Join("", lettersToSelect);

    var timeStart = this._timeService.Now();

    var userAttempt = this._playerInteraction.GetObjectInput(
        "Please enter the following as accurately as you can: " + textToSelect
    );

    var nonErrorInput = userAttempt is not UserInputError
        ? userAttempt
        : userAttempt.IterateUntil(
            x => this._playerInteraction.GetInput(
                "Please enter the following as accurately as you can: " + textToSelect),
            x => x is not UserInputError
        );

    var timeEnd = this._timeService.Now();

    var textAccuracy = nonErrorInput is TextInput { TextFromUser.Length: 4 } ti
        ? RateAccuracy(textToSelect, ti.TextFromUser)
        : 0M;

    var timeTaken = (timeEnd - timeStart).TotalSeconds;
    var timeAccuracy = 1M - (0.1M * (decimal)timeTaken);

    return textAccuracy * timeAccuracy;
}
```

完成这些设置后，就可以在游戏的 **SelectAction** 游戏阶段类中注入一个 **MiniGameClient** 实例，并用它来判断玩家的狩猎是否成功。然后，需要根据准确率来减少激光枪的充能次数（还能发射多少发），并增加玩家物品栏中某一项物品的数量。

这个小游戏是在狩猎食物时进行的。这里不打算讲解狩猎皮毛的小游戏，因为两者基本是一样的，只是需要更新的物品和提示文本不同。可以访问我的GitHub 页面来查看完整的源代码（https://oreil.ly/PxHQv）：

```
private GameState DoHuntingForFood(GameState state)
{
    this._playerInteraction.WriteMessage("You're hunting Vrolids for food.",
        "For that you'll have to play the mini-game...");

    var accuracy = this._playMiniGame.PlayMiniGameForSuccessFactor();

    var message = accuracy switch
    {
        >= 0.9M => new[]
        {
            "Great shot! You brought down a whole load of the things!",
            "Vrolid burgers are on you today!"
        },
        0 => new[]
        {
            "You missed. Were you taking a nap?"
        },
        _ => new []
        {
            "Not a bad shot",
            "You brought down at least a couple",
            "Don't go too crazy eating tonight"
        }
    };

    this._playerInteraction.WriteMessage(message);

    var laserChargesUsed = 50  (1 - accuracy);
    var foodGained = 100  accuracy;
    return state with
    {
        Inventory = state.Inventory with
        {
            LaserCharges = state.Inventory.LaserCharges - (int)laserChargesUsed,
            Food = state.Inventory.Food + (int)foodGained
        }
    };
}
```

交易部分也将略去不谈，它的逻辑基本上与购买初始物资时相同。列出玩家可以进行的操作，即购买食物、激光枪充能包和电池等，或者卖掉他们现有的物品。根据玩家的选择更新物品栏。使用一个不定循环来向玩家展示可以进行的操作，直到玩家选择 Leave the trading outpost（离开贸易站）选项为止。

13.3.5.3 更新游戏进度

这一阶段不涉及玩家的任何选择，而是根据当前的补给情况和影响玩家的各种条件来更新游戏状态。

为了保持代码的简洁性，目前的实现如下所示：

```
public GameState DoPhase(
    IPlayerInteraction playerInteraction,
    GameState oldState)
{
    playerInteraction.WriteMessage("End of Sol " + oldState.CurrentSol);
    var distanceTraveled = oldState.Inventory.NumberOfBatteries
        (oldState.UserActionSelectedThisTurn == PlayerActions.PushOn ? 100 : 50);

    var batteriesUsedUp = this._rnd.BetweenZeroAnd(4);

    var foodUsedUp = this._rnd.BetweenZeroAnd(5)   20;

    var newState = oldState with
    {
        DistanceTraveled = oldState.DistanceTraveled + distanceTraveled,
        Inventory = oldState.Inventory with
        {
            NumberOfBatteries =
                (oldState.Inventory.NumberOfBatteries - batteriesUsedUp)
                .Map(x => x >= 0 ? x : 0),
            Food = (oldState.Inventory.Food - foodUsedUp)
                .Map(x => x >= 0 ? x : 0)
        }
    };

    playerInteraction.WriteMessage("You have traveled " + distanceTraveled +
        " this Sol.",
        "That's a total distance of " + newState.DistanceTraveled);

    playerInteraction.WriteMessageConditional(batteriesUsedUp > 0,
        "You have " + newState.Inventory.NumberOfBatteries + " remaining");

    playerInteraction.WriteMessageConditional(foodUsedUp > 0,
        "You have " + newState.Inventory.Food + " remaining");

    return newState;
}
```

以上代码反映了玩家选择停下来采取某些行动与继续赶路之间的区别。在旅途中，玩家会不断地消耗食物和电池，这就是狩猎、出售物品和购买补给之所以对成功通关至关重要的原因。

13.4 小结

本章展示的游戏代码并不多，主要是因为这些内容比较重复，所以我只挑选了一些展示有趣的函数式结构的代码片段。你可以访问我的 GitHub 页面（https://oreil.ly/PxHQv）查看代码的最新版本，或者也可以挑战自己，尝试独立开发这个游戏。

目前尚未完成的主要部分是一个随机事件生成器模块。它的主要工作是通过调用随机数生成器，然后从一个长列表中选择一个函数来触发一个影响玩家的随机事件。

这是一个可以充分发挥你想象力的地方！以下是一些正面事件的点子。

- 玩家发现了一辆坠毁的速度器，里面藏有一笔信用点。
- 弗洛里德大量迁徙。虽然当天行进的距离会减少，但玩家可以获得额外的食物！或许可以通过一轮小游戏来决定这一事件的具体影响。
- 玩家来到了一些定居者开设的跳蚤市场，他们正在以极低的价格出售旧电池和宇航服。
- 友好的火星人指引玩家找到了食物采集点。

以下是一些负面事件的点子。

- 沙尘暴来袭！玩家需要宇航服才能生存，并且宇航服的耐久度会因为沙尘暴而耗尽。如果玩家没有宇航服，他们会死于沙尘暴。
- 夜间遭到危险掠食者的袭击。玩家可能需要通过小游戏来进行防御。如果防御失败或激光充能器耗尽，玩家将会死亡。
- 强盗出没。玩家需要使用激光枪进行抵抗，如果激光充能器耗尽，玩家就需要交出所有信用点。
- 玩家不幸患上了某种可怕且略显尴尬的火星疾病，需要使用医疗包进行治疗，否则就会死亡。

希望这些内容为你带来了足够多的启发和可以尝试的点子。当然，你还可以尽情发挥自己的创意。

这个游戏还有很多可以扩展的空间。例如，可以将火星的地貌划分为不同的区域，为这些区域设置不同的事件发生概率。游戏的复杂度完全取决于你的偏好。

至于游戏的其他部分，就留给你去完善了。现在，我只想祝你一路平安，享受你的火星之旅！

第 14 章

结语

各位看官，这本书到此为止！庆功宴时间到！来来来，大家都动起来！美女站这边，帅哥站那边，然后……

等等，我刚收到奥莱利先生[1]的短信。咱们没钱搞百老汇式的豪华庆功宴了。

那咱们有什么？好吧，就剩我的竖笛了。人人都爱竖笛，是吧？来，一、二……

哎呀，不好意思各位。我刚想起来，上次我一吹竖笛，家里的牛奶就全都不见了。所以，恐怕只能听我随便讲几句，然后大家就各回各家吧。生活就是这样啊……

14.1 读到这里，你的感受如何

玩笑到此为止，我真心希望你享受阅读这本书的过程。它耗费了我不少的时间，如你所见，我在这本书中倾注了很多个人的情感。

本书采用了一种轻松诙谐的文风，这是出于几个原因。首先，市面上已经有许多枯燥（但仍然很优秀）的计算机书籍，我相信市场可以接纳一本与众不同的书。[2] 其次，在函数式编程领域，有许多网站、文章和书籍都专注于讲述正式的定义，就连我读起来都费劲儿，因此我想向大家展示另外一种介绍函数式编程的方式。

---

① 译注：O'Reilly，即本书英文版出版社的创始人。

② 值得一提的是，还有一本名为 *Mr. Bunny's Big Cup o'Java* 的书，作者是卡尔顿·埃格蒙特三世（Carlton Egremont III），由 Addison-Wesley 出版。据可靠消息称，这可能是有史以来最幽默的计算机书籍。我有时候真希望自己是一名 Java 开发者，那样我就能尽情享受阅读这本书的乐趣了！

在撰写本书的过程中，我努力从初学者的角度出发，逐步深入到一些 F# 开发者可能感到熟悉的概念。希望你在这个过程没有遇到太多挫折，并感受到了一些乐趣！

C# 是一种混合式编程语言，从前如此，今后亦然。它不太可能支持纯函数式代码的编写。这不是抱怨，只是陈述一个事实。

如果你对函数式编程的探索之旅意犹未尽，想要在本书的基础上继续前行，那么有几条不错的学习路径可以选择。现在，就让我为你一一介绍这些路径。

14.2 接下来走向何方

可以选择多条路径来继续你的旅程。我会大致按照你对这些内容的熟悉程度来为它们排序，从你可能已经有所了解的部分开始，到需要更深入学习的主题。

14.2.1 更多的函数式 C# 语言

请容我再次推荐恩里科·布奥南诺的著作《C# 函数式编程：编写更优质的 C# 代码》（*Functional Programming in C#*，Manning 出版社）。这是我读过的最好的编程书籍之一。如果你跟随本书的脚步踏入了函数式编程的大门，那么布奥南诺的这本书将是你进阶的绝佳选择。

布奥南诺比我更深入地探讨了函数式理论，还涵盖了一些我没有介绍的内容。与我的书相比，这本书就像是一瓶上好的葡萄酒——值得慢慢品鉴，细细回味。

然而，要想在函数式编程上更进一步，最有价值的做法是持续实践。学习的本质在于反复练习，直到能够运用自如。成为一个更优秀的函数式程序员的最佳途径是减少对理论的关注，把精力更多地放在写代码上。

正如本书所展示的那样，不需要完全采用函数式编程范式。按照自己的喜好，从小处着手，逐步深入。偶尔看一些优秀的书籍，从中找到尝试新技术的灵感。

不过，我建议你与团队讨论一下函数式编程的话题。本书前几章的内容不太可能引起争议，但如果你突然开始在代码中使用单子，那么可能会让团队成员感到措手不及。当然，这取决于你的团队的接受程度。事先沟通总是好的，这至少可以避免在代码库中全面采用函数式编程风格后，才有团队成员提出反对的尴尬局面，从而省去了漫长、成本高昂且枯燥的代码重写过程。

深入探索函数式 C# 语言并通过大量实践成为该领域的专家之后，就可以考虑学习一门新的编程语言了。

14.2.2 学习 F#

对于函数式 C# 语言开发者来说，学习 F# 是一个自然而然的选择。它是一种 .NET 语言，并且可以轻松地与 C# 语言互操作，这意味着可以根据项目需求，在解决方案中灵活地混合使用这两种语言的代码。

有许多优质的学习资源可以帮助你学习 F#。斯科特·瓦拉欣有一个很不错的教学网站 F# For Fun and Profit（https://oreil.ly/r8uvQ），我推荐你从这里开始自己的学习之旅。

伊恩·罗素写的电子书 *Essential F#*（https://oreil.ly/hxY9w）是免费的，你可以根据个人意愿决定是否赞赏作者。伊恩在校对和验证本书内容的准确性方面做出了巨大的贡献，我对此深表感谢。如果你有机会遇见他，请代我向他问好。

我也很喜欢艾萨克·亚伯拉罕的 *F# in Action*（Manning 出版社），这本书读起来非常轻松和愉快。

14.2.3 纯函数式编程语言

如果已经掌握了 F# 并且想要进一步探索，可以考虑学习一些更纯粹的函数式编程语言。需要注意的是，这些语言与 .NET 框架之间无法实现互操作，因此它们在日常的 .NET 工作中的实用性可能有限。

如果选择学习像 Elm 或 Haskell 这样的语言，你可能会追求以下目标。

- 了解更纯粹的函数式编程范式，以便带着全新的编程思维回归到 .NET 开发中。

- 离开 .NET 领域，也可以考虑开启一条新的职业道路。这很可能意味着你加入新的组织，除非你当前的组织非常开明。

- 纯粹是出于对学习的热爱和对新知识的好奇心。学习本身就是一种乐趣，这也是我大学毕业 20 年后仍然留在这个行业的原因。

我将把决定权留给你，但就个人而言，我对学习新的语言并没有太大兴趣，因而也无法为你推荐特定的语言。

如果你正在寻找学习资源，米兰·利波瓦察的个人网站和她写的《Haskell 趣学指南》（*Learn You a Haskell for Great Good!*）（No Starch 出版社）（https://oreil.ly/8V8CS）可能是你开启新旅程的最佳起点。这么多年来，许多人都向我推荐过这本书。

14.3　那我呢

我？嗯，我这个夜幕下的表演者也该继续我的旅程了——带着我的木偶和戏法，一路向前。如果你想继续保持联系，欢迎访问我的个人网站（http://www.thecodepainter.co.uk），或者在各种软件开发大会和聚会中找到我（虽然我主要在欧洲活动，但有时也会去其他地方）。如果你碰巧遇到我，请不要默默走开。尽管过来和我打个招呼，我可能还会请你喝上一两轮啤酒呢！

我看了看时间，应该还有时间表演最后一个戏法。

注意，我这只袖子里空无一物。是真的，不信自己看。等等，你凑得也太近了！真是调皮。另一只袖子里也没有东西。但是，我即将在你的眼前凭空消失。

请看仔细了，我要开始了。

现在你能看到我，然而……③

---

③ 译注：Now you see me（现在你能看到我）是魔术表演中常见的台词，后面往往跟着一句 Now You Don't（现在你看不到我了）。值得一提的是，电影《惊天魔盗团》的英文名就是 Now you see me。

关于作者

西蒙·J. 潘特（Simon J. Painter）自 2005 年以来一直深耕于软件开发领域，他使用过 .NET 的每一个版本（甚至包括 Compact Framework，还有人记得吗？），在许多不同的行业工作过。在日常工作之余，他热衷于参加用户小组和会议，并经常发表有关函数式编程和 .NET 的演讲。自从读懂父亲的 Sinclair ZX Spectrum BASIC 手册，西蒙就成了一名如假包换的编程爱好者。除了编程，他还喜欢玩音乐、玩填字游戏，玩《战斗幻想》游戏书以及喝大量的咖啡，尽管这可能对健康不太好。他目前和妻子与女儿居住在英国的一个小镇上。

封面图案说明

《深入 C# 函数式编程》封面上的动物是东部郊狼。

东部郊狼是居住在美洲的 19 种郊狼亚种之一，实际上是东部狼、郊狼和家犬的杂交品种，因此它的体型比西部郊狼更大，平均体重在 20.4 公斤到 24.9 公斤之间。东部郊狼的领地范围更为广阔，遍布美国东部和加拿大的大部分地区，从东海岸的纽芬兰和拉布拉多地区一直延伸到南部的乔治亚州。

作为一种机会主义型的杂食性动物，东部郊狼以可获得的任何食物为食，觅食对象范围从蚱蜢到驼鹿不等。它们通常以小家庭（由一对成年郊狼和幼崽组成）的方式生活和捕猎，不过如果有幸在夜间听到它们嚎叫，你可能会以为它们是群体狩猎者，就像它们其他的狼亲戚那样：在必要时，东部郊狼能够制造出相当喧闹的声音（https://oreil.ly/IGHUv）！

尽管全球人口在持续增长，但郊狼目前并不属于濒危物种，至少从生态保护的角度来看是这样的。不过，O'Reilly 书籍封面上显示的许多动物都是濒危物种，因为每个物种对这个世界的生态平衡都极为重要。

本书的封面图片由凯伦·蒙哥马利（Karen Montgomery）绘制，基于一幅经典线雕画，这幅画来自英国博物学家理查德·莱德克（Richard Lydekker）的著作《皇家自然史》。

现在你看不到我了。

你怎么还在这里？这本书已经结束了。

你的家人可能在想着你呢。

花些时间陪陪他们吧！

快去，别磨蹭了！